# Oracle 12c
# 数据库应用教程

刘 丽 主 编
张 岳 副主编
黄卫东 焦忭忭 仝春灵 编 著

清華大学出版社
北 京

## 内容简介

本书以 Oracle 12c 为平台，全面介绍了 Oracle 12c 数据库系统的应用。主要包括 Oracle 12c 数据库基础（数据库理论基础、Oracle 12c 的安装、Oracle 12c 的体系结构），数据库的基本应用（数据库的创建和管理、数据表的创建和管理、数据查询、视图），数据库编程（PL/SQL 编程、游标、存储过程、触发器），数据库安全性（安全性管理、备份和恢复），以及数据库的其他对象（事务、锁、闪回、索引、序列、同义词）。全书提供了大量的应用实例，每章均附有习题。

本书适合作为高等院校计算机相关专业本科、专科及高职学生有关课程的教学用书，也可供 Oracle 数据库应用开发人员使用或参考。



**图书在版编目（CIP）数据**

Oracle 12c 数据库应用教程/刘丽主编. —北京：清华大学出版社，2021.1（2022.1重印）
ISBN 978-7-302-56329-7

Ⅰ. ①O… Ⅱ. ①刘… Ⅲ. ①关系数据库系统－高等学校－教材 Ⅳ. ①TP311.132.3

中国版本图书馆 CIP 数据核字(2020)第 155927 号

**责任编辑：** 刘向威
**封面设计：** 文 静
**责任校对：** 胡伟民
**责任印制：** 沈 露

**出版发行：** 清华大学出版社
**网 址：** http://www.tup.com.cn，http://www.wqbook.com
**地 址：** 北京清华大学学研大厦 A 座 **邮 编：** 100084
**社 总 机：** 010-62770175 **邮 购：** 010-83470235
**投稿与读者服务：** 010-62776969，c-service@tup.tsinghua.edu.cn
**质量反馈：** 010-62772015，zhiliang@tup.tsinghua.edu.cn
**课件下载：** http://www.tup.com.cn，010-83470236
**印 装 者：** 北京鑫海金澳胶印有限公司
**经 销：** 全国新华书店
**开 本：** 185mm×260mm **印 张：** 19 **字 数：** 475 千字
**版 次：** 2021 年 1 月第 1 版 **印 次：** 2022 年 1 月第 2 次印刷
**印 数：** 1501～2700
**定 价：** 59.00 元

---

产品编号：086664-01

# 前　言

Oracle 是数据库领域优秀的数据库软件。随着云计算和大数据的广泛应用，Oracle 公司于 2013 年推出了 Oracle 12c 版本。Oracle 12c 是基于云计算、具有高可用性、功能强大的数据库产品。本书以 Oracle 12c 为平台，系统地讲述了 Oracle 12c 数据库的概念、管理和应用开发等内容。本书以初学者为对象，教材内容以适量、实用为基准，注重知识的循序渐进和融会贯通，着重培养学生应用理论知识分析和解决实际问题的能力。全书以学生选课数据库为例，实例贯穿整个教材，书中代码都在 Oracle 12c 中运行通过。

本书共 13 章，主要内容有：数据库基础，Oracle 数据库的安装与启动，Oracle 数据库的体系结构，数据库的创建和管理，数据表的创建和管理，数据查询，视图，PL/SQL 编程，游标、存储过程和触发器，Oracle 的安全管理，备份与恢复，事务、锁和闪回，索引、序列和同义词。

本书编者来自山东交通学院从事一线数据库教学多年的教师，具有丰富的教学经验。本书不仅适用于计算机相关专业的本科、专科及高职学生的教学，还适合 Oracle 的各类培训及用 Oracle 进行应用程序开发的用户学习和参考。

本书第 1 章由仝春灵编写，第 2、3 章由张岳编写，第 4、5 章由焦忭忭编写，第 6、7 章由黄卫东编写，第 8～13 章由刘丽编写。全书由刘丽担任主编，完成全书的修改及统稿。同时，感谢倪翠、刘泉凯、宫家乐、曹颜芳、姜美玉等对本书编写过程中的建议和帮助。本书在编写过程中得到山东交通学院信息科学与电气工程学院（人工智能学院）的大力支持，在此表示衷心的感谢。

由于编者水平有限，书中不当之处在所难免，欢迎广大同行和读者批评指正。

编　者

2020 年 2 月

# 目　录

# 第1章　数据库基础

## 本章学习目标

- 了解什么是数据库
- 熟悉数据库的基本概念
- 熟悉数据库的技术构成
- 熟悉关系数据库的基本理论
- 熟悉数据库设计的流程

本章主要介绍数据库的基础知识，通过本章的学习，读者可以了解数据库的基本概念、关系数据库理论以及数据库设计的基本知识。

## 1.1　数据库基本概念

Oracle Database 是甲骨文公司的一款关系数据库管理系统，其作为商用产品的关系数据库管理系统(Relational Database Management System，RDBMS)，被称为 RDBMS 的先驱，至今一直在关系数据库市场上保持领先地位。Oracle 数据库系统是目前世界上流行的关系数据库管理系统之一。在介绍 Oracle 数据库之前，首先介绍数据库的基本概念。

### 1.1.1　数据库系统

**1. 数据**

数据是数据库的基本对象，是描述事物的符号记录。数据的类型有很多，如文本、图形、图像、音频、视频等都是数据，它们经过数字化处理后被存入计算机。

在现代计算机系统中，数据的概念是广义的。早期计算机系统主要用于科学计算，处理的数据为整数、实数、浮点数等。现代计算机存储和处理的对象十分广泛，表示这些对象的数据也随之变得越来越复杂。

**2. 数据库**

数据库就是存放数据的仓库。严格地讲，数据库是长期存储在计算机内、有组织、可共享的大量数据的集合。数据库中的数据按一定数据模型组织、描述和存储，具有较小的冗余度、较高的数据独立性和易扩展性，并可为各种用户共享。数据库的特点包括：实现数据共享，减少数据冗余；采用特定的数据类型；具有较高的数据独立性；具有统一的数据控制功能。

**3. 数据库管理系统**

数据库管理系统(Database Management System,DBMS)按一定的数据模型组织数据形成数据库,并对数据库进行管理。简单地说,DBMS 就是管理数据库的系统,它是位于用户和操作系统之间的一层数据管理软件。数据库管理员(Database Administrator,DBA)通过 DBMS 对数据库进行管理。目前,比较流行的 DBMS 有 Oracle、SQL Server、MySQL、Sybase、DB2 等。其中,Oracle 是目前最流行的大型关系数据库管理系统。

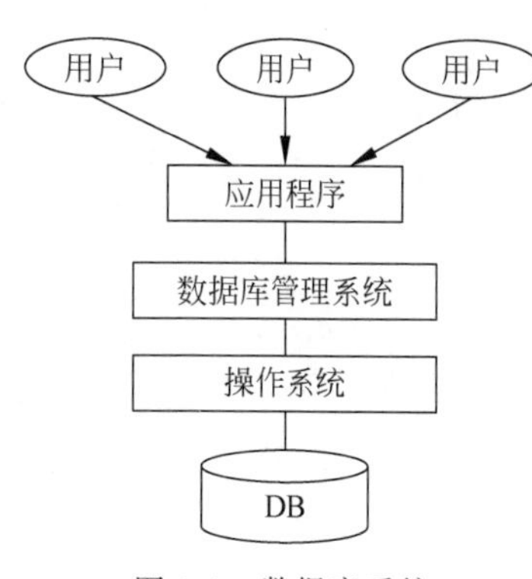


图 1-1　数据库系统

**4. 数据库系统**

数据、数据库、数据库管理系统与操作数据库的应用程序,加上支撑它们的硬件平台、软件平台和数据库有关的人员一起构成了一个完整的数据库系统。图 1-1 描述了数据库系统的构成。

### 1.1.2　数据模型

数据(Data)是描述事物的符号记录,模型(Model)是对现实世界的抽象。数据模型(Data Model)是对数据特征的抽象。数据模型从抽象层次上描述了系统的静态特征、动态行为和约束条件,为数据库系统的信息表示与操作提供了一个抽象的框架。

数据模型按不同的应用层次分成 3 种类型:概念数据模型、逻辑数据模型、物理数据模型。

**1. 概念数据模型**

概念数据模型(Conceptual Data Model)是一种面向用户、面向客观世界的模型,主要用来描述世界的概念化结构。数据库的设计人员在设计初始阶段可以使用概念数据模型,借此摆脱计算机系统及 DBMS 的具体技术问题,集中精力分析数据以及数据之间的联系等。概念数据模型主要用于描述数据以及数据间的联系,与具体的数据管理系统无关。概念数据模型必须转换成逻辑数据模型,才能在 DBMS 中实现。

概念数据模型用于信息世界的建模,一方面应该具有较强的语义表达能力,能够方便直接地表达应用中的各种语义知识;另一方面它还应该简单、清晰、易于用户理解。在概念数据模型中最常用的是 E-R 模型、扩充的 E-R 模型、面向对象模型及谓词模型。目前较为常用的是 E-R 模型。

**2. 逻辑数据模型**

逻辑数据模型(Logical Data Model)是一种面向数据库系统的模型,是具体的 DBMS 所支持的数据模型,如网状数据模型、层次数据模型、关系数据模型、面向对象的数据模型等。此模型既要面向用户,又要面向系统,主要用于数据库管理系统的设计和实现。

**3. 物理数据模型**

物理数据模型(Physical Data Model)是一种面向计算机物理表示的模型,描述了数据在存储介质上的组织结构,它不但与具体的 DBMS 有关,而且还与操作系统和硬件有关。每种逻辑数据模型在实现时都有其对应的物理数据模型。DBMS 为了保证其独立性与可移植性,大部分物理数据模型的实现工作由系统自动完成,而设计者只设计索引、聚集等特殊结构。

### 1.1.3 数据库逻辑数据模型

常用的数据库逻辑数据模型有层次模型、网状模型和关系模型。

**1. 层次模型**

层次模型将数据组织成一对多关系的结构，采用关键字来访问其中每个层次的每部分。其优点是存取方便且速度快；结构清晰，容易理解；数据修改和数据库扩展容易实现；检索关键属性十分方便。其缺点是结构呆板，缺乏灵活性；同一属性数据要存储多次，数据冗余大；不适合拓扑空间数据的组织。层次模型实例如图 1-2 所示。

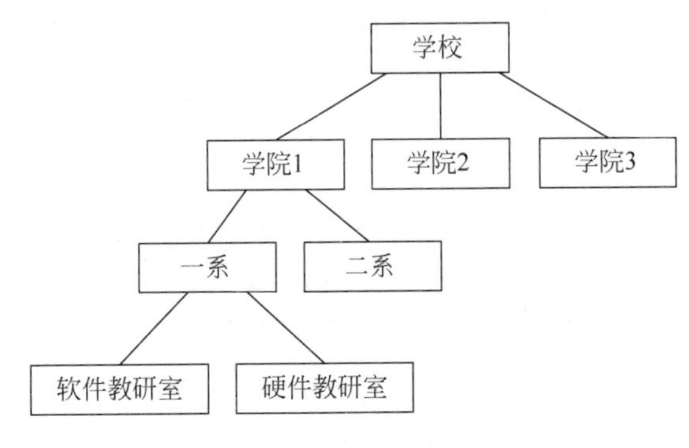


图 1-2 层次模型实例

**2. 网状模型**

网状模型使用连接指令或指针来确定数据间的显式连接关系，是具有多对多类型的数据组织方式。其优点是能明确而方便地表示数据间的复杂关系；数据冗余小。其缺点是网状结构过于复杂，增加了用户查询和定位的困难；需要存储数据间联系的指针，使得数据量增大；数据的修改不方便。网状模型实例如图 1-3 所示。

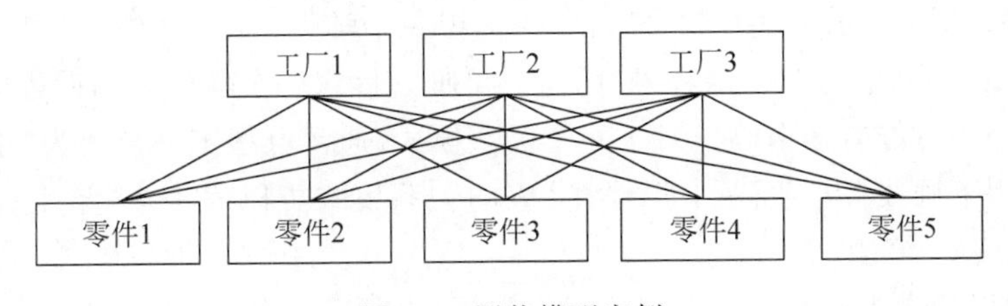


图 1-3 网状模型实例

**3. 关系模型**

关系模型以记录组或二维数据表的形式组织数据，以便于利用各种实体与属性之间的关系进行存储和变换。从用户观点看，关系模型由一组关系组成，每个关系的数据结构是一个规范化的二维表。例如，在描述学生信息时使用的"学生"表涉及的主要信息包括学号、姓名、性别、出生时间、专业、备注。"课程"表涉及的主要信息包括课程号、课程名、开课学期、学时、学分。"选课"表涉及的主要信息包括学号、课程号、成绩。表 1-1～1-3 描述了"学生"表、"课程"表和"选课"表的部分信息。

表 1-1 “学生”表

| 学　　号 | 姓　　名 | 性　　别 | 出生时间 | 专　　业 | 备　　注 |
| --- | --- | --- | --- | --- | --- |
| 1506101 | 张明磊 | 男 | 19980214 | 计算机系 | 入学新生 |
| 1506102 | 路远才 | 男 | 19990317 | 计算机系 | 入学新生 |
| 1506103 | 李琳琳 | 女 | 20000817 | 计算机系 | 入学新生 |
| 1506104 | 刘丰 | 男 | 19980909 | 计算机系 | 入学新生 |
| 1506105 | 徐峥 | 男 | 20010913 | 计算机系 | 入学新生 |

表 1-2 “课程”表

| 课　程　号 | 课　程　名 | 开课学期 | 学　　时 | 学　　分 |
| --- | --- | --- | --- | --- |
| 080101 | 计算机导论 | 1 | 48 | 3 |
| 080102 | C 语言程序设计 | 1 | 64 | 4 |
| 080103 | 数据结构 | 2 | 64 | 4 |
| 080104 | Java | 2 | 64 | 4 |

表 1-3 “选课”表

| 学　　号 | 课　程　号 | 成　　绩 |
| --- | --- | --- |
| 1506101 | 080101 | 60 |
| 1506102 | 080101 | 70 |
| 1506103 | 080101 | 88 |
| 1506104 | 080101 | 90 |

表格中的一行称为一条记录或一个元组，一列称为一个字段或一个属性，每列的标题称为字段名。如果给每个关系表取一个名字，则有 n 个字段关系表的结构可表示为关系名(字段名 1，…，字段名 n)，通常把关系表的结构称为关系模式。

在关系表中，如果一个字段或几个字段组合的值可唯一标识其对应记录，则称该字段或字段组合为码。例如，表 1-1 中“学号”可唯一标识一个学生；表 1-2 中“课程号”可唯一标识一个课程；表 1-3 中“学号”和“课程号”的组合可唯一标识一个学生一门课程的成绩。

有时，一个表可能有多个码。对于一个关系模式，通常可指定一个码为“主码”。在关系模式中，一般用下画线标出主码。如“学生”表的关系模式可以表示为“学生(学号、姓名、性别、出生时间、专业、备注)”。

关系模型以记录组或数据表的形式组织数据，以便于利用各种物理实体与属性之间的关系进行存储和变换，不分层也无指针。关系模型是建立空间数据和属性数据之间关系的一种非常有效的数据组织方法。其优点在于结构特别灵活，概念单一，满足所有布尔逻辑运算和数学运算规则形成的查询要求；能搜索、组合和比较不同类型的数据；增加和删除数据非常方便；具有更高的数据独立性、更好的安全保密性。

## 1.2　关系数据库

关系数据库是建立在关系模型基础上的数据库，借助于集合代数等概念和方法来处理数据库中的数据。关系数据库中的数据被组织成具有正式描述性的二维表。该二维表形式在关系数据库中称为关系，其实质是装载着数据项的特殊数据集，这些关系中的数据能以许多不同的方式被存取或重新召集而不需要重新组织数据库表。

### 1.2.1 二维表

在关系模型中，数据结构表示为一个二维表，一个关系就是一个二维表，二维表名就是关系名。如表1-1是一张学生信息的二维表。其中，二维表中的一行称为一条记录或一个元组；二维表中的一列称为一个字段或一个属性。字段和属性都是不可再分的，且其次序是无关紧要的。域是属性的取值范围。所有的数据都是通过表来进行存储的，可以说如果没有表，数据就无法进行存储和表示。

### 1.2.2 完整性

关系模型的完整性规则是对数据的约束。例如，假设在“成绩”表的“成绩”上定义了完整性约束，要求该列的取值范围是0～100。如果使用INSERT或者UPDATE语句向该列插入大于100的值，Oracle将自动检测并回滚语句，返回错误信息。

使用完整性约束有如下优点。

(1) 在数据库应用的代码中增强了商业规则。

(2) 使用存储过程，完成控制对数据的访问。

(3) 增强了触发存储数据库过程的商业规则。

关系模型提供了3类完整性规则。

(1) 域完整性：也称为列完整性，指定一个数据集对某一个列是否有效、确定是否允许空值等。域完整性通常是通过有效性检查来实现的，还可以通过限制数据类型、格式或者可能的取值范围来实现。

(2) 实体完整性：也称为行完整性，要求表中的每行有一个唯一的标识符，这个标识符就是主关键字。例如，居民身份证号码是唯一的，这样才能唯一确定某一个人。通过索引、UNIQUE约束、PRIMARY KEY约束可实现数据的实体完整性。

(3) 参照完整性：如果一个表中某列数据的取值范围是另一个表中某列的数，就可以在这两个表的两个列之间建立参照完整性。例如，“成绩”表“学号”列中的数据必须取自“学生”表的“学号”列。此时，两个表的两个列之间就可以建立外键和主键的关系，实现参照完整性。主键是指在表中能唯一标识表的每个数据行的一个或多个列的组合；外键是指如果一个表中的一个或若干个字段的组合是另一个表的主键，则称该字段或字段组合为该表的外键。

### 1.2.3 范式理论

构造数据库关系模式时，遵从不同的规范要求，设计出合理的关系数据库。这些不同的规范要求被称为不同的范式。各种范式呈递次规范，越高的范式数据冗余越小。目前，关系数据库有6种范式：第一范式(1NF)、第二范式(2NF)、第三范式(3NF)、第四范式(4NF)、第五范式(5NF)和第六范式(6NF)。满足最低要求的范式是第一范式。在第一范式(1NF)的基础上进一步满足更高要求的称为第二范式(2NF)，其余范式以此类推。一般来说，数据库只需满足第三范式(3NF)即可。

第一范式：如果关系模式R的每个关系r的属性都是不可再分的数据项，那么就称R是符合第一范式的模式。第一范式是设计数据库表的最低要求，其最主要的特点就是实体的属性不能再分，映射到表中就是列（或字段）不能再分。

第二范式：第二范式是指每个二维表必须有一个（而且仅有一个）数据元素为主关键字，其他数据元素与主关键字一一对应。通常称这种关系为函数依赖（Functional Dependence）关系，即表中其他数据元素都依赖于主关键字，或称该数据元素唯一地被主关键字所标识。第二范式是数据库规范化中所使用的一种正规形式。它的规则要求数据表里的所有非主属性都要和该数据表的主键有完全依赖关系。如果有哪些非主属性只和主键的一部分有关，它就不符合第二范式；如果一个数据表的主键只有单一一个字段，它就一定符合第二范式（前提是该数据表符合第一范式）。

第三范式：第三范式是指表中的所有数据元素不但要能唯一地被主关键字标识，而且它们之间还必须相互独立，不存在其他的函数关系。也就是说，对于一个满足第二范式的数据结构来说，表中有可能存在某些数据元素依赖于其他非关键字数据元素的现象，必须消除。

总地来说，范式是为了让数据库设计得更加规范，避免冗余数据。

### 1.2.4 关系数据库语言

SQL（Structured Query Language，结构化查询语言）是用于关系数据库查询的结构化语言。SQL的功能包括数据定义语言（DDL）、数据操纵语言（DML）、数据控制语言（DCL）和数据查询语言（DQL）。

**1. 数据定义语言（DDL）**

数据定义语言（Data Definition Language，DDL），是用于描述数据库中要存储的现实世界实体的语言。下面列出的是主要的数据定义语言。

CREATE TABLE：创建一个数据库表

DROP TABLE：从数据库中删除表

ALTER TABLE：修改数据库表结构

CREATE VIEW：创建一个视图

DROP VIEW：从数据库中删除视图

CREATE INDEX：为数据库表创建一个索引

DROP INDEX：从数据库中删除索引

CREATE PROCEDURE：创建一个存储过程

DROP PROCEDURE：从数据库中删除存储过程

CREATE TRIGGER：创建一个触发器

DROP TRIGGER：从数据库中删除触发器

CREATE SCHEMA：向数据库添加一个新模式

DROP SCHEMA：从数据库中删除一个模式

CREATE DOMAIN：创建一个数据值域

ALTER DOMAIN：改变域定义

DROP DOMAIN：从数据库中删除一个域

**2. 数据操纵语言(DML)**

数据操纵语言(Data Manipulation Language, DML)是 SQL 语言中,负责对数据库对象运行数据访问工作的指令集,以 INSERT、UPDATE、DELETE 这 3 种指令为核心,分别代表插入、更新与删除,它们是开发以数据为中心的应用程序必定会使用到的指令。

INSERT:向数据库表添加新数据行

DELETE:从数据库表中删除数据行

UPDATE:更新数据库表中的数据

**3. 数据控制语言(DCL)**

数据控制语言(Data Control Language,DCL)是用来设置或者更改数据库用户或角色权限的语句,这些语句包括 GRANT、DENY、REVOKE 等语句。

GRANT:授予用户访问权限

DENY:拒绝用户访问

REVOKE:收回用户访问权限

**4. 数据查询语言(DQL)**

数据查询语言(Data Query Language,DQL)主要通过 SELECT 语言实现各种查询功能。

SELECT:从数据库表中检索数据行和列

## 1.3 数据库设计

数据库设计可以分为概念结构设计、逻辑结构设计和物理结构设计 3 个阶段。

### 1.3.1 概念结构设计

概念结构设计中采用概念数据模型来表示数据和数据之间的关联。概念数据模型是面向数据库用户的描述现实世界的模型,主要用于描述现实世界的概念化结构,它使数据库设计人员在设计的初始阶段,摆脱计算机系统及 DBMS 的具体技术问题,集中精力分析数据和数据之间的联系等,与具体的数据管理系统无关。

E-R 模型(Entity Relationship Model,实体-联系模型)是概念结构设计中常用的模型。E-R 图(Entity Relationship Diagram)是描述 E-R 模型的主要方式。通常,E-R 模型把每类数据对象的个体称为实体,而每类对象个体的集合称为实体集。例如,在学生选课系统中主要设计"学生""课程"两个实体集,其他非主要的实体可以有很多,如班级、班长、任课教师、辅导员等实体。在 E-R 图中,实体集采用矩形框表示,并在矩形框内标明实体名。

每个实体集涉及的信息项称为属性。就"学生"实体集而言,它的属性有学号、姓名、性别、出生时间、专业和备注;"课程"实体集的属性有课程号、课程名、开课学期、学时和学分。在 E-R 图中,属性采用椭圆形表示,在椭圆形框内标明属性名,并将其与其实体用实线连接。

实体集之间存在各种关系,通常把这些关系称为"联系"。例如,实体集"学生"和"课程"之间存在"选课"的联系。在 E-R 图中,联系采用菱形表示,可以在菱形框内标明联系名,并与相关的两个实体集采用实线连接。联系也可以有属性,如"选课"联系会产生属性"成绩"。

另外，还需要在联系的实线两端标明联系类型。两个实体集 A 和 B 之间的联系可能是以下 3 种情况之一。

1）一对一的联系（1∶1）

A 中的一个实体仅与 B 中的一个实体相联系，B 中的一个实体也仅与 A 中的一个实体相联系。例如，"班级"与"正班长"这两个实体集之间的联系是一对一的联系。因为一个班级只有一个正班长；反过来，一个正班长只属于一个班级。一对一的联系如图 1-4 所示。

2）一对多的联系（1∶n）

A 中的一个实体可以与 B 中的多个实体相联系，而 B 中的一个实体仅与 A 中的一个实体相联系。例如，"班级"与"学生"这两个实体集之间的联系是一对多的联系。因为，一个班级可以有若干学生；反过来，一个学生只能属于一个班级。一对多的联系如图 1-5 所示。

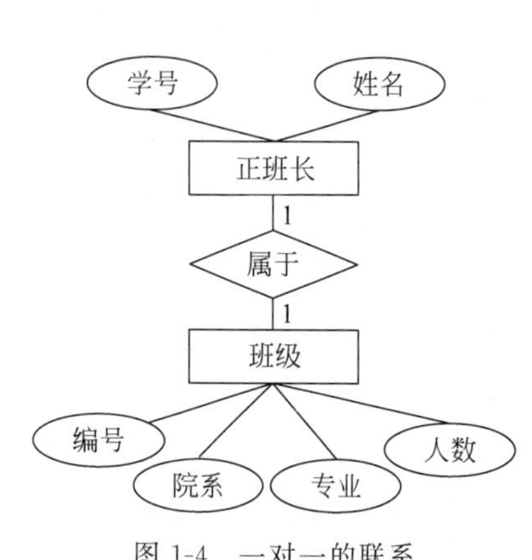


图 1-4　一对一的联系

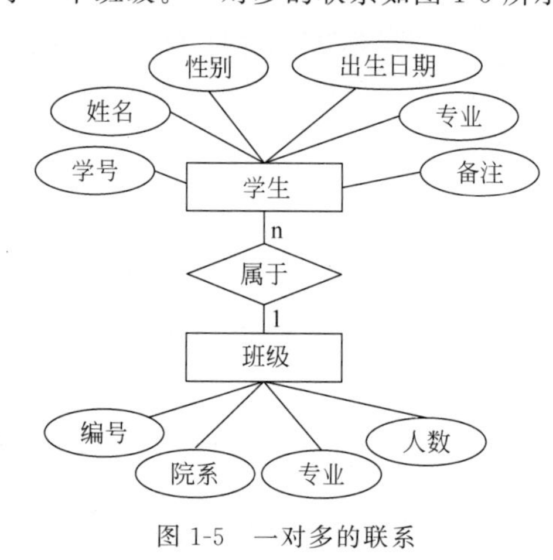


图 1-5　一对多的联系

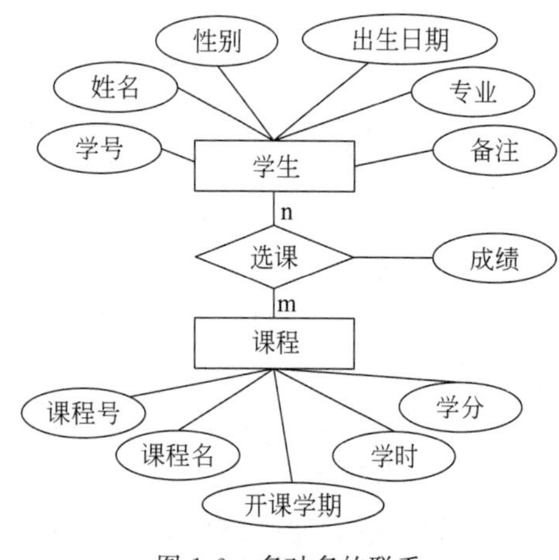


图 1-6　多对多的联系

3）多对多的联系（m∶n）

A 中的一个实体可以与 B 中的多个实体相联系，而 B 中的一个实体也可与 A 中的多个实体相联系。例如，"学生"与"课程"这两个实体集之间的联系是多对多的联系。因为一个学生可以选修多门课程；反过来，一门课程可被多个学生选修。每个学生选修了一门课程以后都有一个成绩，成绩是"选课"联系的属性。多对多的联系如图 1-6 所示。

### 1.3.2　逻辑结构设计

逻辑结构设计阶段主要负责设计数据库的逻辑数据模型。逻辑数据模型是用户从数据库看到的模型，是具体的 DBMS 支持的数据模型。该模型既要面向用户，又要面向系统，主要用于数据库管理系统的设计。

1.3.1 节中用 E-R 图描述学生选课系统的概念数据模型。为了设计关系型的学生选课系统数据库，需要确定包含哪些表，每个表的结构是怎样的，即确定数据库的关系模式。

通常根据 E-R 图中的 3 种不同联系，将概念数据模型转换为逻辑数据模型或者将 E-R 图转换为适合的关系模式。

**1. (1∶1)联系的 E-R 图到关系模式的转换**

对于(1∶1)的联系既可以单独对应一个关系模式，也可以不单独对应一个关系模式。

(1) 联系单独对应一个关系模式，则由联系属性、参与联系的各实体集的主码属性构成关系模式，可选参与联系的实体集的任何一方的主码作为这个关系模式的主码。例如，图 1-4 描述的“班级”(Class)与“正班长”(Monitor)实体集通过“属于”(Own)联系的 E-R 模型可设计如下关系模式(下画线表示该字段为主码)：

Class(班级编号、院系、专业、人数)

Monitor(学号、姓名)

Own(学号、班级编号)

(2) 联系不单独对应一个关系模式，联系的属性及一方的主码加入另一方实体集对应的关系模式中。例如，图 1-4 的 E-R 模型可设计如下关系模式：

Class(班级编号、院系、专业、人数)

Monitor(学号、姓名、班级编号)

或者

Class(班级编号、院系、专业、人数、学号)

Monitor(学号、姓名)

**2. (1∶n)联系的 E-R 图到关系模式的转换**

对于(1∶n)的联系既可单独对应一个关系模式，也可以不单独对应一个关系模式。

(1) 联系单独对应一个关系模式，则由联系的属性、参与联系的各实体集的主码属性构成关系模式，n 端的主码作为该关系模式的主码。例如，图 1-5 描述的“班级”(Class)与“学生”(Student)实体集通过“属于”(Own)联系的 E-R 模型可设计如下关系模式：

Class(班级编号、院系、专业、人数)

Student(学号、姓名、性别、出生时间、专业、总学分、备注)

Own(学号、班级编号)

(2) 联系不单独对应一个关系模式，将联系的属性及 1 端的主码加入 n 端实体集对应的关系模式中，主码仍为 n 端的主码。例如，图 1-5 描述的“班级”(Class)与“学生”(Student)实体集 E-R 模型可设计如下关系模式：

Class(班级编号、院系、专业、人数)

Student(学号、姓名、性别、出生时间、专业、备注、班级编号)

**3. (m∶n)联系的 E-R 图到关系模式的转换**

对于(m∶n)的联系，单独对应一个关系模式，该关系模式包括联系的属性、参与联系的各实体集的主码属性，该关系模式的主码由各实体集的主码属性共同组成。例如，图 1-6 描述的“学生”(Student)与“课程”(Course)实体集之间通过“选课”(SC)的联系可设计如下关系模式：

Student(学号、姓名、性别、出生时间、专业、备注)

Course(课程号、课程名称、开课学期、学时、学分)

SC(学号、课程号、成绩)

关系模式 SC 的主码是由“学号”和“课程号”两个属性组合起来构成的一个主码，一个关系模式只能有一个主码。

### 1.3.3 物理结构设计

数据库在物理设备上的存储结构与存取方法称为数据库的物理结构，它依赖于给定的计算机系统。为一个给定的逻辑数据模型选取一个最适合应用环境的物理结构的过程，就称为数据库的物理结构设计。

每种逻辑数据模型在实现时都有其对应的物理数据模型。DBMS 为了保证其独立性与可移植性，大部分物理数据模型的实现工作由系统自动完成，而设计者只需要设计索引、聚集等特殊结构。

数据库的物理结构设计通常分为以下两步。

(1) 确定数据库的物理结构，在关系数据库中主要指存取方法和存储结构。

(2) 对物理结构进行评价，评价的重点是时间和空间效率。

## 1.4 本章小结

本章首先讲述了数据库的基本概念，包括数据、数据库、数据库管理系统、数据库系统；然后讲解了常用数据模型，包括层次模型、网状模型和关系模型；接着讲解了关系数据库理论，包括关系模型、完整性、范式理论及关系数据库语言；最后讲述了数据库设计的步骤，重点讲解了概念数据模型向逻辑数据模型转换的方法。

## 习题 1

1. 简述数据、数据库、数据库管理系统以及数据库系统的概念。

2. 现要建立汽车销售数据库，存储销售员销售汽车的数据。销售汽车的基本信息包括汽车编号、品牌、型号、出厂日期、价格、颜色等信息；销售员的信息包括销售员编号、销售员姓名、性别、销售额、级别等信息；销售的信息包括销售员信息、汽车信息、销售时间等信息。根据此需求，建立汽车销售数据库的概念数据模型，并用 E-R 图的形式表示。

3. 根据上题建立的 E-R 图，建立汽车销售数据库的关系模式。

# 第2章 Oracle数据库安装与启动

## 本章学习目标

- 熟悉 Oracle 的发展历史
- 了解 Oracle 12c 的新特征、常用管理工具
- 熟练掌握 Oracle 12c 的安装、配置及卸载
- 熟练掌握 Oracle 服务的管理
- 熟练掌握 Oracle 数据库实例的连接和登录

本章首先介绍了 Oracle 的发展历史，Oracle 12c 的新特征及主要管理工具；然后介绍了 Oracle 12c 的安装、配置、连接、登录以及卸载的管理。通过本章的学习，读者可以了解 Oracle 12c 的概况，并能进行正确的软件安装、配置、卸载等管理。

## 2.1 Oracle 12c 简介

### 2.1.1 Oracle 数据库的发展历程

1977 年，Larry Ellison、Bob Miner 和 Ed Oates 等人组建了 Rational 公司(Rational Software Inc，RSI)。他们决定使用 C 语言和 SQL 界面构建一个关系数据库管理系统(Relational Database Management System，RDBMS)，并很快发布了第 1 个版本(仅是原型系统)。

1979 年，RSI 首次向客户发布了产品，即第 2 版。该版本的 RDBMS 可以在装有 RSX-11 操作系统的 PDP-11 机器上运行，后来又移植到了 DEC VAX 系统。

1983 年，RSI 发布的第 3 个版本中加入了 SQL 语言，而且性能也有所提升，其他功能也得到增强。与前几个版本不同的是，这个版本是完全用 C 语言编写的。同年，RSI 更名为 Oracle Corporation，也就是今天的 Oracle 公司。

1984 年，Oracle 的第 4 个版本发布。该版本既支持 VAX 系统，也支持 IBM VM 操作系统。这也是第 1 个加入读一致性(Read-Consistency)的版本。

1985 年，Oracle 的第 5 个版本发布。该版本可称作是 Oracle 发展史上的里程碑，因为它通过 SQL * Net 引入了客户端/服务器的计算机模式，同时它也是第 1 个打破 640KB 内存限制的 MS-DOC 产品。

1988 年，Oracle 的第 6 个版本发布。该版本除了改进性能、增强序列生成与延迟写入(Deferred Writes)功能以外，还引入了底层锁。除此以外，该版本还加入了 PL/SQL 和热备

份等功能。此时 Oracle 已经可以在许多平台和操作系统上运行。

1991 年，Oracle 的 6.1 版在 DEC VAX 平台中引入了 Parallel Server 选项，很快该选项也可用于许多其他平台。

1992 年，Oracle 的第 7 个版本发布。Oracle 7 在对内存、CPU 和 I/O 的利用方面做了许多体系结构上的变化，这是一个功能完整的关系数据库管理系统，在易用性方面也做了许多改进，引入了 SQL * DBA 工具和 Database 角色。

1997 年，Oracle 的第 8 个版本发布。Oracle 8 除了增加许多新特性和管理工具以外，还加入了对象扩展(Object Extension)特性。同时，这个版本开始在 Windows 系统下使用，之前的版本都是在 UNIX 环境下运行的。

2001 年，Oracle 9i release 1 版本发布。这是 Oracle 9i 的第 1 个发行版本，包含 RAC (Real Application Cluster)等新功能。

2002 年，Oracle 9i release 2 发布，它在 release 1 的基础上增加了集群文件系统(Cluster File System)等特性。

2004 年，针对网格计算的 Oracle 10g 发布。该版本中 Oracle 的功能、稳定性和性能的实现都达到一个新的水平。

2007 年，Oracle 公司推出的最新数据库软件 Oracle 11g，Oracle 11g 有 400 多项功能，经过了 1500 万小时的测试，开发工作量达到了 3.6 万人/月。相对过往版本而言，Oracle 11g 具有与众不同的特征。

2013 年，Oracle Database 12c 版本正式发布，该版本里面的 c 是 cloud，也就是代表云计算的意思。

截至目前，Oracle 公司发布的最新版本 Oracle 19c，是 Oracle Database 12c 和 18c 系列产品的最终版本，因此也是“长期支持”。“长期支持”意味着 Oracle Database 19c 提供 4 年的高级支持(截止到 2023 年 1 月底)和至少 3 年的延长支持(截至 2026 年 1 月底)，其已经可以在 Oracle 数据库一体机上使用。本书以 Oracle 12c 版本为基础来进行学习。

### 2.1.2 Oracle 12c 的新特征

与之前的版本相比，Oracle 12c 增加了对大数据及云计算技术的支持，增加了许多新的特征。

**1. 云端数据库整合的全新多租户架构**

多租户架构是 Oracle 12c(12.1)版本的新增重磅特性，内建的多分租(Multi-tenancy)使得一个容器数据库(Container Database，CDB)中可以存放多个插接式数据库(Pluggable Databases，PDB)，且每个 PDB 均独立于其他 PDB。

作为 Oracle 12c 的一项新功能，Oracle 多租户技术可以在多租户架构中插入任何一个数据库，就像在应用中插入任何一个标准的 Oracle 数据库一样，对现有应用的运行不会产生任何影响。Oracle 12c 可以保留分散数据库的自有功能，能够应对客户在私有云模式下进行数据库整合。通过在数据库层而不是在应用层支持多租户，Oracle 多租户技术可以使所有独立软件开发商(Independent Software Vendors，ISV)的应用在为 SaaS 准备的 Oracle 数据库上顺利运行。Oracle 多租户技术实现了多个数据库的合一管理，提高了服务器的资源利用，节省了数据库升级、备份、恢复等所需要的时间和工作。多租户架构提供了几乎即时的配置和数据库复制，使该架构成为数据库测试和开发云的理想平台。Oracle 多租户技术可与所有 Oracle 数据库功能协同工作，包括真正应用集群、分区、数据防护、压缩、自动存储管理、真正应用测试、透明数据加密、数据库 Vault 等。

多租户架构特性带来的好处如下。

（1）集中式管理多个数据库实例。

（2）通过 PDB$SEED 模板快速配置新数据库。

（3）加速现有数据库打补丁和升级的速度。

（4）通过 PDB 拔插移植到更高版本的其他 CDB 中进行修补或升级。

（5）通过将现有数据库的拔插和插拔快速重新部署到新平台（迁移）。

**2. Oracle 12c In-Memory 特性**

Oracle 12c In-Memory 提供了一种独特的双格式架构，可以使用传统的行格式和新的内存列格式在内存中同时存储表。

In-Memory 模式下，SQL Optimizer 将自动分析查询类型，对分析和报表采用 In-Memory 列格式，OLTP 系统则采用行格式运行，透明地提供双方的最佳性能，数据库自动维护行和列格式之间的完全事务一致性，就像保持表和索引之间的一致性一样。新的列格式是纯内存格式，并且在磁盘上不会持久存在，因此不会有额外的存储成本或存储同步问题。

对于传统的 OLTP 系统，为了实现快速查询，往往采用分析型索引的方式，在这样的架构下，向表中插入一条记录需要同时更新数十个索引，OLTP 系统性能被迫降低。Oracle 12c In-Memory 通过内存列存储取代分析型索引，使纯内存中的列式存储能够快速响应数据变化，可达到 2～20 倍的压缩比例，其粒度还支持表级与分区级，并适用于所有主流的硬件平台，使得 OLTP 系统中可以给予任意一列实现快速分析，OLTP 和批处理的速度得到大幅提升。

在测试当中，列格式的每个 CPU 内核可达到 10 亿条/秒的扫描速度，而行格式仅能达到百万条/秒，性能的提升高达一百倍以上。不仅如此，通过将多表的连接操作转化为高效的列扫描，表连接速度也加快了 10 倍。

**3. Oracle 12c Sharding 特性**

Oracle 12c Sharding 是用于自定义设计的 OLTP 应用程序的可扩展性和可用性功能，可以在不共享硬件或软件的 Oracle 数据库池之间分发和复制数据。将数据库池作为单个逻辑数据库呈现给应用程序。应用程序可以在任何平台上将任何级别（数据、事务和用户）弹性地缩放。

与其他 NoSQL 型的 Sharding 结构相比，Oracle 12c Sharding 提供了卓越的运行时性能和更简单的生命周期管理。它还提供企业 RDBMS 的优势，包括关系模式、SQL 和其他编程接口、支持复杂数据类型、在线模式更改、多核可扩展性、高级安全性、压缩、高可用性、ACID 属性、一致性等。

**4. 数据自动优化**

为帮助客户有效管理更多数据、降低存储成本以及提高数据库性能，Oracle 12c 新添加了最新的数据自动优化功能。热图监测数据库读写功能使数据库管理员可轻松识别存储在表和分区中数据的活跃程度，判断其是热数据（非常活跃），还是温暖数据（只读）

或冷数据(很少读)。利用智能压缩和存储分层功能,数据库管理员可基于数据的活跃性和使用时间,轻松定义服务器管理策略,实现自动压缩和分层 OLTP、数据仓库和归档数据。

**5. 深度安全防护**

相比以往的 Oracle 数据库版本,Oracle 12c 推出了更多的安全性创新,可帮助客户应对不断升级的安全威胁和严格的数据隐私合规要求。新的校订功能使企业无须改变大部分应用即可保护敏感数据,如显示在应用中的信用卡号码。敏感数据基于预定义策略和客户方信息在运行时即可校对。Oracle 12c 还包括最新的运行时间优先分析功能,使企业能够确定实际使用的权限和角色,帮助企业撤销不必要的权限,同时充分执行必须权限,且确保企业运营不受影响。

**6. 面向数据库云的最大可用性**

Oracle 12c 加入了数项高可用性功能,并增强了现有技术,以实现对企业数据的不间断访问。全球数据服务为全球分布式数据库配置提供了负载平衡和故障切换功能。数据防护远程同步不仅限于延迟,并延伸到任何距离的零数据丢失备用保护。应用连续完善了 Oracle 真正应用集群,并通过自动重启失败处理以覆盖最终用户的应用失败。

**7. 高效的数据库管理**

Oracle 数据库 12c 云控制的无缝集成,使管理员能够轻松实施和管理新的 Oracle 数据库 12c 功能,包括新的多租户架构和数据校订。通过同时测试和扩展真正任务负载,Oracle 真正应用测试的全面测试功能可帮助客户验证升级与策略整合。

**8. 简化大数据分析**

Oracle 数据库 12c 通过 SQL 模式匹配增强了面向大数据的数据库内 MapReduce 功能。这些功能实现了商业事件序列的直接和可扩展呈现,如金融交易、网络日志和点击流日志。借助最新的数据库内预测算法,以及开源 R 与 Oracle 数据库 12c 的高度集成,数据专家可更好地分析企业信息和大数据。

### 2.1.3 Oracle 的管理工具

Oracle 数据库管理系统提供了许多管理工具,用来管理 Oracle 服务器、对数据库进行访问控制、管理 Oracle 用户以及数据库备份和恢复工具等。本书主要介绍如下 3 个常用的管理工具:命令行工具 SQL Plus、图形化的管理工具 SQL Developer 和 Oracle 企业管理器 OEM。

**1. SQL Plus**

在 SQL Plus 命令行工具中,可以运行 SQL Plus 命令与 SQL 命令,如图 2-1 所示。SQL 语句执行完后,都可以保存在一个被称为 sql buffer 的内存区域中,并且只能保存一条最近执行的 SQL 语句,可以对保存在 sql buffer 中的 SQL 语句进行修改,然后再执行。SQL Plus 一般都与数据库打交道。

除了 SQL 语句,在 SQL Plus 中执行的其他语句称之为 SQL Plus 命令。它们执行完后,不保存在 sql buffer 的内存区域中,一般用来对输出的结果进行格式化显示,以便于制作报表。

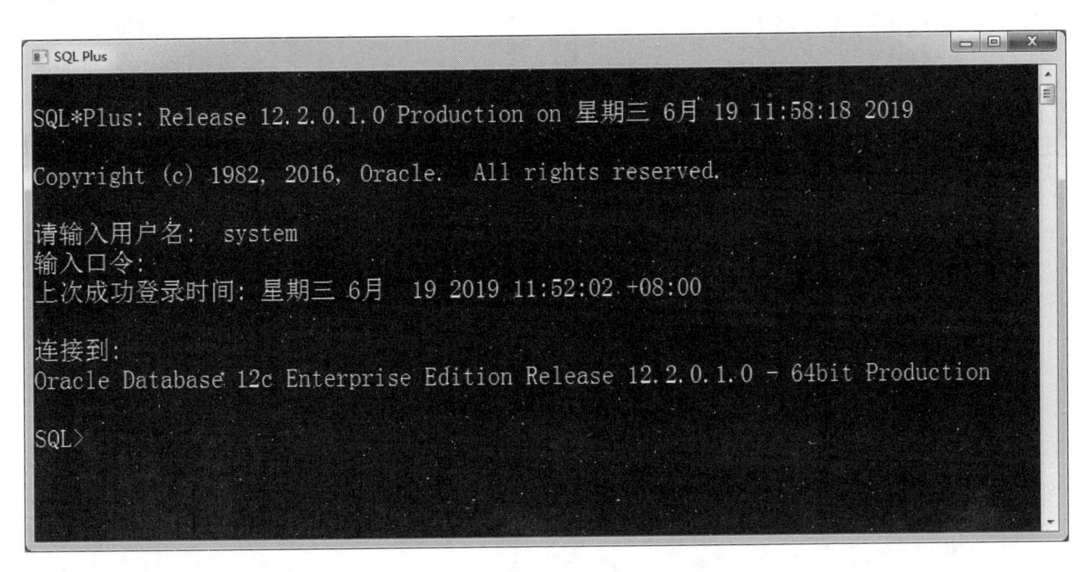


图 2-1 SQL Plus 运行环境界面

**2. SQL Developer**

SQL Developer 是一个免费的集成开发环境,简化了传统部署和云部署中 Oracle 数据库的开发和管理,其界面如图 2-2 所示。SQL Developer 提供了完整的数据库逻辑对象的管理、端到端的 PL/SQL 应用开发等。它包括一个用于运行查询和脚本的工作表、一个用于管理数据库的 DBA 控制台、一个报告界面、一个全面的数据建模解决方案,以及一个用于将用户的第三方数据库迁移到 Oracle 的迁移平台。

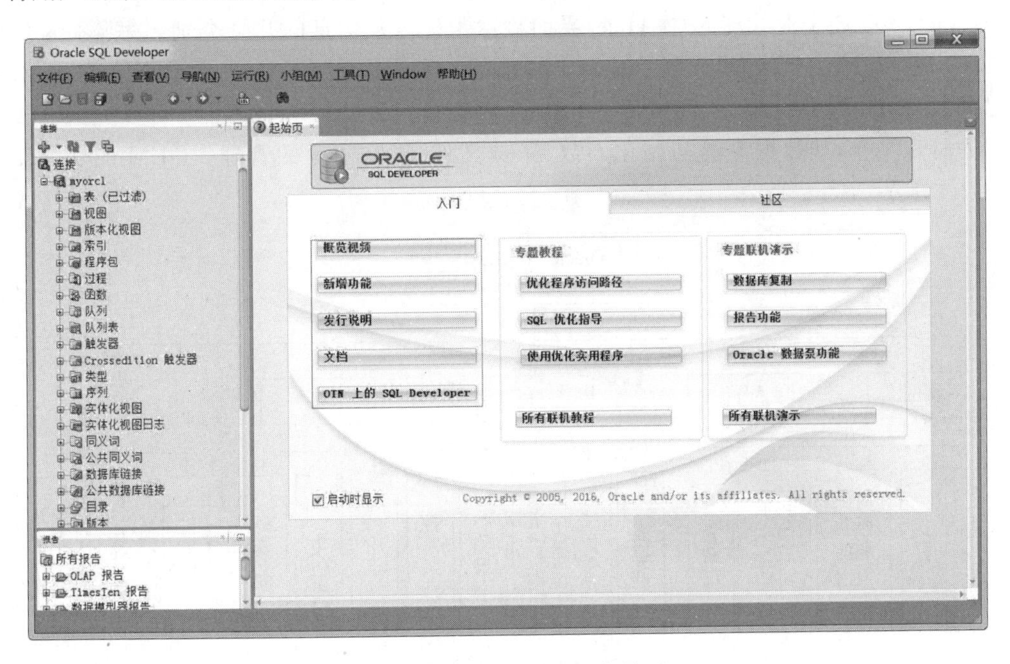


图 2-2 SQL Developer 主界面

**3. Oracle 企业管理器 OEM**

Oracle 企业管理器(Oracle Enterprise Manager,OEM)是 Oracle 提供的一个基于 Web 的图形化数据库管理工具,主界面如图 2-3 所示。同以往版本相比,Oracle 12c 简化了 OEM 的工作。通过 OEM 主要进行数据库实例的运行环境监测、配置管理、存储管理、安全管理以及性能管理等。

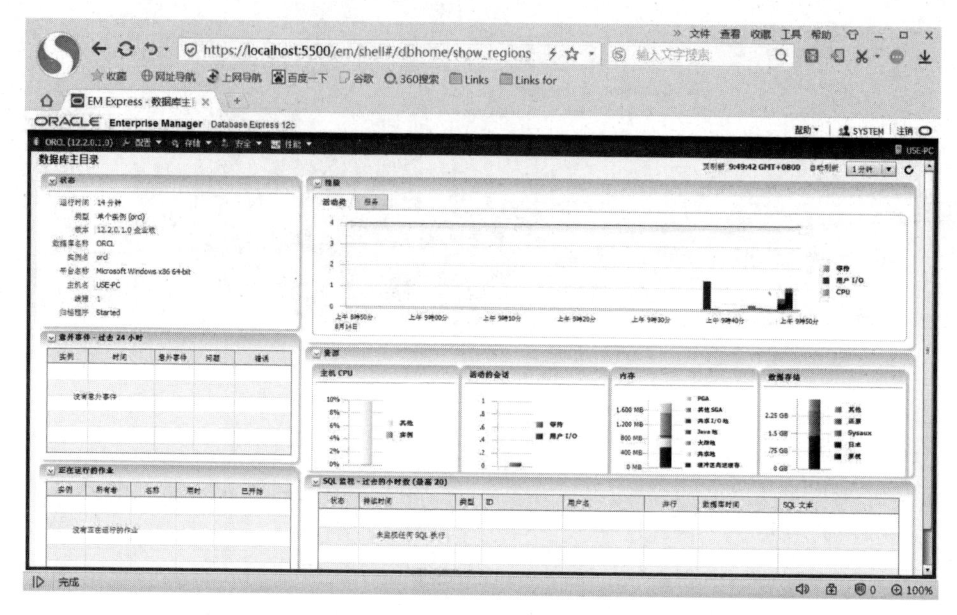


图 2-3　OEM 主界面

Oracle OEM 企业管理的"主目录"界面显示预警以及信息的几个类别。每隔 60s 实时收集一次数据。"主目录"界面显示信息类别包括一般信息、主机 CPU、活动会话数、SQL 响应时间、诊断概要、空间概要、高可用性和作业活动等。通过 Oracle OEM 可以完成主要的数据库管理工作,如数据库的初始化参数、数据文件、表空间等的管理。OEM 的功能结构如图 2-4 所示。

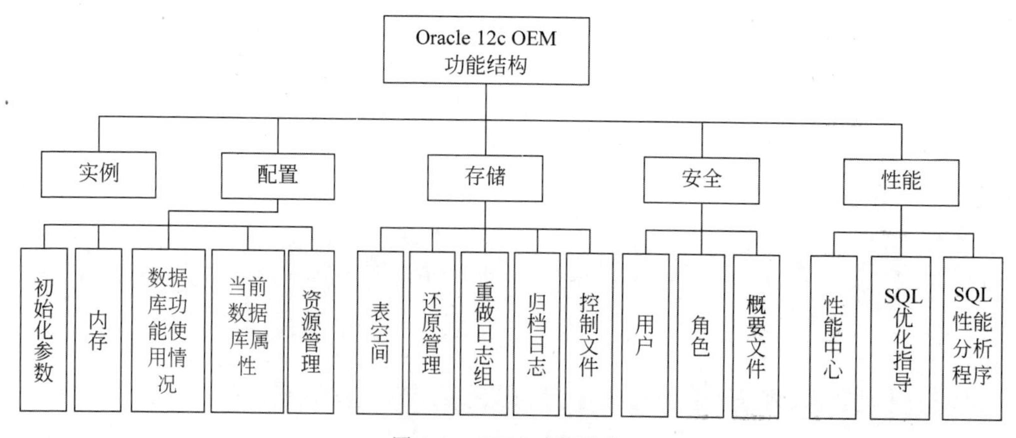


图 2-4　OEM 功能结构

## 2.2 Oracle 12c 的安装

### 2.2.1 安装前的准备

安装软件前,首先需要登录到(需要先注册)Oracle 的官方网站下载适合的 Oracle 版本,下载地址为 http://www. oracle. com/technetwork/database/enterprise-edition/downloads/index. html。

下载页面中含有企业版和标准版的支持各种平台的下载链接,本书中选择 Windows x64 系统的 Oracle 12c 第 2 版的企业版,如图 2-5 所示。

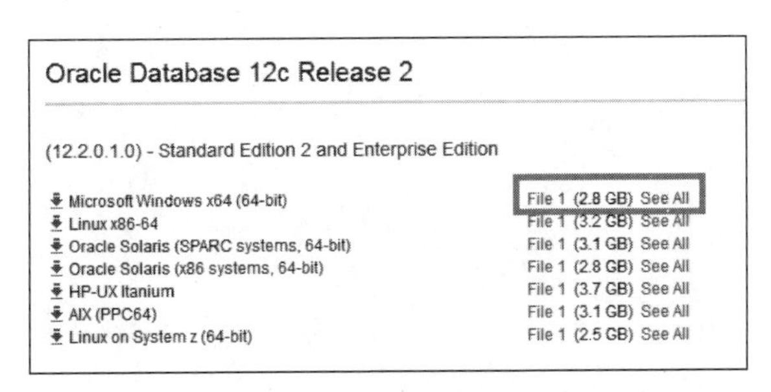


图 2-5 下载页面

注意:如果选择版本 1,两个文件 file1 和 file2 都要下载,并解压到同一个文件夹下。直接解压即可,切记两个压缩包都要解压(因为 zip 格式和 rar 格式分卷压缩解压时能判断是否完整),如果只解压一个会提示"系列文件未找到"的错误。正确解压后,文件夹大小应为 2.7GB 左右。

解压后运行(建议使用右键,选择管理员身份运行)安装程序 setup. exe,如图 2-6 所示。软件会加载并检查系统参数,校验系统是否达到 Oracle 12c 的安装要求,如图 2-7 所示。至少达到最低要求,才会继续加载程序并开始安装。安装时,计算机要始终保持联网状态。

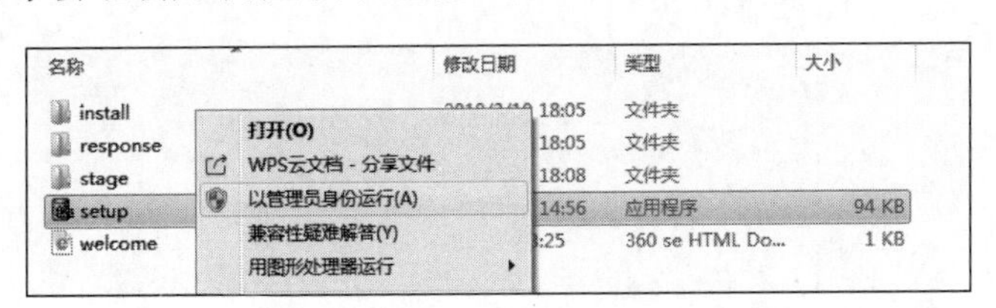


图 2-6 安装启动界面

### 2.2.2 数据库实例安装

Oracle 12c 数据库实例安装过程如下。

(1) Oracle 数据库开始安装,首先出现加载设置驱动程序界面,如图 2-8 所示。驱动程序加载完毕后,出现"配置安全更新"的窗口,如图 2-9 所示。在本窗口中,要正确填写甲骨文官方网站上注册的用户电子邮箱,并取消勾选"我希望通过 My Oracle Support 接收安全

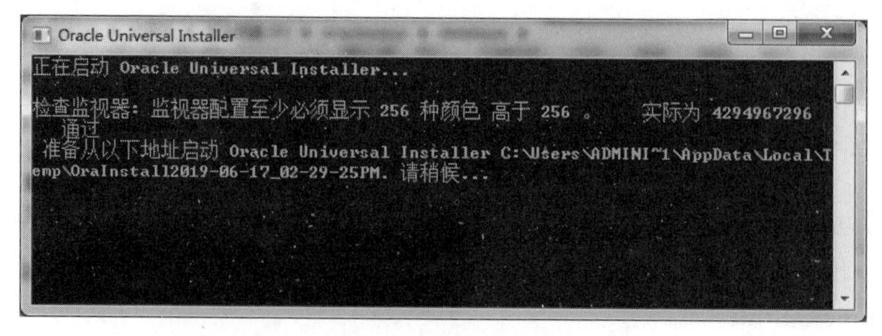


图 2-7　安装检测界面

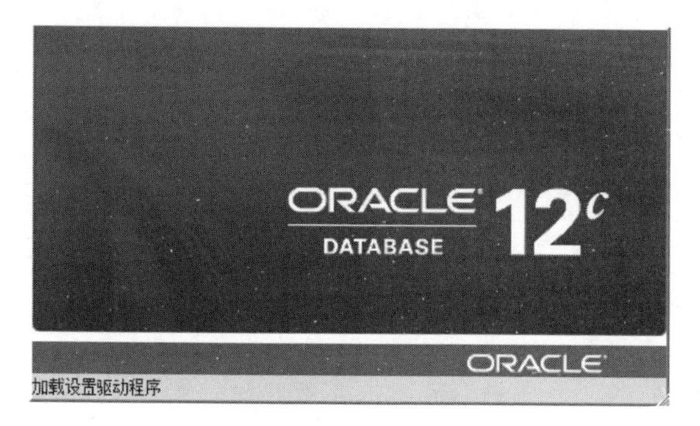


图 2-8　加载设置驱动程序

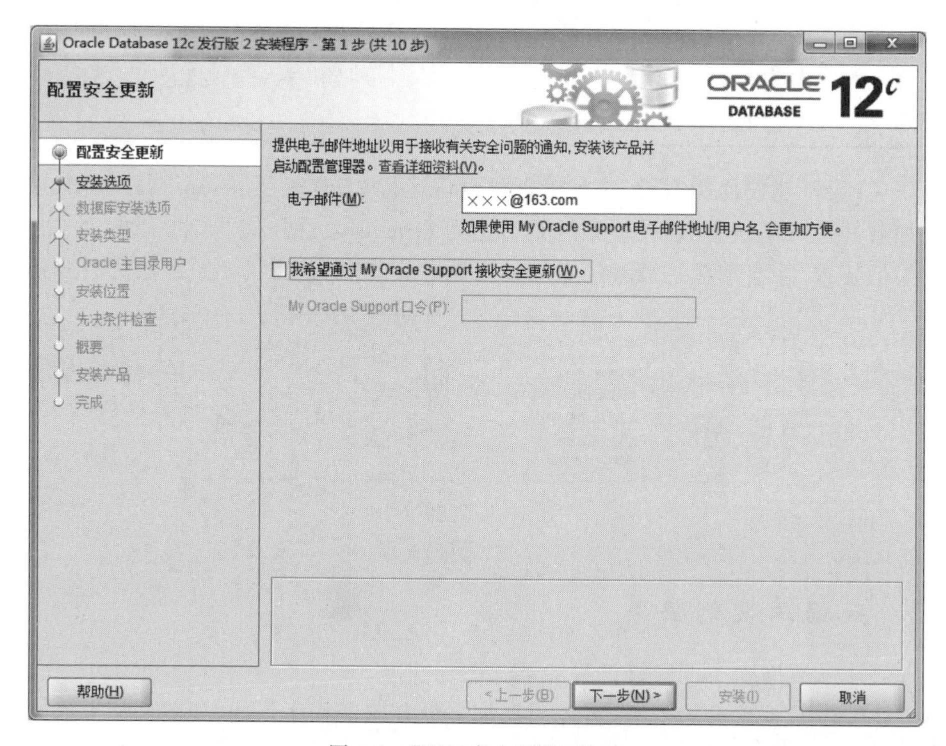


图 2-9　“配置安全更新”窗口

更新”,然后单击“下一步”按钮。配置邮箱主要用于接收通知,不过此处也可以跳过,即电子邮件项可不填,直接单击“下一步”按钮,在弹出的对话框中单击“是”即可,如图 2-10 所示。

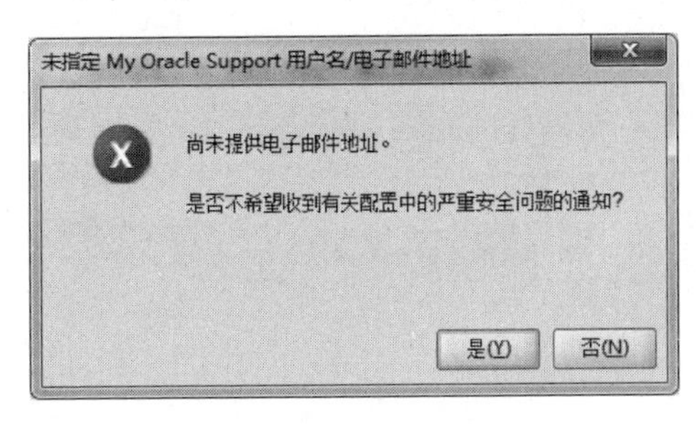


图 2-10 “用户名/电子邮件地址”提示窗口

(2) 在“选择安装选项”窗口中,有 3 个选项可供选择,如图 2-11 所示。

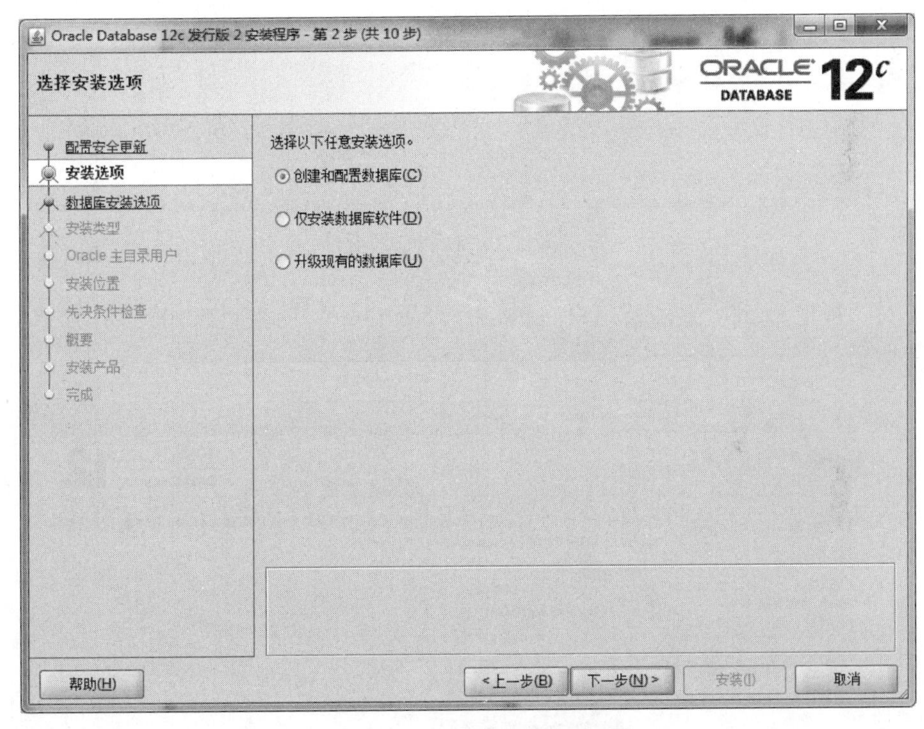


图 2-11 “选择安装选项”窗口

- 创建和配置数据库:安装数据库软件并创建一个数据库实例。
- 仅安装数据库软件:安装数据库软件,不会创建数据库实例。
- 升级现有的数据库:升级低版本的 Oracle 数据库。

此处选择第 1 项,如果不希望新建数据库实例,可选择第 2 项。设置完成后,单击“下一步”按钮。

(3) 在“选择系统类”窗口中,可以选择软件安装的类型,包括“桌面类”和“服务器类”,如图 2-12 所示。如果是安装到服务器上,请选择服务器类。因本书仅用于教学,此处选择“桌面类”,然后单击“下一步”按钮。

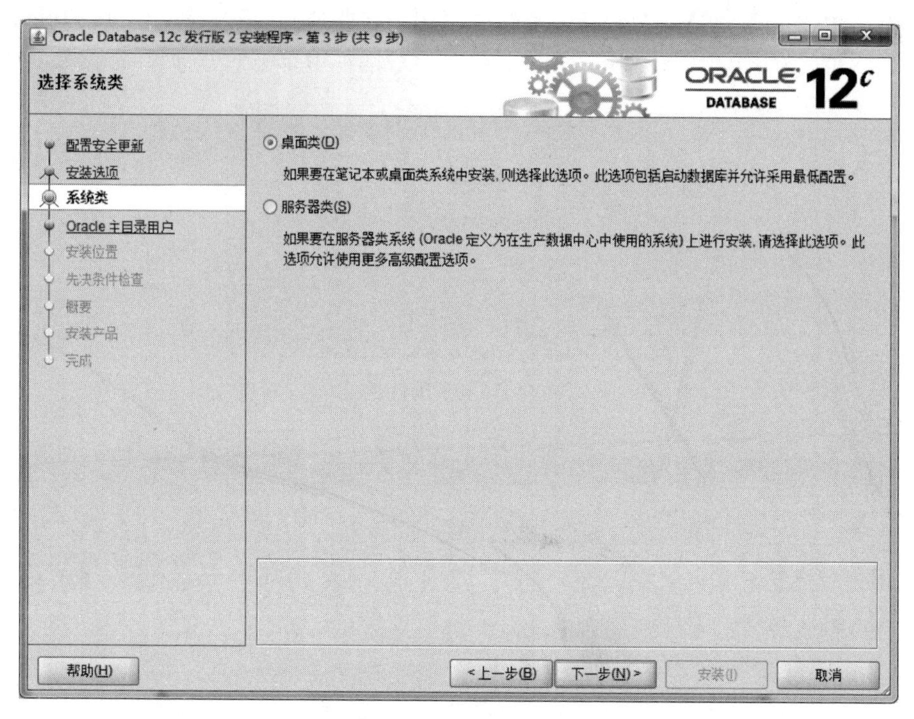


图 2-12 "选择系统类"窗口

(4) 在"指定 Oracle 主目录用户"窗口中,设置 Oracle 的主目录用户,有 4 个选择,如图 2-13 所示。

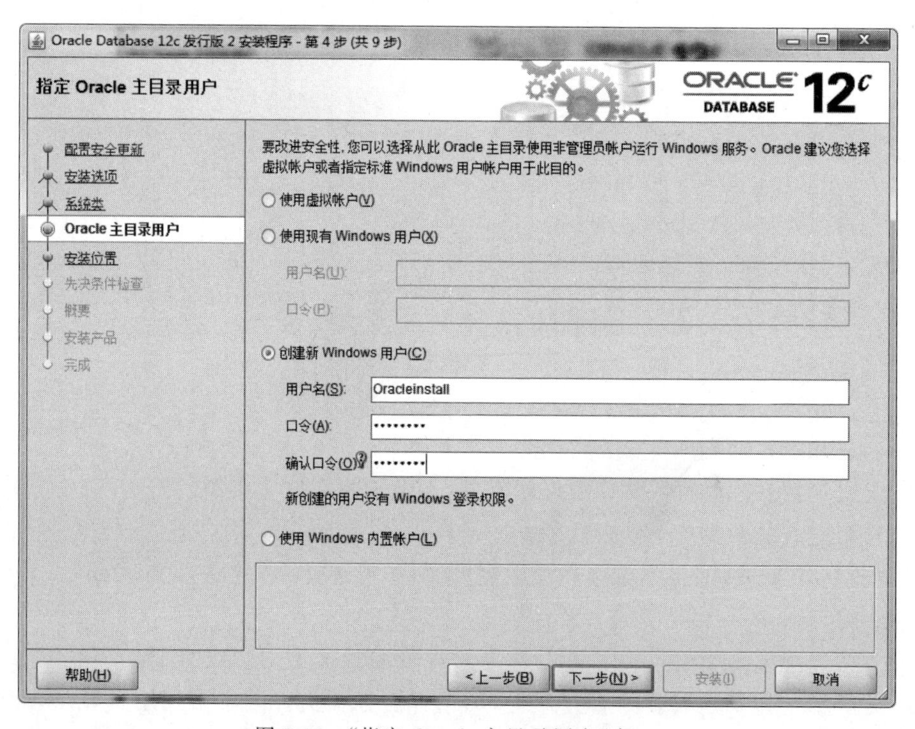


图 2-13 "指定 Oracle 主目录用户"窗口

- 使用虚拟账户：用于 Oracle 数据库单实例安装的 Oracle 主目录用户。
- 使用现有 Windows 用户：如果选择该项，则需要指定没有管理权限的用户。
- 创建新 Windows 用户：创建一个新用户，输入用户名和密码，确认密码。
- 使用 Windows 内置账户：选择该项，则为内置账户，Oracle 也建议使用权限受限的账户。

这一步是之前的 Oracle 版本没有的，其目的是为了更安全地管理用户的数据库，防止登录 Windows 系统误删了 Oracle 文件。此处建议选择第 3 项"创建新 Windows 用户"，输入用户名和口令，专门管理 Oracle 文件；然后单击"下一步"按钮。

---

注意：这里创建的用户名与已有的 Window 用户名发生冲突的话，后面的安装会报错。

---

(5) 如图 2-14 所示，在"典型安装配置"窗口中，主要设置安装位置，包括"Oracle 基目录""软件位置""数据库文件位置"；"数据库版本"选择"企业版"；"字符集"选择默认值或 UTF-8；"全局数据库名"定义为"orcl"，并输入密码"Mm123456"(本书指定密码为 Mm123456)，如果密码设计太简单会报警告；取消勾选"创建为容器数据库"。设置完成后，单击"下一步"按钮。

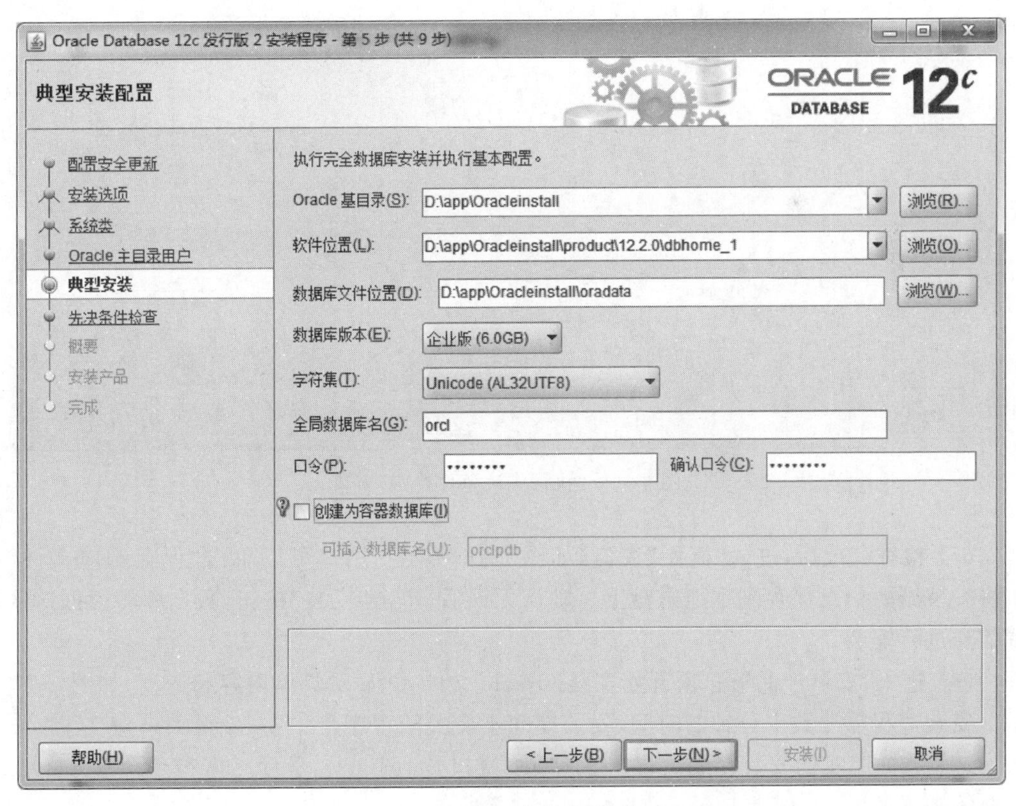


图 2-14 "典型安装配置"窗口

注意：Oracle 对用户的口令强度有着严格要求，规范的标准口令组合为：小写字母＋数字＋大写字母(顺序不限)，且字符长度还必须保持在 Oracle 数据库要求的范围内。系统对此强制检查，用户只有输入了符合规范的口令字符才被允许继续下面的操作。

另外，“容器数据库”是 12c 版本新加的一个功能，但是这个功能可能很少有人用，一旦勾选了这个选项，那么新建的数据库用户必须以 C＃＃开头，特别不方便。所以本书建议取消勾选容器数据库，除非真的有这方面的需求。

(6) 进入“执行先决条件检查”窗口，开始检查目标环境是否满足最低安装和配置要求，如图 2-15 所示。

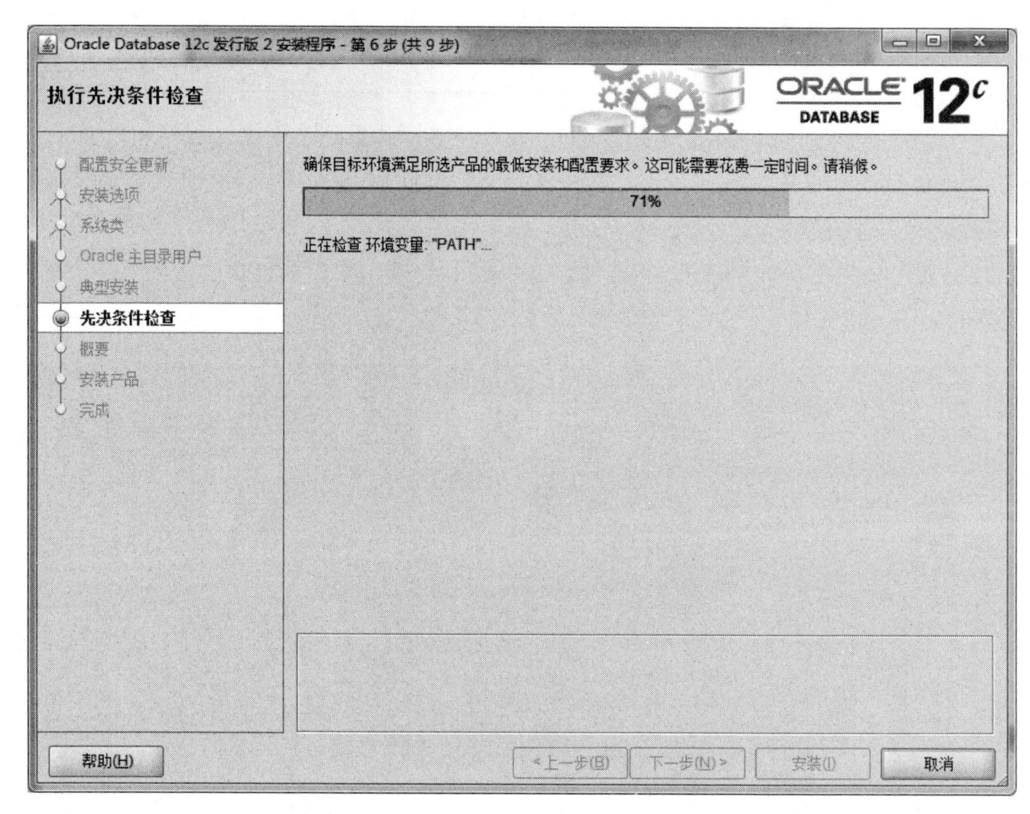


图 2-15 “执行先决条件检查”窗口

(7) 检查完成后，进入“概要”窗口，如图 2-16 所示。用户可以单击“保存响应文件”按钮将安装概要信息保存到本地磁盘上。确认无误后，单击“安装”按钮，数据库将根据这些配置信息进行安装。

(8) 进入“安装产品”窗口，开始安装 Oracle 文件，并显示具体内容和进度，如图 2-17 所示。安装过程需要数十分钟的时间，安装期间不要关闭程序。

(9) 数据库实例安装完成后，进入“完成”窗口，如图 2-18 所示。窗口中会显示 Oracle 企业管理器的 URL 地址 https://localhost:5500/em。

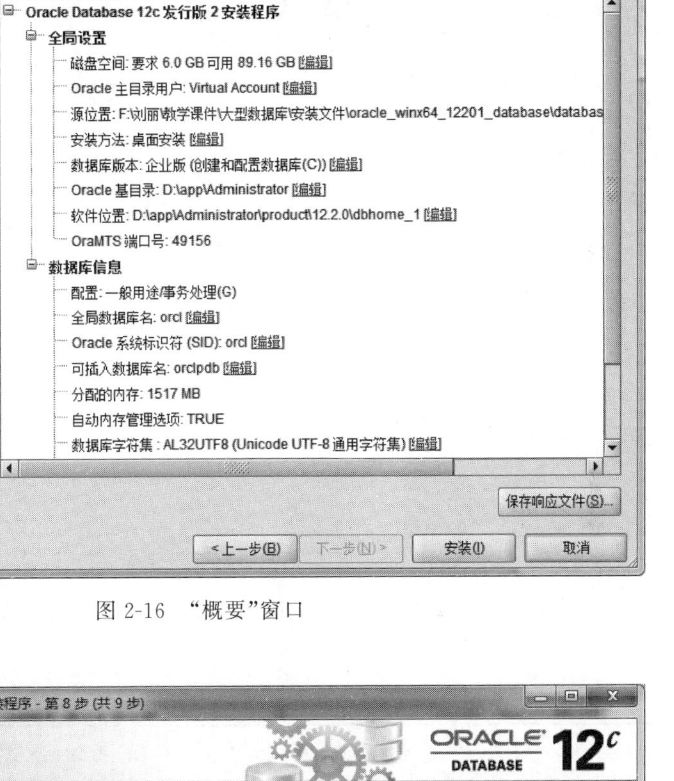


图 2-16 “概要”窗口

Oracle Database 12c 发行版 2 安装程序 - 第 8 步 (共 9 步)

安装产品

ORACLE DATABASE 12c

配置安全更新
安装选项
系统类
Oracle 主目录用户
典型安装
先决条件检查
概要
安装产品
完成

进度

96%

Service was started successfully.

状态

| | |
|---|---|
| Oracle Database 安装 | 成功 |
| • 准备 | 成功 |
| • 复制文件 | 成功 |
| • 产品安装 | 成功 |
| 设置 Oracle 基目录 | 成功 |
| Oracle Database 配置 | 正在进行 |
| • Oracle Net Configuration Assistant | 成功 |
| • Oracle Database Configuration Assistant | 成功 |
| • Oracle Configuration Manager Configuration (可选) | 成功 |
| • Oracle Services For Microsoft Transaction Server | 正在进行 |

详细资料(D) 重试(R) 跳过(S)

ORACLE DATABASE 12c

帮助(H) < 上一步(B) 下一步(N) > 安装(I) 取消

图 2-17 “安装产品”窗口

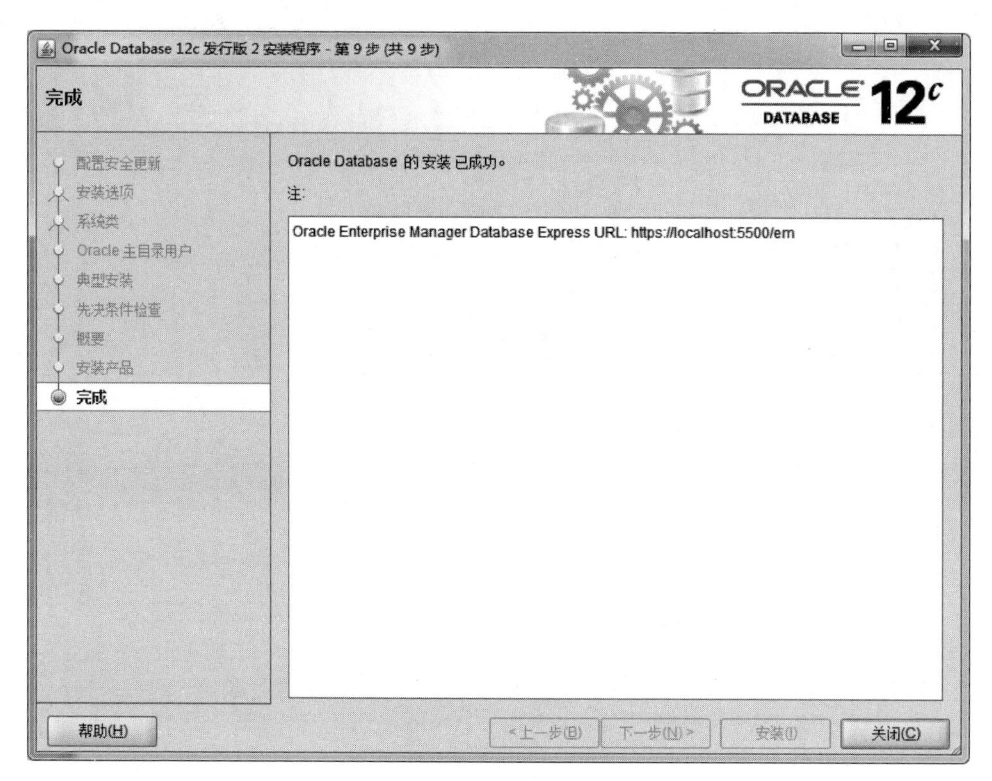


图 2-18 “完成”窗口

---

注意：如果新建数据库实例，在安装结束时会弹出“Database Configuration Assistant”窗口，单击“口令管理”按钮，可以查看并修改以下用户的密码。

---

- 普通管理员：system
- 超级管理员：sys

在连接 Oracle 数据库实例时，就可以使用这两个系统保留的用户进行连接和操作了。

## 2.3 Oracle 数据库的启动和登录

登录 Oracle 数据库前，首先需要启动 Oracle 服务器进程，否则客户端无法连接数据库。本节介绍如何启动和关闭 Oracle 服务器及使用 Oracle 数据库的管理工具进行登录管理。

### 2.3.1 Oracle 的启动管理

#### 1. 使用图形化工具管理 Oracle 服务

在 Oracle 安装完成后，已将 Oracle 安装为 Windows 服务。默认情况下，当 Windows 启动、停止时，Oracle 服务器也自动启动、停止。可以通过 Windows 的服务管理器查看、管理 Oracle 的服务进程。

(1) 首先单击“开始”菜单，在弹出的菜单中选择“运行”命令(或使用快捷键 Win+R)，打开“运行”对话框，输入“services. msc”命令，如图 2-19 所示。单击“确定”按钮，打开“服务”窗口，如图 2-20 所示。

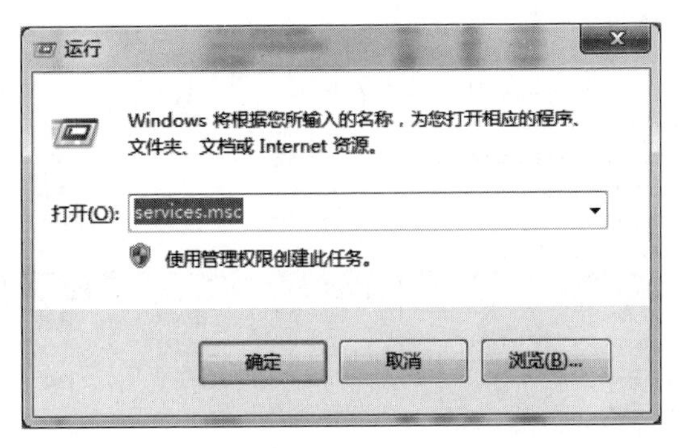


图 2-19 “运行”对话框

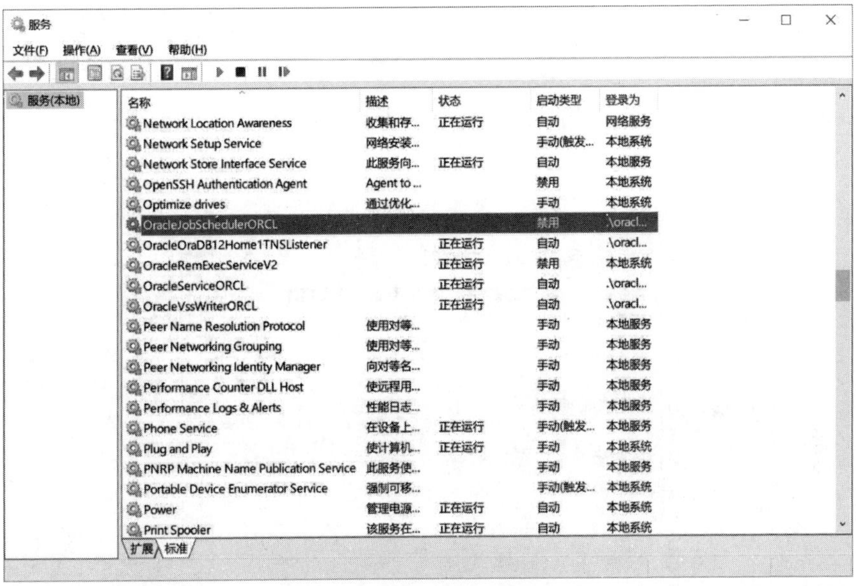

图 2-20 “服务”窗口

(2) 右击某一 Oracle 服务，在弹出的菜单中，选择“启动”“停止”等菜单进行服务状态的管理，如图 2-21 所示。也可以通过单击菜单中的“属性”菜单，或双击某一个服务，打开此服务的“属性”窗口，进行“启动”“停止”的管理，如图 2-22 所示。由于 Oracle 服务比较耗费资源，在不使用的情况下，可以将这些服务关闭。在“属性”窗口中，还可以将“启动类型”设置为“手动”。这样，当 Windows 启动时，Oracle 就不会自动启动了。

Oracle 的 5 个服务如下。

(1) OracleJobSchedulerORCL：Oracle 作业调度(定时器)服务，ORCL 是 Oracle 实例标识。

(2) OracleOraDb12Home1TNSListener：监听器服务，服务只有在数据库需要远程访问的时候才需要。

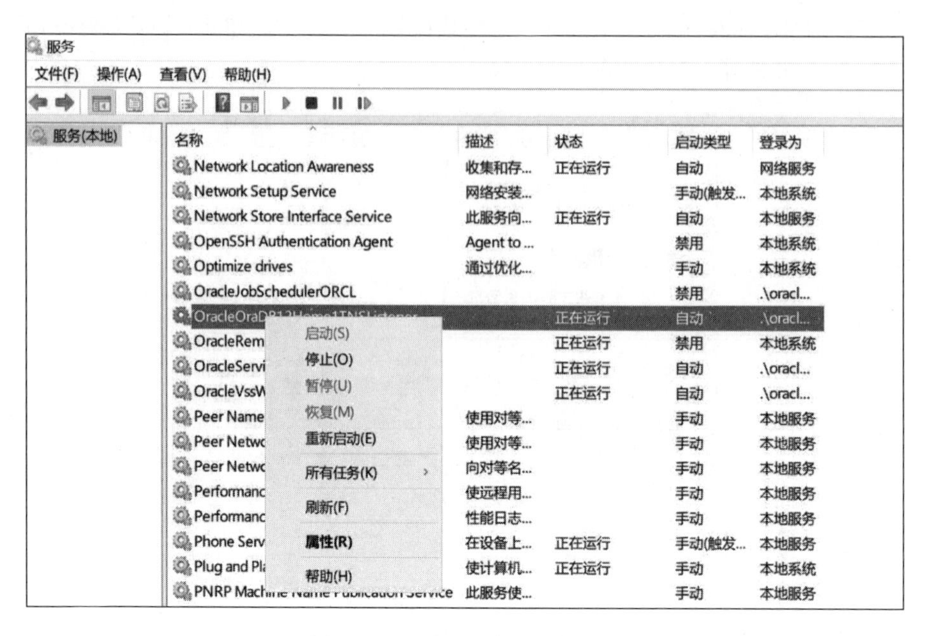


图 2-21 服务的"启动""停止"

图 2-22 "属性"窗口

(3) OracleRemExecServiceV2：服务端控制。该服务允许数据库充当一个微软事务服务器 MTS、COM/COM+对象和分布式环境下的事务的资源管理器。

(4) OracleServiceORCL：ORCL 数据库服务是 Oracle 的核心服务。该服务是数据库启动的基础，只有该服务启动，Oracle 数据库才能正常启动。

(5) OracleVssWriterORCL：Oracle 卷映射复制写入服务。

对用户来说，如果只使用 Oracle 自带的 SQL Plus，只需要启动 OracleServiceORCL 即可。

若还要使用 PL/SQL Developer 等第三方工具，则 OracleOraDb11g_home1TNSListener 服务也要开启。因此，这两个服务一般是学习中常用的服务。

**2. 使用命令启动 Oracle 服务**

在这里只学习启动 OracleOraDb12Home1TNSListener 和 OracleServiceORCL 两项服务。

1）启动监听服务

在 DOS 命令行输入如下命令：

```
lsnrctl start
```

可以启动所有的监听程序，包括 OracleOraDB12Home1TNSListener 监听程序。

2）停止监听服务

在 DOS 命令行输入如下命令：

```
lsnrctl stop
```

可以停止所有的监听程序，包括 OracleOraDB12Home1TNSListener 监听程序。

3）启动数据库服务

在 DOS 命令行输入如下命令：

```
net start OracleServiceORCL
```

可以启动 OracleServiceORCL 数据库服务。

4）停止数据库服务

在 DOS 命令行输入如下命令：

```
net stop OracleServiceORCL
```

可以停止 OracleServiceORCL 数据库服务。

### 2.3.2 登录 Oracle 数据库

**1. 更改设置用户密码**

在 Oracle 12c 版本的安装过程中，没有提供“口令管理”的窗口。因此，在连接数据库时无法正确提供用户名和口令。Oracle 数据库提供了两个保留的管理员用户：sys(超级管理员)和 system(普通管理员)。可以在 DOS 环境下以数据库管理员(SYSDBA)的身份连接 SQL Plus，之后修改 sys 和 system 两个用户的密码，命令如下。

1）连接命令

```
sqlplus/as sysdba
```

2）修改 sys 用户的密码

```
alter user sys identified by Mm123456;
```

3）修改 sys 用户的密码

```
alter user system identified by Mm123456;
```

操作过程如图 2-23 所示。

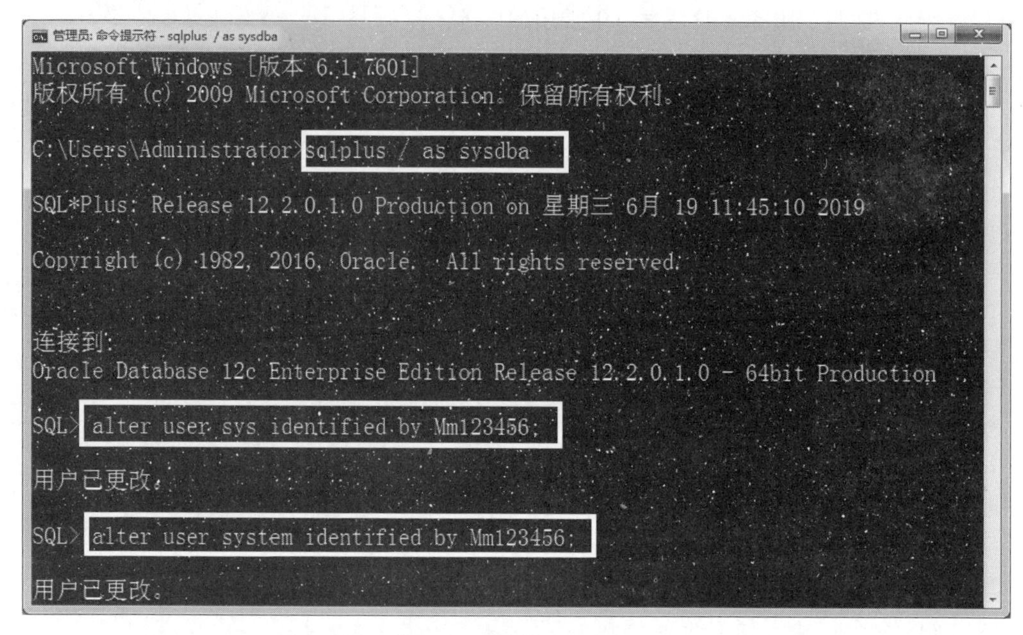


图 2-23　更改用户密码

**2. 以 SQL Plus 命令行方式登录数据库实例**

通过 SQL Plus 命令行方式登录的方法很多,常见的方式是通过 DOS 窗口或直接利用 SQL Plus 的方式。

1) 通过 DOS 窗口方式

打开 DOS 窗口,输入以下命令并按 Enter 键确认,如图 2-24 所示。

```
sqlplus system/Mm123456
```

图 2-24　DOS 窗口登录 SQL Plus

2) 直接使用 SQL Plus 方式

依次选择“开始”|“所有程序”|“Oracle OraDB12Home1”|“应用程序开发”|“SQL Plus”菜单命令。打开 SQL Plus 窗口，输入用户名和口令并按确认，如图 2-25 所示。

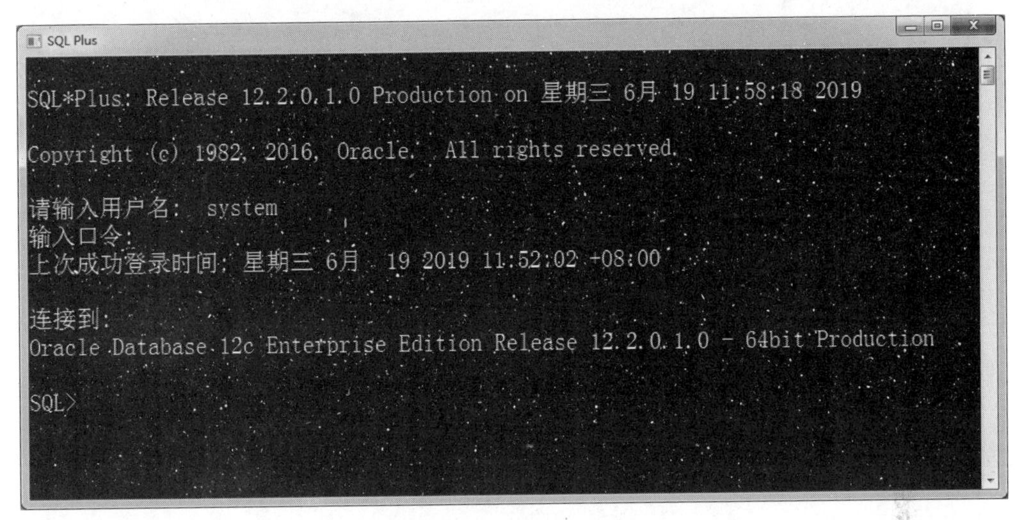


图 2-25　SQL Plus 界面

### 3. 使用 SQL Developer 登录

使用 SQL Developer 登录，具体操作如下。

(1) 依次选择“开始”|“所有程序”|“Oracle OraDB12Home1”|“应用程序开发”|“SQL Developer”菜单命令，启动 SQL Developer 管理器，如图 2-26 所示。进入 SQL Developer 管理器主界面，如图 2-27 所示。

图 2-26　SQL Developer 启动界面

(2) 接下来要为数据库实例建立连接。打开“新建/选择数据库连接”窗口，输入“连接名”“用户名”“口令”。单击选择“服务名”，设置安装的数据库实例名为 orcl。单击“连接”按钮，如图 2-28 所示。

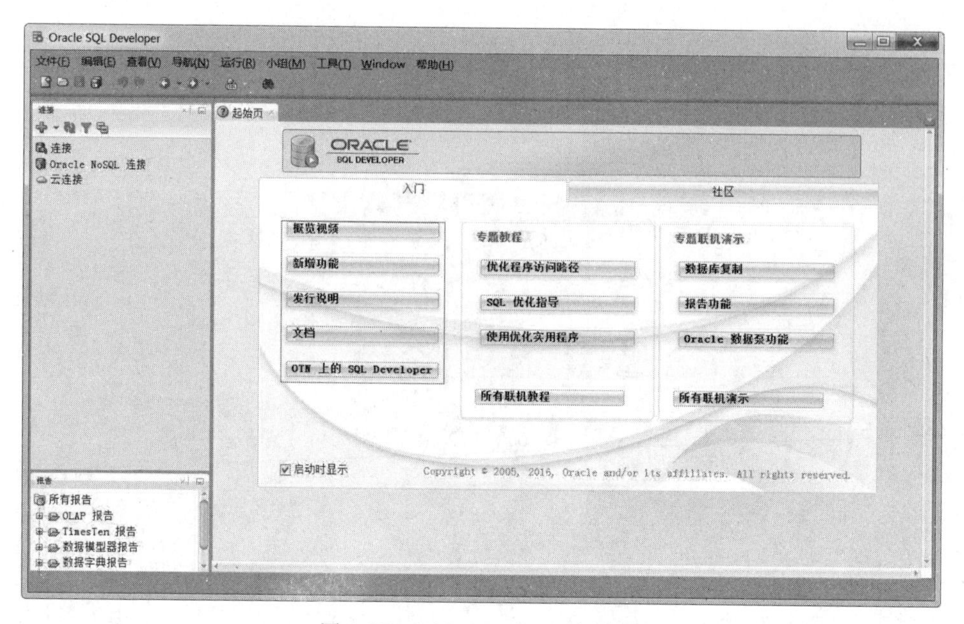


图 2-27　SQL Developer 主界面

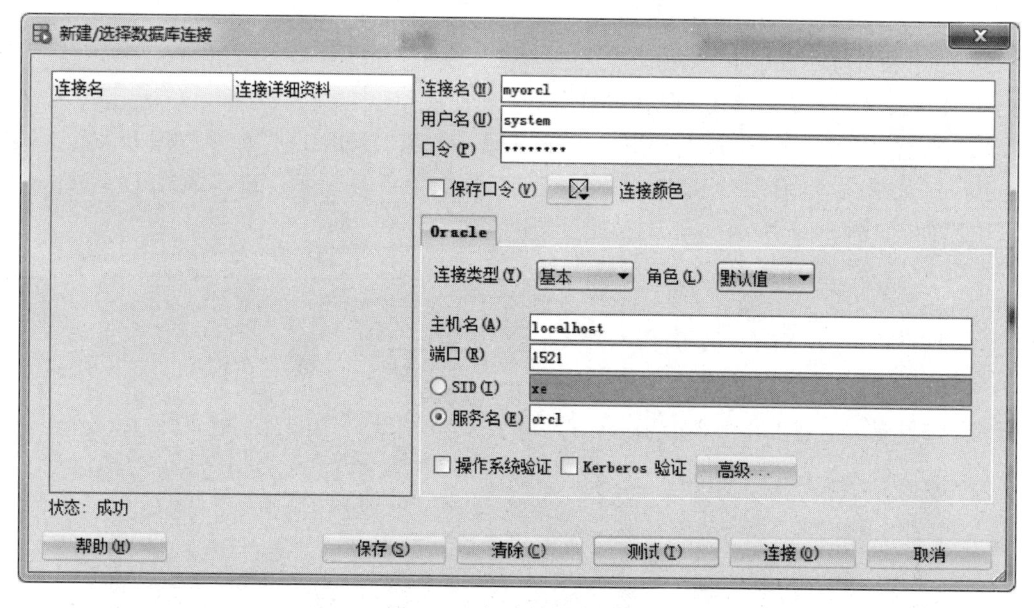


图 2-28　新建数据库连接

(3) 返回 SQL Developer 主界面，可以看见新建的连接“myorcl”，单击此连接，输入用户名和口令，就可以打开、查看和管理数据库的逻辑对象，如图 2-29 所示。

**4. 使用 OEM 登录**

Oracle 安装完成时，会给出所安装数据库实例的 OEM 地址，本书安装的 ORCL 数据库实例的地址为 https://localhost:5500/em。在浏览器中输入地址，进入 OEM 登录界面，如图 2-30 所示。输入用户名 system 和口令，进入 OEM 主界面，如图 2-31 所示。

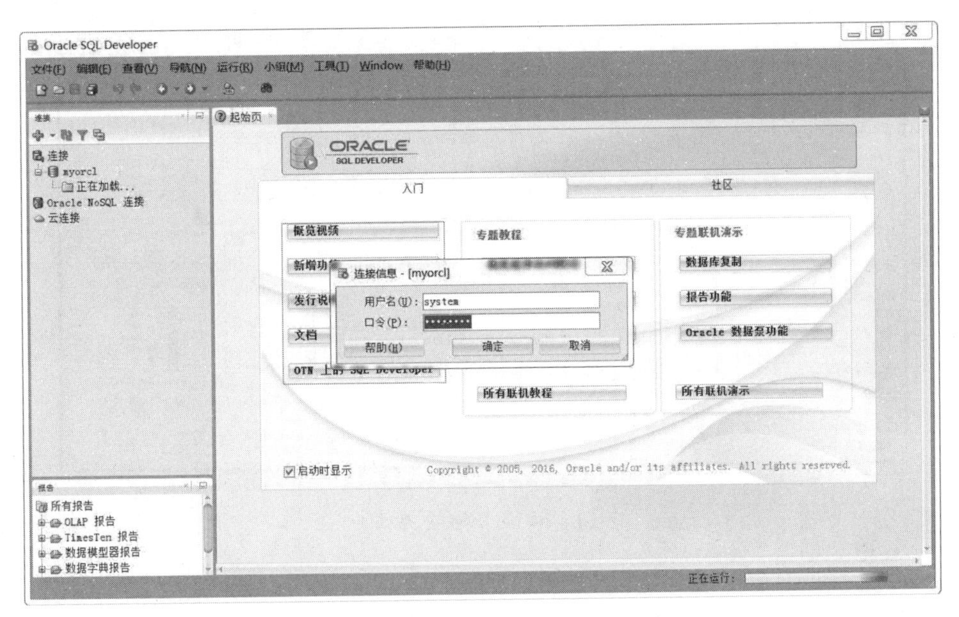


图 2-29　SQL Developer 连接数据库

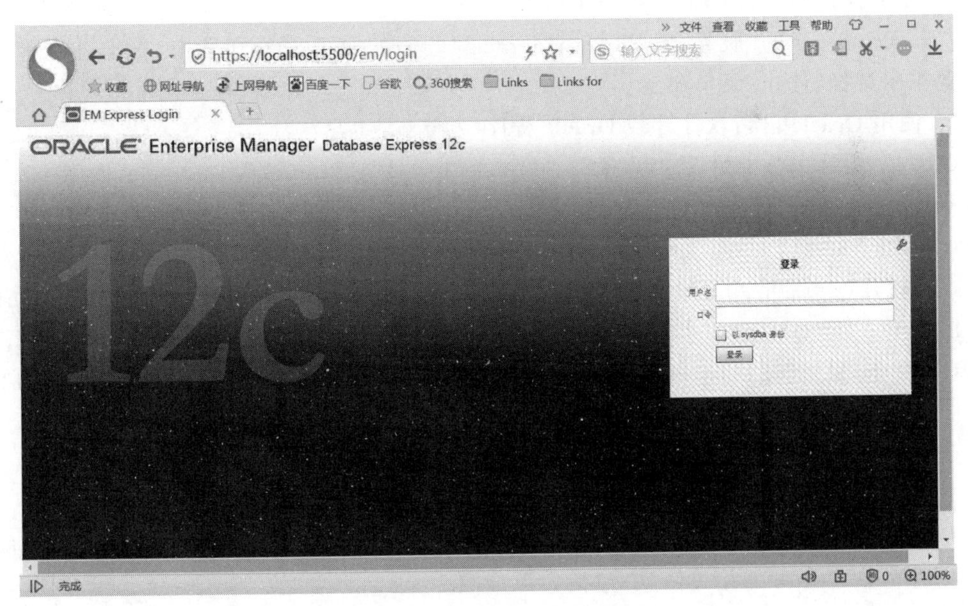


图 2-30　OEM 登录界面

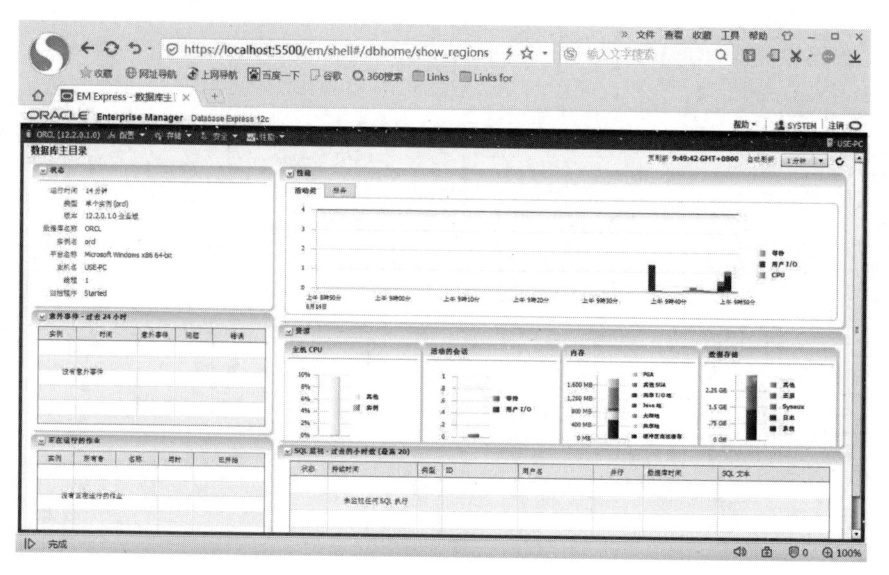


图 2-31　OEM 主界面

## 2.4　卸载 Oracle 12c

完全卸载 Oracle，主要分为以下 4 个步骤。

**1. 停止服务列表的 Oracle 相关服务**

打开 Windows 的“服务”窗口，将以“Oracle”开头的服务项分别选中，右击并在弹出的快捷菜单中选择“停止”菜单命令。

**2. 使用 Oracle 自带软件卸载 Oracle 程序**

(1) 依次单击“开始”|“程序”|“Oracle OraDB12Home1”|“Oracle 安装产品”|“Universal Installer”，打开“Oracle Universal Installer：欢迎使用”对话框，单击“卸载产品”按钮，如图 2-32 所示。

(2) 打开“产品清单”对话框，勾选“Oracle 主目录”|“OraDB12cHome1”|“Oracle Database 12c 12.2.0.1.0”，如图 2-33 所示。

(3) 单击“删除”按钮，出现如图 2-34 所示的确认对话框，单击“是”，开始卸载，如图 2-35 所示。

(4) 删除结束后，显示空的产品清单对话框，如图 2-36 所示。

**3. 删除注册表项**

打开“运行”对话框(或按 Win+R 快捷键)，输入“regeidt”命令，启动 Windows 注册表。删除注册表中 Oracle 的相关信息，包括如下 3 项。

(1) HKEY_LOCAL_MACHINE\SYSTEM\CurrentControlSet\Services\ 节点下的所有 Oracle 项。

(2) HKEY_LOCAL_MACHINE\SOFTWARE\ORACLE 项。

(3) HKEY_LOCAL_MACHINE\SYSTEM\CurrentControlSet\Services\Eventlog\Application 节点下以 Oracle 开头的所有项目。

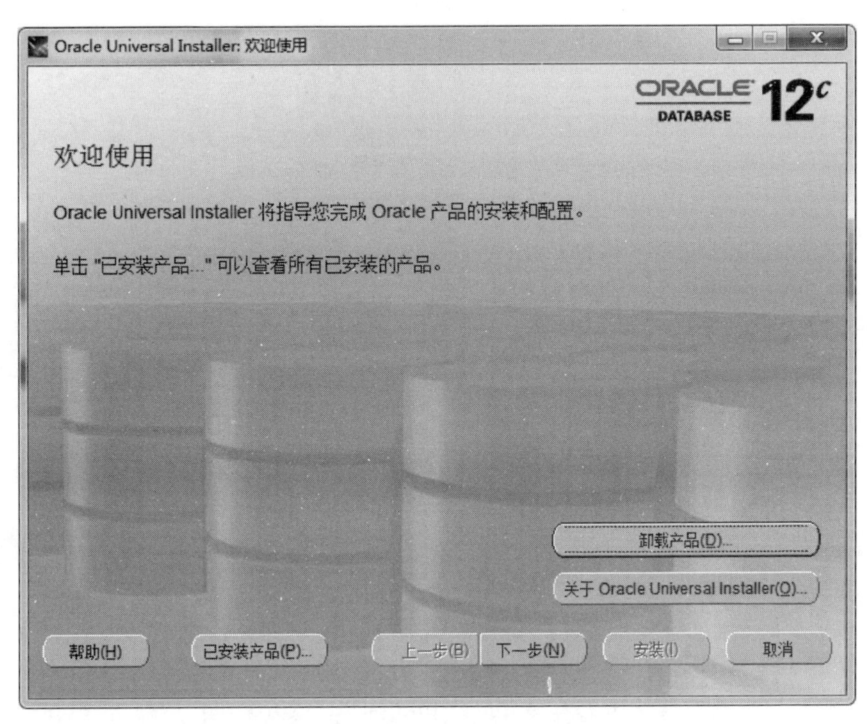


图 2-32 “Oracle Universal Installer：欢迎使用”对话框

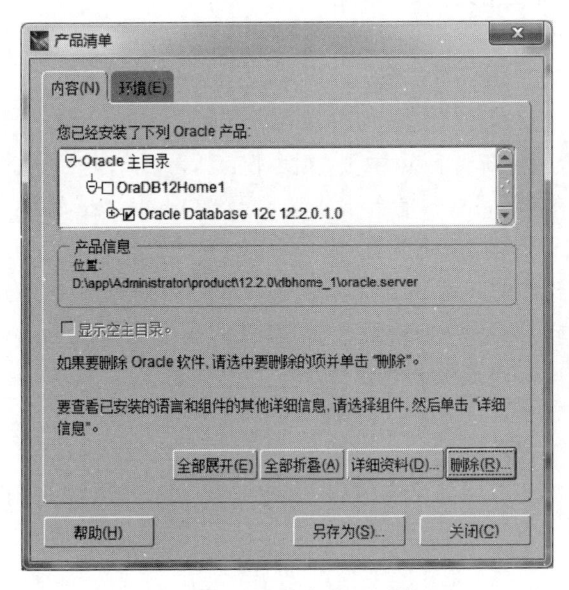


图 2-33 “产品清单”对话框

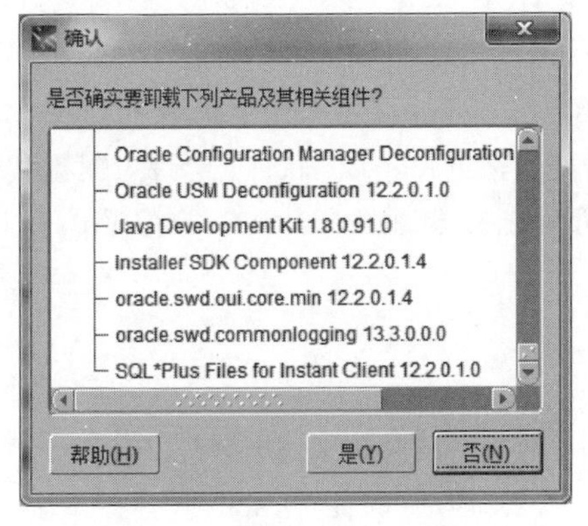


图 2-34 删除“确认”对话框

**4. 删除环境变量**

删除环境变量有关 Oracle 的相关设置，包括如下 4 项。

(1) 删除 NLS_LANG 环境变量：SIMPLIFIED CHINESE_CHINA. ZHS16GBK。

(2) 删除 ORACLE_HOME 环境变量：C:\app\Administrator\product\12. 1. 0\dbhome_1。

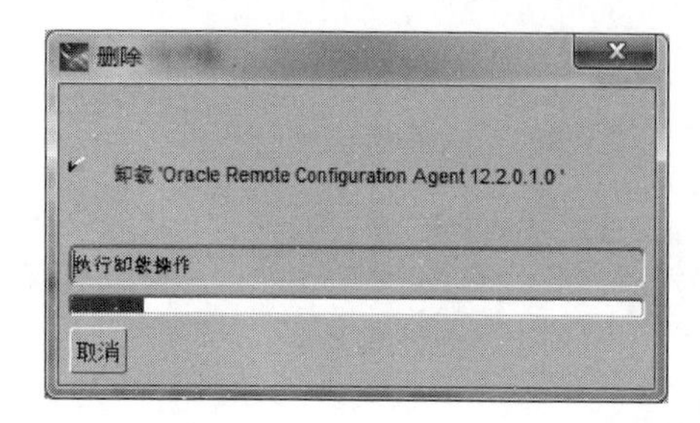


图 2-35 “删除”进度界面

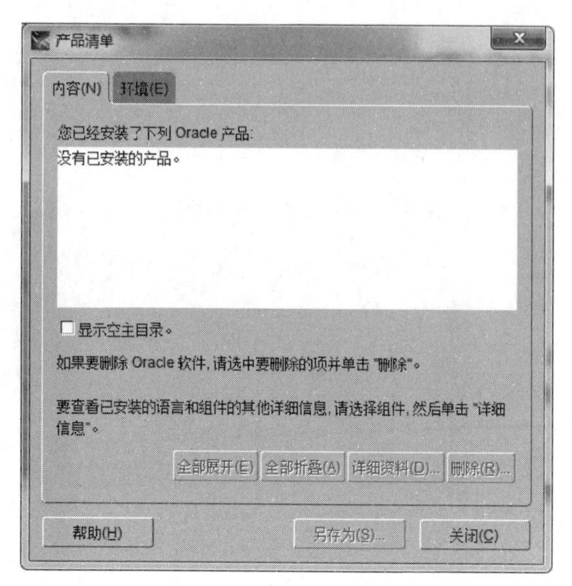


图 2-36 空“产品清单”对话框

(3) 删除 ORACLE_SID 环境变量，默认值为 ORCL。

(4) 删除 Path 环境变量中的 C:\app\Administrator\product\12.1.0\dbhome_1\bin。

**5. 重新启动操作系统**

删除 Oracle 程序相关的目录，重新启动操作系统，删除完毕。

## 2.5 本章小结

本章首先介绍了 Oracle 12c 的发展历史、新特征和主要的管理工具，包括 SQL Plus、SQL Developer 以及 OEM。接着讲述了在 Windows 平台下安装、配置 Oracle 12c 软件的方法。然后，介绍了如何对 Oracle 服务进行启动、停止管理，以及登录 Oracle 数据库实例的方法。最后，讲述了完全卸载 Oracle 12c 软件的步骤和方法。通过本章的学习，读者应能正确进行 Oracle 12c 软件的安装、配置和卸载，熟悉 Oracle 服务管理，使用 3 个主要的 Oracle 管理工具 SQL Plus、SQL Developer 以及 OEM 连接和登录数据库。

## 习题 2

1. 下载并安装 Oracle 12c。

2. 启动、关闭 Oracle 服务。

3. 使用 3 个 Oracle 管理工具 SQL Plus、SQL Developer 以及 OEM 连接、登录 Oracle 数据库实例。

# 第3章 Oracle 数据库的体系结构

## 本章学习目标

- 掌握 Oracle 数据库的物理存储结构
- 掌握 Oracle 数据库的逻辑存储结构
- 熟练掌握 Oracle 实例的内存结构、进程结构
- 了解 Oracle 数据库的组成及实例运行过程
- 了解 Oracle 12c 多租户架构

从体系结构上来说，Oracle 数据库服务器可以分为 Oracle 数据库和 Oracle 实例两部分。本章详细介绍了 Oracle 数据库的物理存储结构和逻辑存储结构，以及 Oracle 实例的内存结构和进程结构。

## 3.1 Oracle 数据库的基本结构

Oracle 是一个基于 B/S 模式的关系数据库管理系统（RDBMS）。通常意义上说的 Oracle 数据库是指 Oracle 数据库服务器（Oracle Database Server），包括 Oracle 实例（Oracle Instance）和 Oracle 数据库（Oracle Database）两部分，即 Oracle Database Server＝Oracle Instance＋Oracle Database。

在启动 Oracle 数据库时，首先要在内存中获取、划分、保留各种用途的区域，运行各种用途的后台进程，即创建一个实例（Instance）；然后再由该例程装载（Mount）、打开（Open）数据库；最后由这个实例来访问和控制数据库的各种物理结构。当用户连接到数据库并使用数据库时，实际上是连接到该数据库的实例，通过实例来连接、使用数据库。因此，实例是用户和数据库之间的中间层。

Oracle 数据库指的是用户存储数据的一些物理文件，包括数据文件、控制文件、重做日志文件、参数文件；还包括密码文件、归档日志文件、备份文件、告警日志文件、跟踪文件等。这些物理文件统称为 Oracle 数据库的物理存储结构。

在实际对数据库进行管理时，操作这些物理文件显然是不方便的。Oracle 通过表空间、段、区、块等逻辑存储结构来更加灵活方便地管理和操作数据库。Oracle 数据库的逻辑存储结构是由“数据库内部”观看其组成的要素，包括表空间、段、区、块及数据库对象。

Oracle 数据库的体系结构如图 3-1 所示。下面分别介绍 Oracle 的物理存储结构、逻辑存储结构和实例。

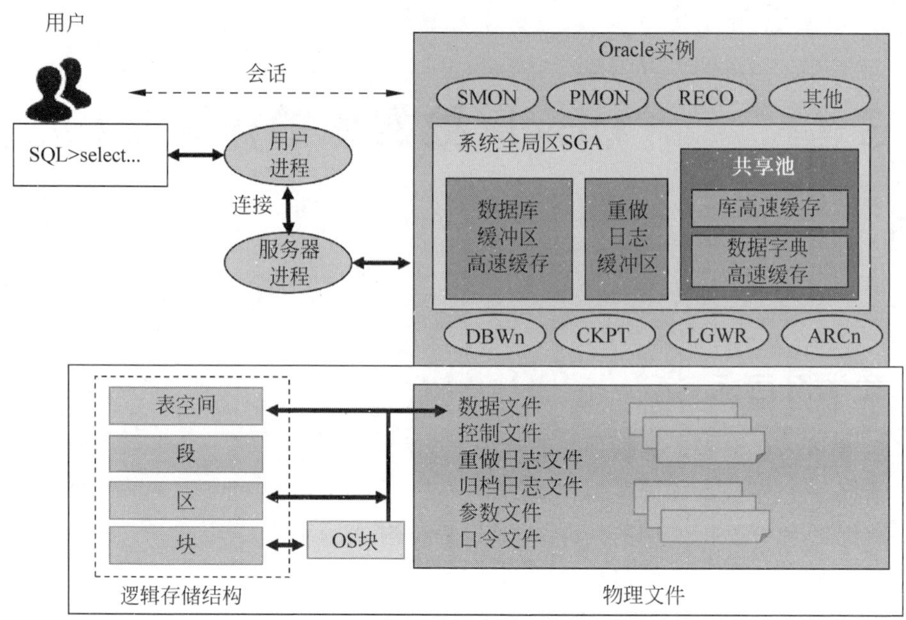


图 3-1　Oracle 数据库的体系结构

一个表空间在物理上对应若干个数据文件，而一个数据文件只能属于一个表空间。在"Oracle 安装路径\Oracleinstall\oradata\orcl"目录下可以看到自动创建的 6 个表空间都有其对应的数据文件。

# 3.2　Oracle 的数据库结构

## 3.2.1　Oracle 的物理存储结构

Oracle 的物理存储结构是由存储在磁盘中的操作系统文件所组成的，Oracle 在运行时需要使用这些文件。一般地，Oracle 数据库在物理上主要由 3 种类型的文件组成，分别是数据文件(*.dbf)、控制文件(*.ctl)和重做日志文件(*.log)。在 Oracle 的安装路径"Oracle 安装路径\Oracleinstall\oradata\orcl"的目录下，可以看到当前数据库 ORCL 的物理文件，如图 3-2 所示。

**1. 数据文件(DATA FILE)**

数据文件是存储数据库数据的操作系统文件，如表的实际数据、索引数据等。通常以"*.dbf"格式命名，如 userCIMS.dbf。数据文件的大小与它们所存储的数据量的大小直接相关，会自动增大。

每个 Oracle 数据库都有一个或多个数据文件，而一个数据文件只能属于一个表空间。数据文件创建后大小可改变，创建新的表空间需要创建新的数据文件。数据文件一旦加入表空间，就不能从这个表空间中移走，也不能和其他表空间发生联系。

如果数据库对象存储在多个表空间中，可以通过把它们各自的数据文件存放在不同的磁盘上来对其进行物理分割。

▸ 计算机 ▸ 本地磁盘 (D:) ▸ app ▸ Oracleinstall ▸ oradata ▸ orcl

包含到库中 ▾　共享 ▾　刻录　新建文件夹

| 名称 | 修改日期 | 类型 | 大小 |
| --- | --- | --- | --- |
| CONTROL01.CTL | 2019/3/11 13:11 | CTL 文件 | 10,352 KB |
| CONTROL02.CTL | 2019/3/11 13:11 | CTL 文件 | 10,352 KB |
| REDO01 | 2019/3/11 13:10 | 文本文档 | 204,801 KB |
| REDO02 | 2019/3/11 13:10 | 文本文档 | 204,801 KB |
| REDO03 | 2019/3/11 13:10 | 文本文档 | 204,801 KB |
| SYSAUX01.DBF | 2019/3/11 13:11 | DBF 文件 | 481,288 KB |
| SYSTEM01.DBF | 2019/3/11 13:11 | DBF 文件 | 819,208 KB |
| TEMP01.DBF | 2019/3/10 22:53 | DBF 文件 | 32,776 KB |
| UNDOTBS01.DBF | 2019/3/11 13:11 | DBF 文件 | 547,848 KB |
| USERS01.DBF | 2019/3/11 13:11 | DBF 文件 | 5,128 KB |

图 3-2　物理存储结构

**2. 控制文件(CONTROL FILES)**

每个 Oracle 数据库都有相应的控制文件,用以记录、描述数据库的结构,如数据库名、数据库的数据文件和日志文件的名字及位置等信息。控制文件为打开、存取数据库提供必要的信息,其名字后缀通常为“.ctl”,如 Ctrl1CIMS.ctl。为安全起见,允许控制文件被镜像。通常情况下,控制文件需要多个镜像或备份。

控制文件是一个很小的文件,大小一般在 1～5MB,为二进制文件。但它是数据库中的关键性文件,对数据库的成功启动和正常运行都是至关重要的。当 Oracle 数据库的实例启动时,它的控制文件用于标识数据库和日志文件。当着手数据库操作时它们必须被打开。当数据库的物理组成更改时,Oracle 自动更改其控制文件。当数据恢复时,也要使用控制文件。因此,只有控制文件是正常的,才能正常地装载、打开数据库。

在数据库运行的过程中,每当出现数据库检查点(checkpoint)或修改数据库结构之后,Oracle 就会修改控制文件的内容。DBA 和用户应避免人为地修改控制文件中的内容,否则会破坏控制文件。

**3. 重做日志文件(REDO LOG FILES)**

重做日志文件用来保存所有数据库事务的日志,名字后缀为“.log”,如“REDO01.log”。当数据库中的数据遭到破坏时,可以用这些日志来恢复数据库。一个数据库一般有 2～3 个重做日志文件。Oracle 以循环方式向重做日志文件写入,第 1 个日志被填满后,就向第 2 个日志文件写入,依次类推。当所有日志文件都被写满时,就又回到第 1 个日志文件,用新事务的数据对其进行重写。

Oracle 有两种类型的重做日志文件:联机重做日志文件(Online Redo Log File)和归档重做日志文件(Archive Redo Log File)。联机重做日志文件是 Oracle 用来循环记录数据库改变的操作系统文件。归档重做日志文件是为避免联机日志文件重写时丢失重复数据而对联机重做日志文件所做的备份。归档重做日志文件只有数据库运行在归档模式下时才会起作用。

重做日志文件的主要作用是保护数据库,防止数据库故障。为了防止日志文件本身的故障,Oracle 允许镜像日志(Mirrored Redo Log),即可在不同磁盘上维护两个或多个日志副本。重做日志文件中的信息仅在系统故障或介质故障恢复数据库时使用,这些故障阻止将数据库数据写入数据文件。然而,任何丢失的数据在下一次数据库打开时,Oracle 会自动地应用重做日志文件中的信息来恢复数据库数据文件。

### 3.2.2 Oracle 的逻辑存储结构

逻辑存储结构是面向用户的,用户使用 Oracle 逻辑存储结构来管理 Oracle 物理存储结构。数据库逻辑存储结构从表空间到数据块形成了不同层次的粒度关系,如图 3-3 所示。一个数据库从逻辑上说是由一个或多个表空间(TABLESPACE)所组成的,表空间是数据库中物理编组的数据仓库,每个表空间是由多个段(SEGMENT)组成的,一个段是由一组区(EXTENT)所组成的,一个区是由一组连续的数据库块(DATABASE BLOCK)组成的。然而,一个数据库块对应硬盘上的一个或多个物理块(OS BLOCK),一个表空间对应一个或多个数据库的物理文件(即数据文件)。

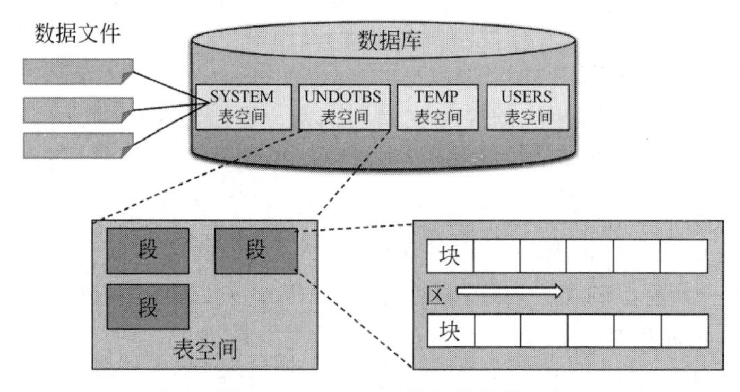


图 3-3 Oracle 逻辑存储结构

**1. 表空间(TABLESPACE)**

Oracle 数据库由一个或多个称为表空间的逻辑存储单元组成,表空间作为一个整体存储数据库中的所有数据,并且一个表空间只能属于一个数据库。数据库的大小是该数据库中所有表空间大小的总和。

从物理方面讲,Oracle 数据库内的每个表空间由一个或多个数据文件组成,并且一个数据文件只能属于一个表空间。表空间的大小是对应所有数据文件大小的总和。

Oracle 数据库的表空间可以分成两类,系统表空间和非系统表空间。其中,系统表空间是安装数据库时自动建立的,它包含数据库的数据字典、存储过程、包、函数和触发器等对象的定义以及系统回滚段。除此之外,还包含用户数据等信息。系统表空间通常包括 SYSTEM 表空间和 SYSAUX 表空间。

(1) SYSTEM 表空间。SYSTEM 表空间是系统表空间,用于存放 Oracle 系统内部表和数据字典的数据,如表名、列名和用户名等。一般不赞成将用户创建的表、索引等存放在 SYSTEM 表空间中。

(2) SYSAUX 表空间。SYSAUX 表空间是辅助系统表空间,主要存放 Oracle 系统内部的常用样例用户的对象,如存放 CMR 用户的表和索引等,从而减少系统表空间的负荷。SYSAUX 表空间一般不存储用户的数据,由 Oracle 系统内部自动维护。

(3) TEMP 表空间。TEMP 表空间是临时表空间,存放临时表和临时数据,用于排序和汇总等。

(4) UNDOTBS 表空间。UNDOTBS 表空间是重做表空间，存放数据库中有关重做的相关信息和数据。当用户对数据库表进行修改时(包括 INSERT、UPDATE 和 DELETE 操作)，Oracle 系统自动使用重做表空间来临时存放修改前的数据。当所做的修改成功完成并提交后，系统根据需要保留修改前数据的时间长短，以及重做表空间的使用率来释放重做表空间的占用空间。

(5) USERS 表空间。USERS 表空间是用户表空间，存放永久性用户对象的数据和私有信息，因此也被称为数据表空间。每个数据库都应该有一个用户表空间，以便在创建用户时将其分配给用户。

(6) EXAMPLE 表空间。EXAMPLE 表空间是示例表空间，用于存放示例数据库的方案对象信息及其培训资料。

系统表 dba_tablespace 存储了数据库表空间的信息。使用 desc dba_tablespaces 语句可以查看系统表 dba_tablespaces 中的字段。使用 Select tablespace_name From dba_tablespaces 语句可以查看 Oracle 系统中当前的所有表空间的名字，结果如图 3-4 所示。

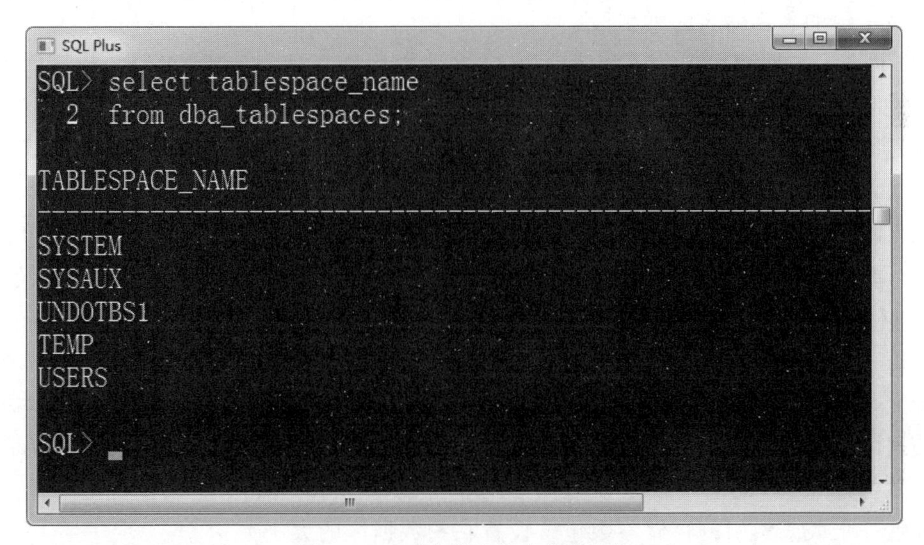


图 3-4　查看当前数据库的表空间

**2. 段**

根据不同的数据类型(如实际数据、索引数据)，需要在数据表空间内划分出不同区域，以存放不同类型的数据，将这些区域称之为“段”(SEGMENT)。例如，存放表中实际数据的区域称为“数据区段”，存放索引的区域称为“索引区段”。

段是由多个数据区构成的，它是为特定的数据库对象分配的一系列数据区。段内包含的数据区可以不连续，并且可以跨越多个文件。使用段的目的是用来保存特定对象。Oracle 的逻辑结构划分如图 3-5 所示。

一个 Oracle 数据库有如下 4 种类型的段。

(1) 数据段：数据段也称为表段，它包含数据并且与表和簇相关。当创建一个表时，系统自动创建一个以该表的名字命名的数据段。

(2) 索引段：索引段包含了用于提高系统性能的索引。一旦建立索引，系统就自动创建

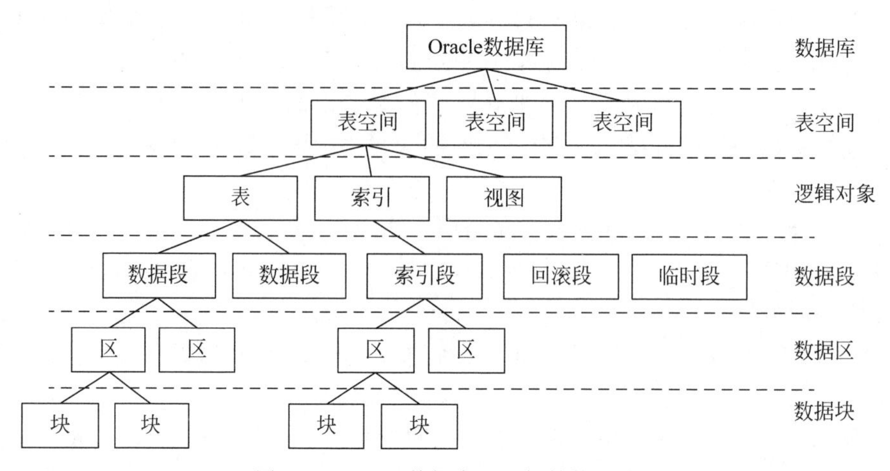


图 3-5　Oracle 数据库的逻辑结构划分

一个以该索引的名字命名的索引段。

(3) 回滚段：回滚段包含了回滚信息，并在数据库恢复期间使用，以便为数据库提供读入一致性和回滚未提交的事务，即用来回滚事务的数据空间。当一个事务开始处理时，系统为之分配回滚段，回滚段可以动态创建和撤销。系统有个默认的回滚段，其管理方式既可以是自动的，也可以是手动的。

(4) 临时段：临时段是 Oracle 在运行过程中自行创建的段。当一个 SQL 语句需要临时工作区时，由 Oracle 建立临时段。一旦语句执行完毕，临时段的区间便退回给系统。

**3. 区**

区是一组连续的数据块。当一个表、回滚段或临时段创建或需要附加空间时，系统可以为之分配一个新的数据区。一个数据区不能跨越多个文件，因为它包含连续的数据块。

使用区的目的是用来存储特定数据类型的数据，也是表中数据增长的基本单位。在 Oracle 数据库中，分配空间就是以数据区为单位的。一个 Oracle 对象包含至少一个数据区。设置一个表或索引的存储参数包含设置它的数据区的大小。

当在数据库中创建带有实际存储结构的方案对象(如表、索引、簇)时，Oracle 将为该方案对象分配若干个区，以便组成一个对应的段来为该方案对象提供初始的存储空间。当段中已分配的区都被写满后，Oracle 就为该段分配一个新的区，以便容纳更多的数据。

可以在 CREATE TABLE 语句的 STORAGE 子句中，通过设置 3 个存储参数来指定这个表的数据段的存储区大小、第 1 个后续区大小和后续区增加的比例。

```
STORAGE (
    INITIAL 64K
    NEXT 32K
    PCTINCREASE 50
)
```

**4. 数据块**

在 Oracle 中，数据块是最小的存储单元，Oracle 数据存放在块中，一个块占用一定的磁盘空间。特别需要注意的是，这里的“块”是指 Oracle 数据块，不是操作系统块。

当 Oracle 有数据请求时，系统以块为单位操作数据。也就是说，Oracle 每次请求的数据是块的整数倍。如果 Oracle 请求的数据量不到一块，Oracle 也会读取整个块。所以说，块是 Oracle 读写数据的最小单位或者最基本的单位。

块的标准大小由初始化参数 DB_BLOCK_SIZE 指定。具有标准大小的块称为标准块(Standard Block)。和标准块的大小不同的块叫非标准块(Nonstandard Block)。块的大小是操作系统块大小的整数倍，以 Windows 2000 为例，操作系统块的大小是 4KB，所以 Oracle 块的大小可以是 4KB、8KB、16KB 等。如果块的大小是 4KB，EMP 表每行的数据占 100 字节。如果某个查询语句只返回 1 行数据，那么在将数据读入数据高速缓存时，读取的数据量是 4KB 而不是 100 字节。

**5. 逻辑对象**

表空间、段、区、块，是 Oracle 数据库的逻辑存储结构。逻辑对象是用户组织和管理数据库中数据的重要形式。主要的逻辑对象包括表、视图、索引、约束、用户、方案、权限和角色等。

1) 表和视图

表是数据库中实际存放用户数据的对象，它包含一组固定的列。表中的列描述该表所跟踪的实体的属性，每个列都有一个名字。视图是从表或其他视图中导出的表，它是虚表，并不存放实际的数据，主要是为了方便用户而存在。

2) 索引

在关系数据库表中，一个行数据的物理位置无关紧要。为了能够找到数据，表中的每行都用一个 RowID 来标识。RowID 告诉数据库这一行的准确位置，包括所在的文件、该文件中的块和该块中的行地址。

索引是帮助用户在表中快速找到记录的数据库结构。它既可以提高数据库性能，又能保证列值的唯一性。当 CREATE TABLE 命令中存在 UNIQUE 或 PRIMARY KEY 约束条件子句时，Oracle 就会自动创建一个索引；也可以通过 CREATE INDEX 命令来创建索引。

3) 约束

可以为一个表创建约束条件。此时，表中的每行都必须满足约束条件定义所规定的条件。约束条件有以下 5 种类型：主键约束、默认值约束、检查约束、唯一性约束及外键约束。

主键约束和外键约束保证关联表的相应行持续匹配，以致它们可以用在后面的关系连接中。在它们被定义为主键约束和外键约束后，不同表的相应列会自动更新，称为引用完整性。数据库的约束性条件有助于确保数据的引用完整性。引用完整性保证数据库中的所有列引用有效且全部约束条件得到满足。

4) 用户

用户账号虽然不是数据库中的一个物理结构，但它与数据库中的对象有着重要的关系，这是因为用户拥有数据库的对象。例如，用户 SYS 拥有数据字典表，这些表中存储了数据库中其他对象的所有信息；用户 SYSTEM 拥有访问数据字典表的视图，这些视图供数据库中其他用户使用。

为数据库创建对象(如表)必须在用户账户下进行。可以对每个用户账户进行自定义，以便将一个特定的表空间作为它的默认表空间。可以把操作系统的账户和数据库账户联系在一起,这样可以不必既输入操作系统口令,又输入数据库的口令。

5) 方案

用户账户拥有的对象集称为用户的方案(SCHEMA),其可以创建不能注册到数据库的用户账户。这样就为用户账户提供了一种方案,这种方案可以用来保存一组其他用户方案分开的数据库对象。

为了给不同的用户使用数据库对象时提供一个简单的、唯一标识数据库对象的名称,可以为数据库对象创建同义词。同义词有公有同义词和私有同义词两种。

6) 权限与角色

为了访问其他账户拥有的对象,必须首先被授予访问这个对象的权限。权限可以授予某个用户或 PUBLIC,PUBLIC 可以把权限授予数据库中的全体用户。

可以创建角色即权限组来简化权限的管理;可以把一些权限授予一个角色,而这个角色又可以被授予多个用户。在应用程序中,角色可以被动态地启用或禁用。

## 3.3 Oracle 实例

一台计算机上可以创建多个 Oracle 数据库,当同时要使用这些数据库时,就要创建多个实例。为了不使这些实例相混淆,每个实例都要用称为 SID(System IDentifier,系统标识符)的符号来区分,即创建这些数据库时填写的数据库 SID。Oracle 实例是一种数据库访问机制,主要由内存结构和进程结构组成。

### 3.3.1 内存结构

内存结构是 Oracle 数据库体系结构中最为重要的一部分,内存也是影响数据库性能的第一因素。内存的大小和速度直接影响数据库的运行速度。特别是当用户数增加时,如果内存不足,实例分配不到足够的内存,就会使有些用户连接不到数据库;或者虽然连接上数据库,但是查询的速度明显下降。内存结构主要包括系统全局区(System Global Area,SGA)和进程全局区(Process Global Area,PGA),即 Oracle Memory Structures＝SGA＋PGA。

**1. 系统全局区**

当激活 Oracle 数据库时,系统会先在内存中规划一个固定区域,用来存储每位使用者所需存取的数据以及 Oracle 运作时必备的系统信息。这个区域就称为系统全局区(SGA)。SGA 随着数据库实例的启动向操作系统申请分配一块内存结构,又会随着数据库实例的关闭而释放,每个 Oracle 数据库实例有且仅有一个 SGA。

SGA 包含数个重要区域,分别是共享池(Shared Pool)、数据库缓冲区高速缓存(Database Buffer Cache)、重做日志缓冲区(Redo Log Buffer)、Java 池(Java Pool)、大池(Lager Pool)等。

1) 共享池(Shared Pool)

共享池是 SGA 中最关键的内存片段,特别是在性能和可伸缩性上。一个太小的共享池会扼杀性能,使系统停止运行,太大的共享池也会有同样的效果,将会消耗大量的 CPU 来管理这个共享池。不正确地使用共享池只会带来灾难。共享池主要分为库高速缓存和数据字典高速缓存两个部分。

(1) 库高速缓存(Library Cache)。

库高速缓存用于保存最近解析过的 SQL 语句、PL/SQL 过程形成的代码和执行计划。Oracle 在执行一条 SQL 语句、一段 PL/SQL 过程前首先在库高速缓存中搜索，如果查到它们已经解析过了，就利用库高速缓存中的解析结果和执行计划来执行，而不必重新对它们进行解析，从而显著提高执行速度。Oracle 是通过比较 SQL 或 PL/SQL 语句的正文来决定两个语句是否相同的，只有正文完全相同，Oracle 才重用已存在的编译后的代码和执行计划。应该尽量用绑定变量的方式编写 SQL 语句，绑定变量不是在编译阶段赋值的，而是在运行阶段赋值的，因此语句可以不用重新编译。

库高速缓存的管理采用 LRU(Least Recently Used)的队列算法，即最近最少使用的队列算法。刚使用的内存块放在 LRU 队列的头部，而进程每次从队列的尾部获取内存块，获取到的内存块立即移至队列头部。最终使长时间没有使用到的内存块自然移到队列的尾部而被最先使用。

(2) 数据字典高速缓存(Data Dictionary Cache)。

数据字典高速缓存用于存储经常使用的数据字典信息，如表的定义、用户名、口令、权限、数据库的结构等。Oracle 运行过程中经常访问该缓存以便解析 SQL 语句，确定操作的对象是否存在，是否具有权限等。如果需要的信息不在数据字典高速缓存中，服务器进程就从保存数据字典信息的数据文件中将其读入数据字典高速缓存中。数据字典高速缓存中保存的是一条一条的记录(就像是内存中的数据库)，而其他缓存区中保存的是数据块信息。

Oracle 没有提供单独设置库高速缓存或数据字典高速缓存空间大小的方法，而是通过设置共享池的大小来间接设置，通过参数 SHARED_POOL_SIZE 可调整，其大小受限于 SGA 的尺寸 SGA_MAX_SIZE 参数。

2) *数据库缓冲区高速缓存*(Database Buffer Cache)

数据库缓冲区高速缓存，也叫块缓存区，用于存放从数据文件读取的数据块，其大小由初始化参数 DB_CACHE_SIZE 决定，采用 LRU 队列进行管理。查询时，Oracle 先把从磁盘读取的数据放入此高速缓存供所有用户共享，以后再查询相关数据时不用再次读取磁盘。插入和更新时，Oracle 先在该区域中缓存修改后的数据，之后批量写到硬盘中。通过块缓存区，Oracle 可以提高磁盘的 I/O 性能。

数据库缓冲区高速缓存由许多大小相等的缓冲区组成，这些缓冲区分为如下 3 大类。

(1) 脏缓冲区(Dirty Buffers)：脏缓冲区中保存的是被修改过的缓冲区，即当一条 SQL 语句对某个缓冲区中的数据进行修改后，该缓冲区就被标记为脏缓冲区。最后该脏缓冲区被 DBWn 进程写入硬盘的数据文件中永久保存。

(2) 命中缓冲区(Pinned Buffers)：命中缓冲区中保存的是最近正在被访问的缓冲区。它始终被保留在数据高速缓存中，不会被写入数据文件。

(3) 空闲缓冲区(Free Buffers)：空闲缓冲区中没有数据，等待被写入数据。Oracle 从数据文件中读取数据后，寻找空闲缓冲区，以便写入其中。

Oracle 通过两个列表(DIRTY、LRU)来管理缓冲区。

(1) DIRTY 列表中保存已经被修改但还没有被写入数据文件中的脏缓冲区。

(2) LRU 列表中保存所有的缓冲区(包括还没有被移动到 DIRTY 列表中的脏缓冲区、

空闲缓冲区、命中缓冲区）。当某个缓冲区被访问后，该缓冲区就被移动到 LRU 列表的头部，其他缓冲区就向 LRU 列表的尾部移动。放在最尾部的缓冲区将最先被移出 LRU 列表。

数据库缓冲区高速缓存的工作过程如下。

（1）Oracle 在将数据文件中的数据块复制到数据库缓冲区高速缓存之前，先在此缓存中寻找空闲缓冲区，以便容纳该数据块。Oracle 将从 LRU 列表的尾部开始搜索，直到找到所需的空闲缓冲区为止。

（2）如果先搜索到的是脏缓冲区，则将该脏缓冲区移动到 DIRTY 列表中，然后继续搜索；如果搜索到的是空闲缓冲区，则将数据块写入，然后将该缓冲区移动到 LRU 列表的头部。

（3）如果能够搜索到足够的空闲缓冲区，则将所有的数据块写入对应的空闲缓冲区中，搜索写入过程结束。

（4）如果没有搜索到足够的空闲缓冲区，则 Oracle 就先停止搜索，然后激活 DBWn 进程，开始将 DIRTY 列表中的脏缓冲区写入数据文件中。

（5）已经被写入数据文件中的脏缓冲区将变成空闲缓冲区，并被放入 LRU 列表中。执行完成这个工作后，再重新开始搜索，直到找到足够的空闲缓冲区为止。

在 Oracle 9i 版本之前，数据库缓冲区高速缓存的大小是由 DB_BLOCK_BUFFER 决定的，缓冲区的大小为 DB_BLOCK_SIZE（Oracle 数据块大小，创建数据库时设定好，后续不能改变）和 DB_BLOCK_BUFFERS（缓冲区块的个数）这两个参数的乘积。之后的版本则是由参数 DB_CACHE_SIZE 及 DB_nK_CACHE_SIZE 确定。

---

注意：改变参数需重启数据库才能生效。

---

不同的表空间可以使用不同的块大小。在创建表空间时通过设置参数 BLOCKSIZE 来指定该表空间数据块的大小。如果指定的是 2KB，则对应的缓存大小为 DB_2K_CACHE_SIZE 参数的值，如果指定的是 4KB，则对应的缓存大小为 DB_4K_CACHE_SIZE 参数的值，以此类推。如果不指定 BLOCKSIZE，则默认为参数 DB_BLOCK_SIZE 的值，对应的缓存大小是 DB_CACHE_SIZE 的值。

3）重做日志缓冲区（Redo Log Buffer）

Oracle 在 DML 或 DDL 操作改变数据写到数据库缓冲区高速缓存之前，先写入重做日志缓冲区，随后 LGWR 后台进程再把日志条目写到磁盘上的联机重做日志文件中。重做日志缓冲区的大小由初始化参数 LOG_BUFFER 决定大小。

4）Java 池（Java Pool）

Java 的程序区。在 Oracle 8i 版本以后，Oracle 在内核中加入了对 Java 的支持。该程序缓存区就是为 Java 程序保留的。如果不用 Java 程序没有必要改变 Java 池的默认大小。

5）大池（Lager Pool）

可以根据实际业务需要来决定是否在 SGA 区中创建大池。如果没有创建大池，则需要大量内存空间的操作将占用共享池的内存，将对系统性能带来影响。大池没有 LRU 队列，在共享服务器连接时，PGA 的大部分区域（UGA）将放入大池（不包括堆栈区域），并行化的数据库操作、大规模的 I/O 及备份和恢复操作可能用到大池。大池由初始化参数 LARGE_POOL_SIZE 确定其大小。

**2. 进程全局区 PGA**

一个 PGA 是一块独占内存区域，Oracle 进程以专有的方式用它来存放数据和控制信息。当 Oracle 进程启动时，PGA 也就由 Oracle 数据库创建了。当用户进程连接到数据库并创建一个对应的会话时，Oracle 服务进程会为这个用户专门设置一个 PGA 区，用来存储这个用户会话的相关内容。当这个用户会话终止时，系统会自动释放这个 PGA 区所占用的内存。这个 PGA 区对于数据库的性能有比较大的影响，特别是对于排序操作的性能。

PGA 主要包含排序区、会话区、堆栈区和游标区 4 个部分。通常情况下，系统管理员主要关注的是排序区，在必要时需要手动调整这个排序区的大小。游标区是一个动态的区域，在游标打开时创建，关闭时释放。故在数据库开发时，不要频繁地打开和关闭游标，这样可以改善数据库的性能。其他分区的内容，管理员只需要了解其用途，日常的维护交给数据库系统来完成即可。

1）为排序设置合理的排序区大小

当用户需要对数据进行排序时，系统会将需要排序的数据保存到 PGA 中的一个排序区内，然后在这个排序区内对这些数据进行排序。如需要排序的数据有 2MB，那么排序区内必须至少要有 2MB 的空间来容纳这些数据；然后排序过程中又需要有 2MB 的空间来保存排序后的结果。由于系统从内存中读取数据比从硬盘中读取数据的速度要快几千倍，因此，如果这个数据排序与读取的操作都能够在内存中完成，无疑可以在很大程度上提高数据库排序与访问的性能。但是，如果 PGA 中的排序区容量不够，不能容纳排序后的数据，系统会从硬盘中获取一个空间，用来保存需要排序的数据。此时，排序的效率就会降低许多。为此在数据库管理中，如果发现用户的很多操作都需要用到排序，则为用户设置比较大的排序区，可以提高用户访问数据的效率。

在 Oracle 数据库中，这个排序区主要用来存放排序操作产生的临时数据。一般来说，这个排序区的大小占据 PGA 程序缓存区的大部分空间，这是影响 PGA 区大小的主要因素。在小型应用中，数据库管理员可以直接采用其默认的值。但是在一些大型应用中，或者需要进行大量记录排序操作的数据库系统中，管理员可能需要手动调整这个排序区的大小，以提高排序的性能，可以通过初始化参数 SORT_AREA_SIZE 来实现。

2）会话区保存着用户的权限等重要信息

会话区保存了会话所具有的权限、角色、性能统计等信息，通常都是由数据库系统自我维护，管理员不用干预。当用户进程与数据库建立会话时，系统会将这个用户的相关权限查询出来，保存在这个会话区内。用户进程在访问数据时，系统会核对会话区内的用户权限信息，确定其是否具有相关的访问权限。

3）堆栈区保存变量信息

堆栈区保存着绑定变量、会话变量、SQL 语句运行时的内存结构等重要的信息。通常都是由数据库系统自我维护，管理员不用干预。这些分区的大小，也是系统根据实际情况来进行自动分配的。当用户会话结束时，系统会自动释放这些区所占用的空间。

4）游标区

游标区是一个动态的区域。当用户执行游标语句并打开游标时，系统会在 PGA 中创建游标区。当关闭游标时，这个区域就会被释放。创建与释放需要占用一定的系统资源，花费一定的时间，如果频繁地打开和关闭游标，就会降低语句的执行性能。因此，在写语句时，游标最好不要频繁地打开和关闭。

专用服务器模式下，进程和会话是一对一的关系，用户全局区（UGA）被包含在 PGA 中，在共享服务器模式下，进程和会话是一对多的关系，所以 UGA 就不再属于 PGA 了，而会在大池中分配。但如果从大池中分配失败，如大池太小，或是根本没有设置大池，则从共享池中分配。

## 3.3.2 进程结构

进程是操作系统中一个极为重要的概念。一个进程执行一组操作，完成一个特定的任务。对 Oracle 数据库治理系统来说，进程由用户进程、服务器进程和后台进程组成。

当用户运行一个应用程序时，系统就为它建立一个用户进程。服务器进程处理与之相连的用户进程的请求，它与用户进程进行通信，为相连的用户进程的 Oracle 请求服务。为了提高系统性能，更好地实现多用户功能，Oracle 还在系统后台启动一些后台进程，用于数据库数据操作。数据库的物理结构和存储结构之间的关系是由后台进程来维持的。数据库拥有多个后台进程，其数量取决于数据库的配置。这些进程由数据库管理，用户只需要进行很少的管理。每个进程在数据库中执行不同的任务。Oracle 主要的后台进程与内存结构、数据文件之间的协作关系如图 3-6 所示。

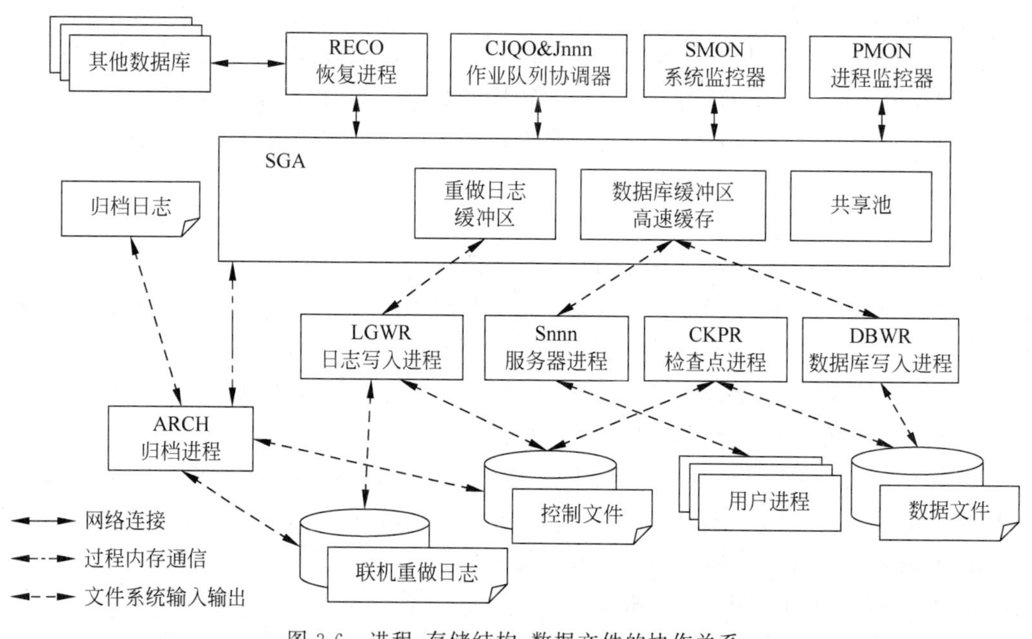


图 3-6　进程、存储结构、数据文件的协作关系

### 1. DBWR/DBWn（数据库写入进程）

数据库写入进程 DBWR 将数据库缓冲区高速缓存中的数据写入数据文件，是负责缓冲区管理的一个 Oracle 后台进程。当缓冲区中的某个缓冲区被修改时，它被标志为“弄脏”。DBWR 的主要任务是将“弄脏”的缓冲区写入磁盘，使缓冲区保持“干净”。随着缓冲区的使

用，空闲缓冲区的数目逐渐减少。当空闲缓冲区下降到很少，以致用户进程要从磁盘读入块到内存存储区却无法找到空闲缓冲区时，DBWR 将管理缓冲存储区，使用户进程总可得到空闲缓冲区。

Oracle 采用 LRU 算法保持内存中的数据块是最近最少使用的，使 I/O 最小。下列情况预示着 DBWR 要将弄脏的缓冲区写入磁盘。

(1) 当脏缓冲区的数量超过了所设定的限额。

(2) 所设定的时间间隔已到。

(3) 有进程需要数据库高速缓冲区，却找不到空闲缓冲区。

(4) 检查点发生。

(5) 某个表被删除或截断。

(6) 某个表空间被设置为只读。

(7) 对某个表空间进行联机备份。

(8) 某个临时表空间被设置为脱机状态或正常状态。

在前两种情况下，DBWR 将弄脏表中的块写入磁盘，每次可写的块数由初始化参数 DB_BLOCK_WRITE_BATCH 所指定。如果弄脏表中没有该参数指定块数的缓冲区，则 DBWR 从 LRU 表中查找另外一个弄脏缓冲区。

如果 DBWR 在 3s 内未活动，则出现超时。在这种情况下，DBWR 对 LRU 表查找指定数目的缓冲区，将所找到的任何弄脏缓冲区写入磁盘。每当出现超时时，DBWR 就查找一个新的缓冲区组。每次由 DBWR 查找的缓冲区的数目为参数 DB_BLOCK_WRITE_BATCH 的值的两倍。如果数据库空运转，DBWR 最终将全部缓冲区写入磁盘。

在出现检查点时，LGWR 指定一个修改缓冲区表必须写入磁盘。DBWR 将指定的缓冲区写入磁盘。

在有些平台上，一个实例可有多个 DBWR。在这样的实例中，一些块可写入一个磁盘，另一些块可写入其他磁盘。参数 DB_WRITERS 控制 DBWR 的进程个数。Oracle 实例允许启动最多 10 个数据库写进程，即 DBW0～DBW9。

**2. LGWR(日志写入进程)**

日志写入进程 LGWR 将重做日志缓冲区的数据写入重做日志文件，LGWR 是一个必须和前台用户进程通信的进程。当数据被修改时，系统会产生一个事务日志并记录在重做日志缓冲区内。Oracle 使用快速提交的技术，保证系统的效率，并保证系统崩溃时所提交的数据可以得到恢复。Oracle 引入系统改变号 SCN。SCN 是单调递增的正整数，与 Oracle 内部时间戳对应，保证系统中数据的同步和读一致性。

当 Oracle 发出 commit 命令后，系统的执行过程如下。

(1) 服务器进程把提交的记录连同产生的 SCN 号一起写入重做日志缓冲区。

(2) LGWR 把缓冲区中一直未提交的记录和 SCN 连续的写入联机重做日志文件中。在此之后，Oracle 就能够保证即使在系统崩溃的情况下所有已提交的数据也可以得到恢复。

(3) Oracle 通知用户进程提交已经完成。

(4) 服务器进程修改数据库高速缓冲区中的数据状态，释放资源和打开锁。

写日志要比写数据效率高，记录格式紧凑，I/O 量少，顺序写入。LGWR 写入时机如下。

(1) 事务被提交。

(2) 重做日志缓冲区中变化记录超过 1MB。

(3) 重做日志缓冲区中的记录超过缓冲区容量的 1/3。

(4) DBWR 写入数据文件之前。

(5) 每 3 秒钟。

**3. SMON(系统监控进程)**

当 Oracle 系统由于某种原因出现故障,如断电,SGA 中已经提交但还未被写入数据文件中的数据将丢失。当数据库重启时,系统监视器进程 SMON 将自动执行 Oracle 实例的恢复工作,过程如下。

(1) 执行前滚,将已提交到重做日志文件中但还未写到数据文件中的数据写到数据文件中。

(2) 前滚完成后立即打开数据库,这时数据文件中可能还有一些没有提交的数据。

(3) 回滚未提交的事务。

(4) 执行一些磁盘空间的维护工作。

**4. PMON(进程监控进程)**

进程监控进程 PMON 在用户进程出现故障时执行进程恢复,负责清理内存储区和释放该进程所使用的资源。例如,重置活动事务表的状态,释放封锁,将该故障的进程的 ID 从活动进程表中移去。PMON 还周期性地检查调度进程(DISPATCHER)和服务器进程的状态,如果已停止工作,则重新启动。

PMON 有规律地被唤醒,检查是否需要,或者其他进程发现需要时可以被调用。当某个用户进程崩溃时(如未正常退出),PMON 将负责清理工作,具体过程如下。

(1) 回滚用户当前的事务。

(2) 释放用户所加的所有表一级和行一级的锁。

(3) 释放用户所有的其他资源。

**5. CKPT(检查点进程)**

Oracle 为了提高系统效率和保证数据库的一致性,引入检查点事件。DBWR 将 SGA 中所有已改变了的数据库缓冲区高速缓存中的数据(包括已提交的和未提交的)写入数据文件中时,将产生检查点事件。检查点进程保证了所有到检查点为止的变化了的数据都已经写入数据文件中。在实例恢复时,检查点之前的重做日志记录已经不再需要,从而加快了实例的恢复速度。检查点事件发生时,Oracle 要将检查点号写入数据文件头中,还要将检查点号、重做日志序列号、归档日志名称和 SCN 号都写入控制文件中。

过于频繁地检查点会使联机操作受到冲击,因此需要在实例的恢复速度和联机操作之间折中(大多在 20min 以上)。

检查点进程在检查点出现时,对全部数据文件的标题进行修改,指示该检查点。在通常的情况下,该任务由 LGWR 执行。然而,当检查点明显地降低系统性能时,可使 CKPT 进程运行,将原来由 LGWR 进程执行的检查点的工作分离出来,由 CKPT 进程实现。对于许多应用情况,CKPT 进程是不必要的。只有当数据库有许多数据文件,LGWR 在检查点时明显地降低性能时才使 CKPT 进程运行。CKPT 进程不将块写入磁盘，该工作是由 DBWR 完成的。

初始化参数 CHECKPOINT_PROCESS 控制 CKPT 进程的使能或不使能。默认为 FALSE，即为不使能。

检查点发生的时机如下。

(1) 重做日志文件的切换。

(2) LOG_CHECKPOINT_TIMEOUT 这个延迟参数的到达。

(3) 相应字节(LOG_CHECKPOINT_INTERVAL * size of IO OS blocks)被写入当前的重做日志文件。

(4) 执行 ALTER SYSTEM SWITCH LOGFILE 命令。

(5) 执行 ALTER SYSTEM CHECKPOINT 命令。

查看数据库的检查点号，可使用如下语句：

```
SELECT checkpoint_change#
FROM v$database;
```

查看数据库当前的 SCN 号，可使用如下语句：

```
SELECT current_scn
FROM v$database;
```

**6. RECO(恢复进程)**

恢复进程是在具有分布式选项时所使用的一个进程，自动解决在分布式事务中的故障。一个节点 RECO 后台进程自动连接到包含有悬而未决的分布式事务的其他数据库中，RECO 自动解决所有悬而未决的事务。任何相应于已处理的悬而未决的事务的行将从每个数据库的悬挂事务表中删去。

当一个数据库服务器的 RECO 后台进程试图建立同一远程服务器的通信，当远程服务器是不可用或者网络连接不能建立时，RECO 自动在一个时间间隔之后再次连接。

**7. ARCH(归档进程)**

当数据库运行在归档日志模式下时，ARCH/ARCn 进程将把日志切换后的联机重做日志文件中的数据复制到归档日志文件中，保证不会因联机日志文件组的循环切换而导致日志数据丢失，从而保证数据库的可完全恢复。归档日志文件是脱机的。Oracle 确保在一组重做日志的归档操作完成之前不会重新使用该组重做日志。

**8. LCKn(锁进程)**

锁进程在具有并行服务器选项环境下使用，可多至 10 个进程(LCK0，LCK1，…，LCK9)，用于实例间的封锁。

**9. Dnnn(调度进程)**

调度进程允许用户进程共享有限的服务器进程(SERVER PROCESS)。没有调度进程时，每个用户进程需要一个专用服务进程(DEDICATEDSERVER PROCESS)。对于多线索服务器(MULTI-THREADED SERVER)可支持多个用户进程。如果在系统中具有大量用户，则多线索服务器可支持大量用户，尤其在客户/服务器环境中。

# 3.4 Oracle 12c 多租户架构

Oracle 12c 引入了 CDB 与 PDB 的新特性,在 Oracle 12c 数据库引入的多租户环境(Multitenancy Environment)中,允许一个数据库容器(Container Database,CDB)承载多个可插拔数据库(Pluggable Database,PDB)。这个特性允许在 CDB 容器数据库中创建并且维护多个数据库,在 CDB 中创建的数据库被称为 PDB,每个 PDB 在 CDB 中是相互独立存在的,在单独使用 PDB 时,与普通数据库无任何区别。

容器数据库可以由多个位于不同地理位置的同构或异构的数据库构成,由 Oracle 12c 将这些数据库整合在一起进行管理。将这些数据库统一到一个数据库中,就如同将物品放置到一个容器里一样。Oracle 12c 的多租户环境主要由 CDB 根容器(Root Container)、PDB 种子(PDB Seed)和 PDBs 组成,如图 3-7 所示。

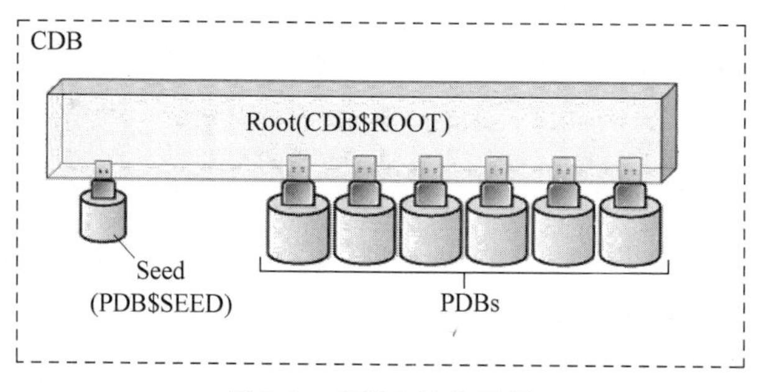


图 3-7 多租户结构示例

(1) CDB 根容器。CDB 根容器数据库是 CDB 环境中的根数据库,在根数据库中含有主数据字典视图,其中包含了与 Root 容器有关的元数据和 CDB 中所包含的所有的 PDB 信息。在 CDB 环境中被标识为 CDB$ROOT,每个 CDB 环境中只能有一个 Root 容器数据库。

(2) PDB 种子。PDB 种子为 PDB 的种子,其中提供了数据文件,在 PDB 环境中被标识为 PDB$SEED,是创建新的 PDB 的模板,可以连接 PDB$SEED,但是不能执行任何事物,因为 PDB$SEED 是只读的,不可进行修改。

(3) PDBs。PDB 数据库,在 CDB 环境中每个 PDB 都是独立存在的,与传统的 Oracle 数据库基本无差别,每个 PDB 拥有自己的数据文件和 objects。唯一的区别在于 PDB 可以插入 CDB 中,也可以在 CDB 中拔出,并且在任何一个时间点之上 PDB 必须拔出或者插入一个 CDB 中,当用户连接 PDB 时不会感觉到根容器和其他 PDB 的存在。

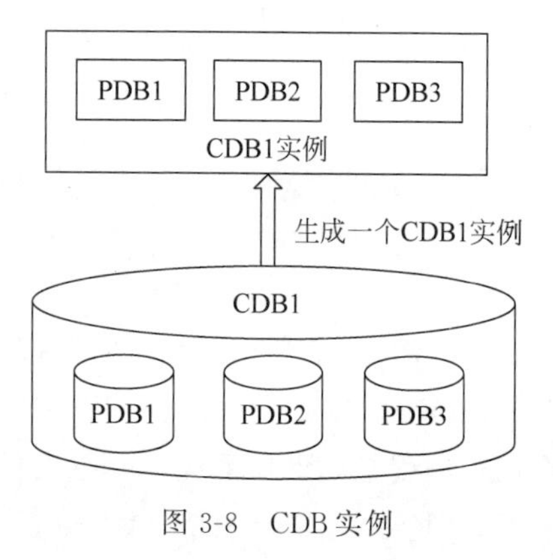


图 3-8 CDB 实例

在 Oracle 12c 之前的版本中,实例与数据库是一对一或多对一的关系。即一个实例只能与一个数据库相关联,或者多个实例加载到一个数据库中,实例与数据库不能是一对多的关系。对于 Oracle 12c,实例与数据库可以是一对多的关系。如图 3-8 所示,整个容器数据库生成一个实例 CDB1,其对应着 3 个不同的

PDB 数据库。每个 PDB 都有其全局唯一标识 ID,用于区别其他的 PDB。

图 3-9 展示了一个多租户容器数据库的体系结构。其中有 4 个容器：根和 3 个可插拔的数据库。每个可插拔数据库有自己的专用应用程序,由自己的 DBA 管理或者由容器管理员管理。可插拔数据库是一组数据库模式,它们在逻辑上对用户和应用程序作为一个独立的数据库。但在物理层,多租户容器数据库有一个数据库实例和数据库文件,就像非 CDB 那样。

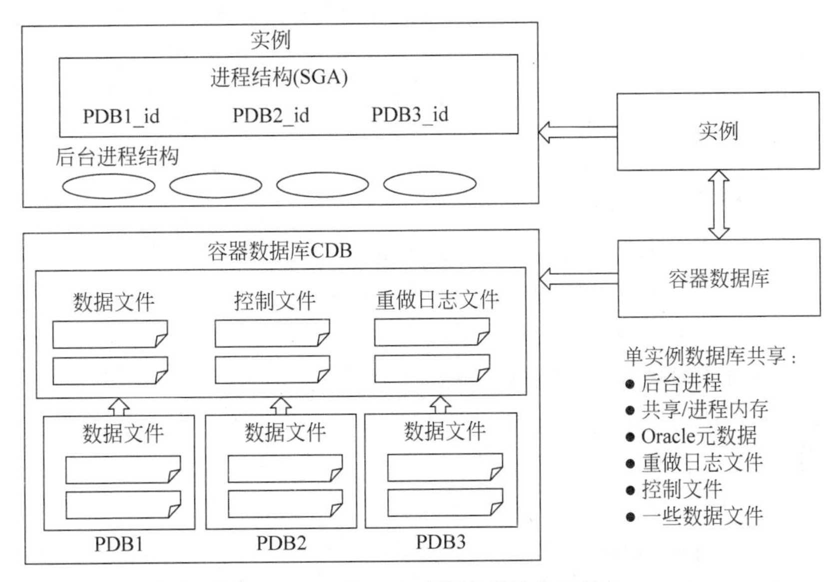


图 3-9　Oracle 12c 多租户架构体系结构

一个 CDB 对多个应用程序进行分组,最后以一个实例结束,从而产生一组后台进程、一个 SGA 分配,以及一个系统数据字典在根容器中。对于所有 PDBs 来说,每个 PDB 都维护自己的应用程序数据字典。当应用程序需要修补或升级时,将执行维护操作在 CDB 上只有一次,因此所有的应用程序都在同一时间更新。

## 3.5　本章小结

本章详细介绍了 Oracle 的体系结构。Oracle 数据库服务分为 Oracle 数据库和 Oracle 实例。根据不同层面的划分,体系结构有着不同的类型,包括物理存储结构、逻辑存储结构、内存结构和进程结构。其中,Oracle 的物理存储结构主要是构成数据库的文件；Oracle 的逻辑结构可分为表空间、段、区、块以及逻辑对象。Oracle 实例分为内存结构和进程结构。内存结构分为系统全局区 SGA 和进程全局区 PGA；进程结构主要描述了 Oracle 实例与 Oracle 数据库进行交互的常用后台进程。

## 习　题　3

1. 简述 Oracle 数据库的物理存储结构。
2. 简述 Oracle 数据库的逻辑存储结构。
3. 简述 Oracle 实例的构成、SGA 的作用。
4. 简述 Oracle 实例主要的后台进行及其作用。

# 第4章 数据库的创建和管理

## 本章学习目标

- 熟练掌握 Oracle 数据库的创建、登录和删除
- 熟练掌握 Oracle 数据库启动、关闭的各种模式
- 熟悉表空间的概念、类型
- 掌握表空间的创建、修改和删除管理
- 熟悉控制文件的作用
- 掌握多路复用控制文件的方法
- 熟悉日志文件的作用
- 掌握管理日志文件的方法

本章首先介绍使用 DBCA 创建、删除数据库，以及多个数据库的启动和关闭管理；然后介绍表空间的概念、类型，以及对表空间的创建、修改和删除管理；接着介绍控制文件的管理和多路复用方法；最后介绍日志文件的概念和管理。

## 4.1 使用 DBCA 创建和管理数据库

### 4.1.1 使用 DBCA 创建数据库

Oracle 12c 安装过程中已经创建了名称为 ORCL 的数据库，用户也可以在安装完成后创建新的数据库。新创建的数据库与已创建的 ORCL 数据库相互独立。新创建数据库的具体步骤如下所示。

（1）依次选择“开始”|“所有程序”|“OracleOraDB12Home1”|“配置和移植工具”|“Database Configuration Assistant”菜单命令，启动“Database Configuration Assistant”（数据库配置助手）的驱动程序，如图 4-1 所示。

（2）驱动程序加载完毕，打开“选择数据库操作”窗口，选择“创建数据库”单选按钮，然后单击“下一步”按钮，如图 4-2 所示。

（3）打开“选择数据库创建模式”窗口，输入全局数据库的名称，设置数据库文件的位置，输入管理口令和 Oracle 主目录用户口令，然后单击“下一步”按钮，如图 4-3 所示。本例中定义全局数据库名为“StudentDB”。

（4）打开“概要”窗口，查看新建数据库的详细信息，检查无误后，单击“完成”按钮，如图 4-4 所示。

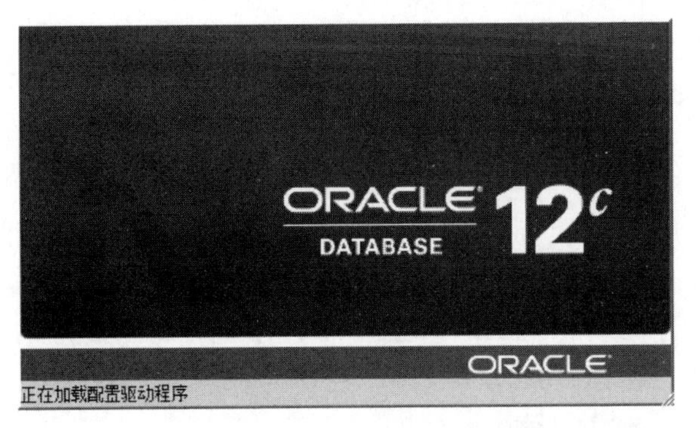


图 4-1 “Database Configuration Assistant”加载程序

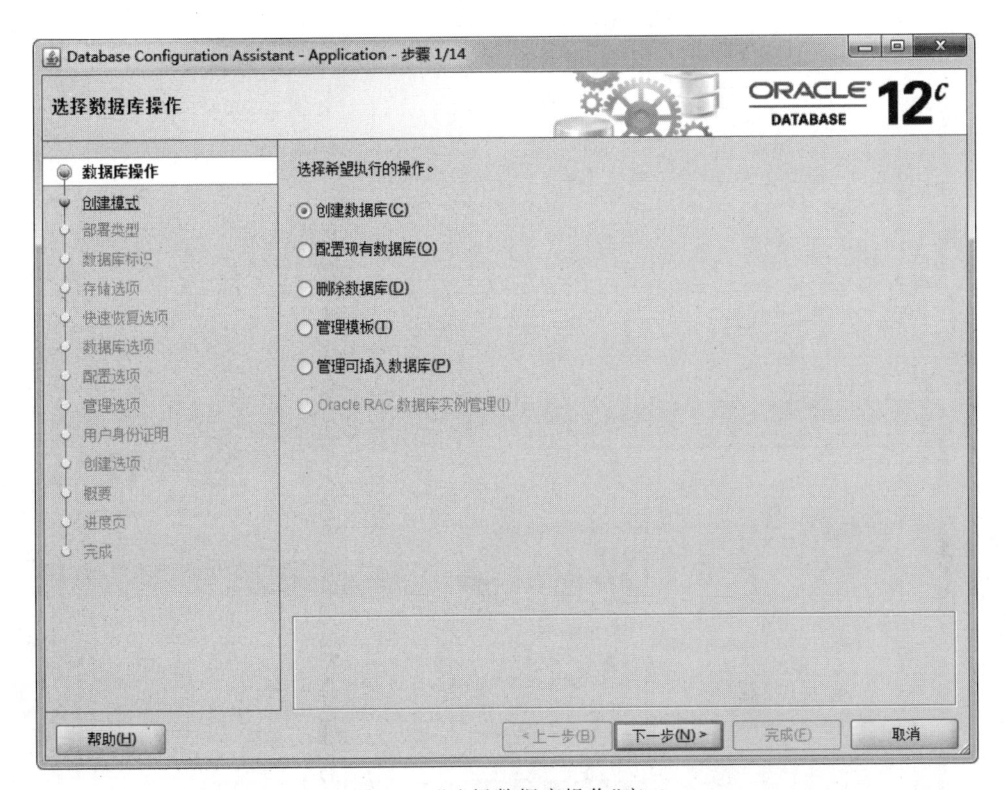


图 4-2 “选择数据库操作”窗口

(5) 系统开始自动创建数据库,并显示数据库的创建过程和详细信息,如图 4-5 所示。

(6) 数据库创建完成后,打开“完成”窗口,如图 4-6 所示。在本窗口可以查看数据库的最终信息,如全局数据库名、系统标识符、服务器参数文件名。在已有的版本中,还提供了新建数据库 OEM 的 URL 地址,可以通过此地址来访问新建数据库的 OEM。一般不同数据库采用不同的端口号。根据安装顺序,从“5500”开始依次编号,即本次新建的数据库的端口号默认是“5501”。

另外,本窗口还提供了“口令管理”按钮,可以修改 SYS 和 SYSTEM 两个用户的口令,如图 4-7 所示。单击“关闭”按钮即可完成数据库的创建操作。

图 4-3 “选择数据库创建模式”窗口

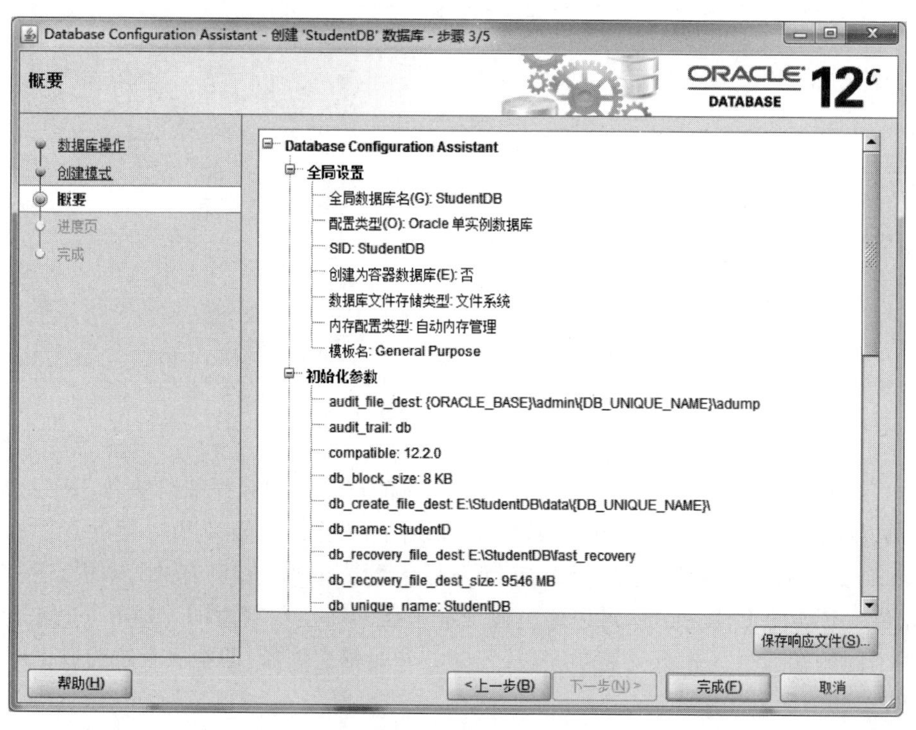


图 4-4 “概要”窗口

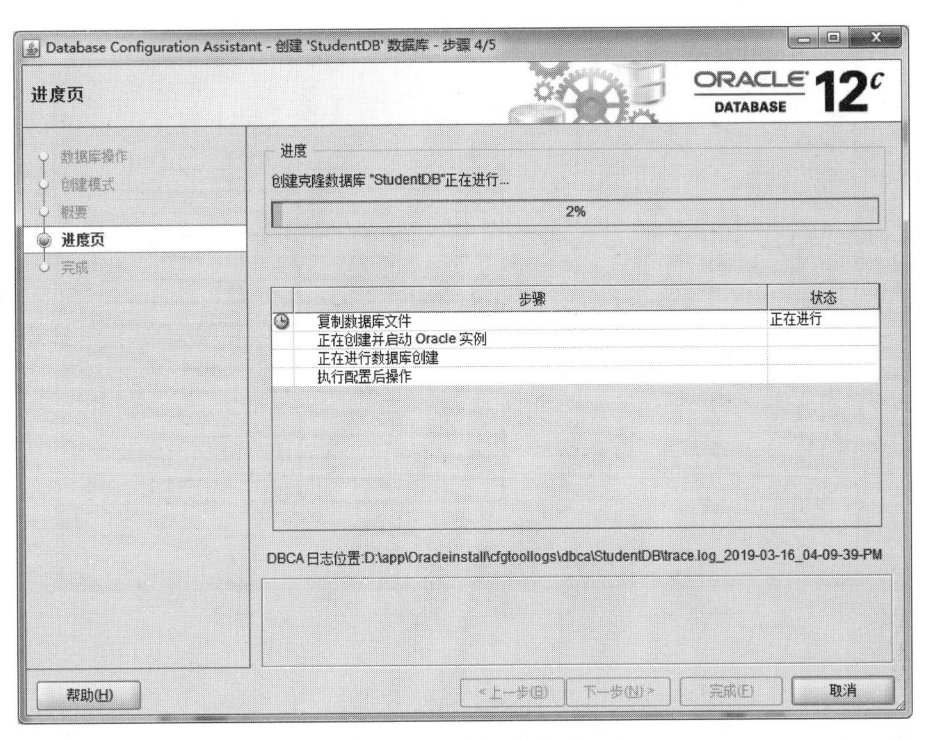


图 4-5 “进度页”窗口

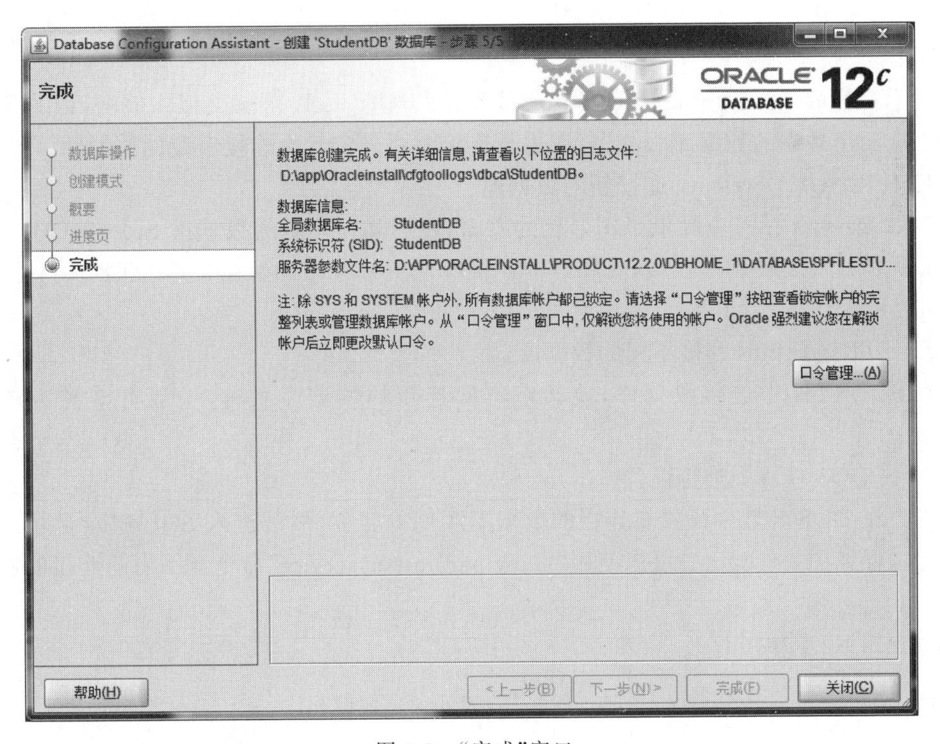


图 4-6 “完成”窗口

图 4-7 “口令管理”对话框

新的数据库 StudentDB 创建成功后，在“服务管理器”中会增加该数据库的相关服务“OracleServicesSTUDENTDB”。要使用该数据库，必须首先要启动“OracleServicesSTUDENTDB”服务。

### 4.1.2 新建数据库的连接

对于新建的数据库 StudentDB，其连接操作与 ORCL 数据库类似。但是，因为现在服务器上有两个独立的数据库服务器，在进行连接时要确定此次连接对应的数据库。

**1. 使用 SQL Developer 连接新的数据库**

SQL Developer 工具提供了图形化的界面，使用其连接新的数据库 StudentDB，同连接 ORCL 类似。首先要新建连接，在新建的连接中设置好连接的数据库、用户名及口令即可，如图 4-8 所示。

**2. 使用 SQL Plus 连接不同的数据库**

在 SQL Plus 中连接数据库，要指定本次连接的数据库名称，一般有 3 种方式进行连接。

1）在 DOS 环境中进行设置

首先在 DOS 环境中设置要连接的数据库实例的名称，然后进入 SQL Plus 环境。设置和连接过程如图 4-9 所示。可以使用“show parameter service”命令显示当前连接的服务器名称。

命令如下：

```
set oracle_sid = orcl        /* 在 DOS 环境中设置 oracle 实例 */
sqlplus                      /* 进入 SQLPLUS */
show parameter service       /* 显示服务器名 */
```

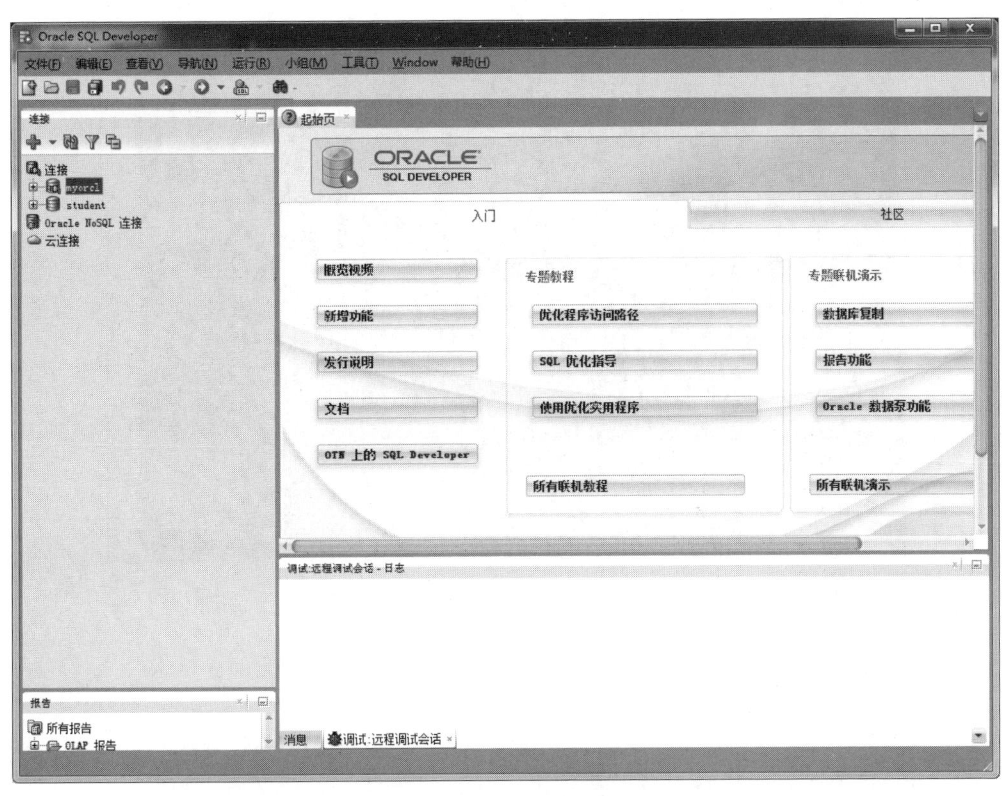


图 4-8 “新建连接”界面

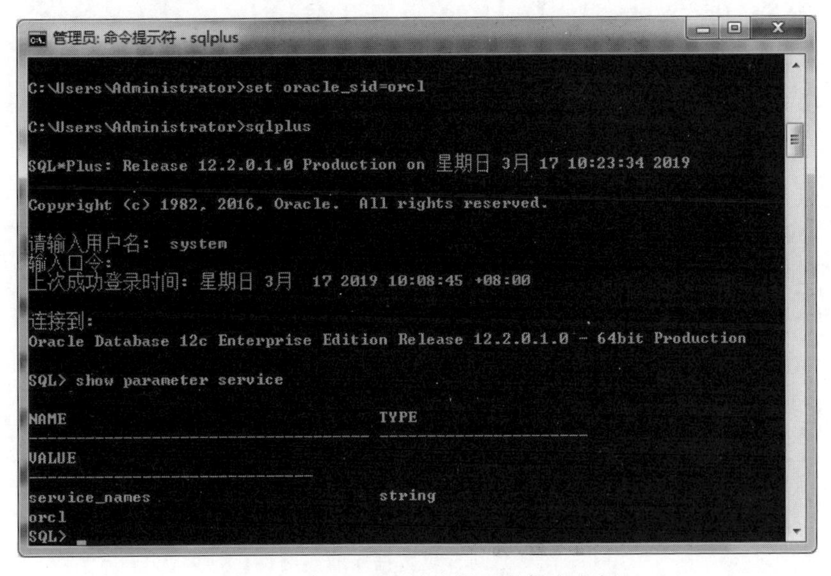


图 4-9 在 DOS 环境中指定数据库实例

2）登录 SQL Plus 环境

在登录 SQL Plus 环境时，指定要连接的数据库名称，如图 4-10 所示。

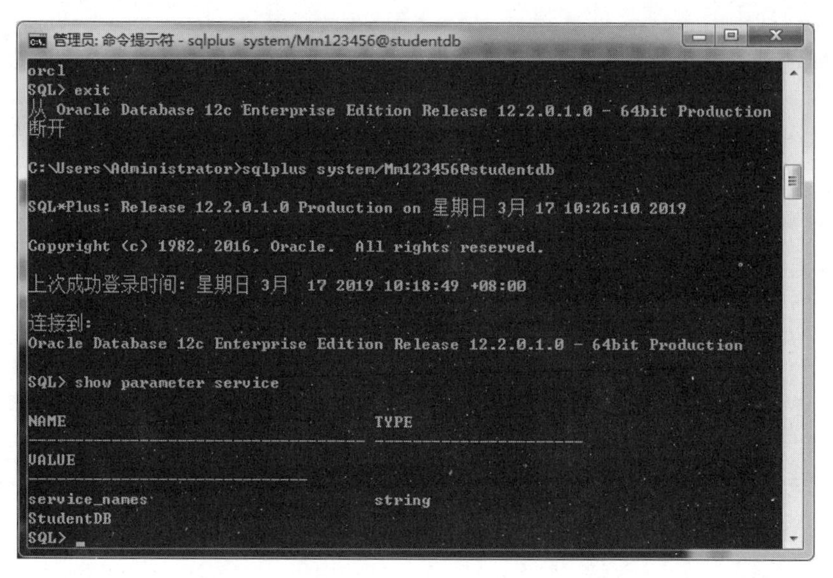


图 4-10　登录 SQL Plus 环境时指定数据库

命令如下：

```
sqlplus system/Mm123456@studentdb
```

3）使用 CONN 命令连接不同的数据库

在 SQL Plus 环境中，如果想变更数据库的连接，可以使用 CONN 命令，如图 4-11 所示。

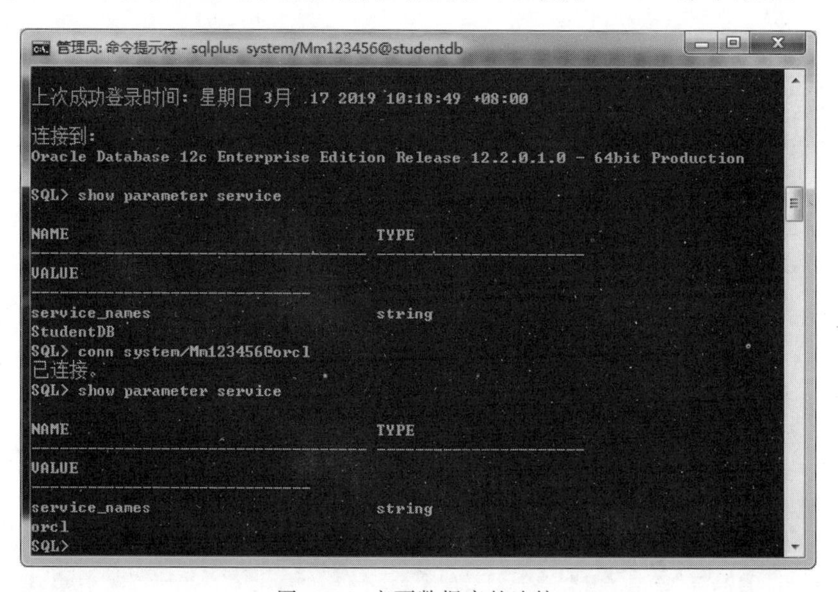


图 4-11　变更数据库的连接

命令如下：

```
conn system/Mm123456@orcl   //连接不同的数据库
```

**3. 使用 OEM 连接新建的数据库**

如果在新建数据库的过程中，有关信息中能够找到其 OEM 的 URL 地址，则可以在浏览器中输入相应地址，打开其 OEM；如果未找到相应信息，可以首先在 SQL Plus 登录此数据库，然后通过“DBMS_XDB_CONFIG. SETHTTPSPORT()”过程为当前数据库设置一个 HTTPS 端口号，如图 4-12 所示。

命令如下：

```
exec DBMS_XDB_CONFIG.SETHTTPSPORT('5501');
```

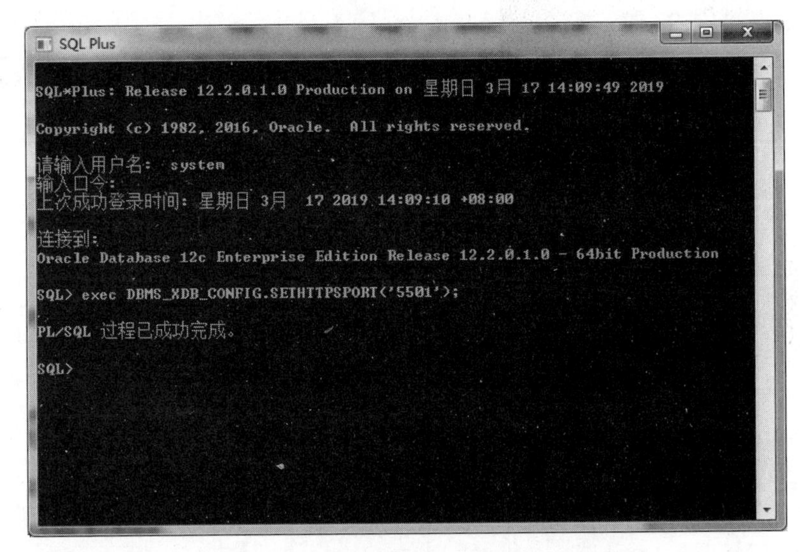


图 4-12　更改数据库的 HTTPS 端口号

然后，在浏览器中输入 https://localhost:5501/em 地址，打开新建数据库的企业管理器，如图 4-13 所示。

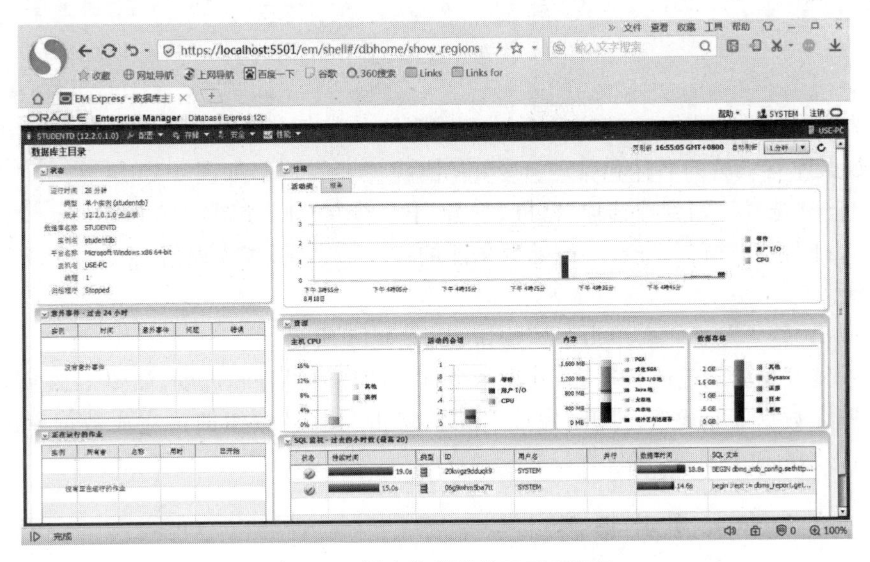


图 4-13　新建数据库的 OEM 界面

### 4.1.3 使用 DBCA 删除数据库

删除数据库是将已经存在的数据库从磁盘空间上删除，且数据库中的所有数据也将被一同删除。删除数据库的具体操作步骤如下所示。

(1) 依次选择“开始”|“所有程序”|“OracleOraDB12Home1”|“配置和移植工具”|“Database Configuration Assistant”菜单命令，打开“选择数据库操作”窗口，选择“删除数据库”单选按钮，如图 4-14 所示。

图 4-14 “选择数据库操作”窗口

(2) 打开“选择源数据库”窗口，选择需要删除的数据库，本实例选择 StudentDB 数据库，输入数据库管理员的名称和管理口令，单击“下一步”按钮，如图 4-15 所示。

(3) 打开“选择注销管理选项”窗口，单击“下一步”按钮，如图 4-16 所示。

(4) 打开“概要”窗口，查看要删除数据库的详细信息，检查无误后，单击“完成”按钮，如图 4-17 所示。

(5) 弹出“警告”对话框，单击“是”按钮，如图 4-18 所示。

(6) 系统开始自动删除数据库，并显示数据库的删除过程和进度，如图 4-19 所示。

(7) 删除数据库完成后，打开“完成”窗口，单击“关闭”按钮即可完成数据库的删除操作，如图 4-20 所示。

### 4.1.4 启动和关闭数据库

Oracle 数据库的启动分为 3 步：启动数据库实例→装载数据库→打开数据库。关闭数据库的过程与启动数据库的过程相反：关闭数据库→卸载数据库→关闭数据库实例。

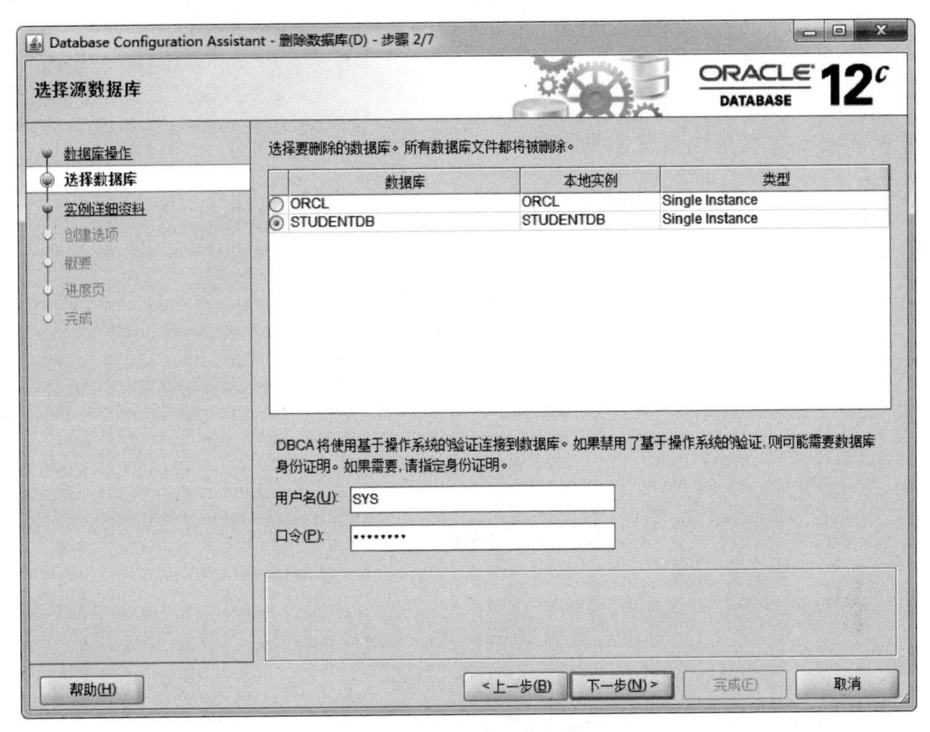


图 4-15 “选择源数据库”窗口

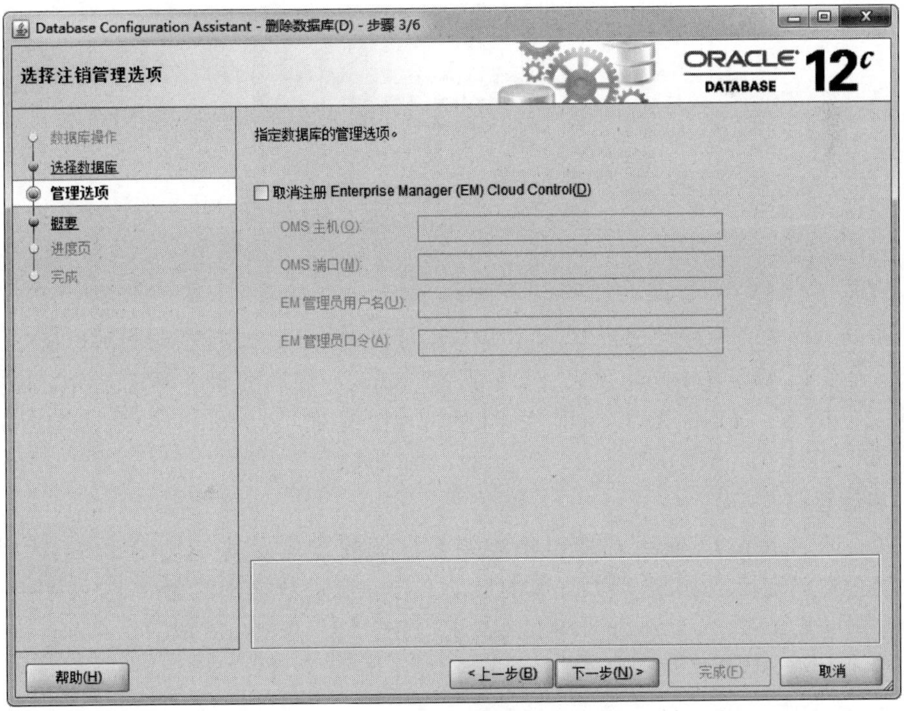

图 4-16 “选择注销管理选项”窗口

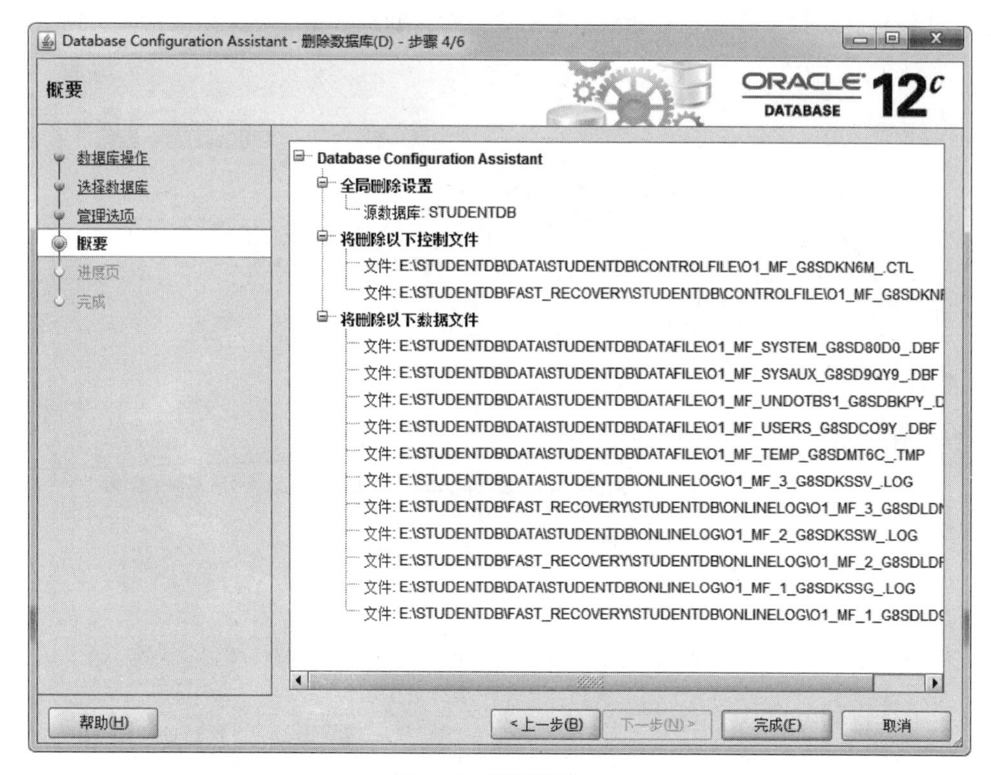


图 4-17 “概要”窗口

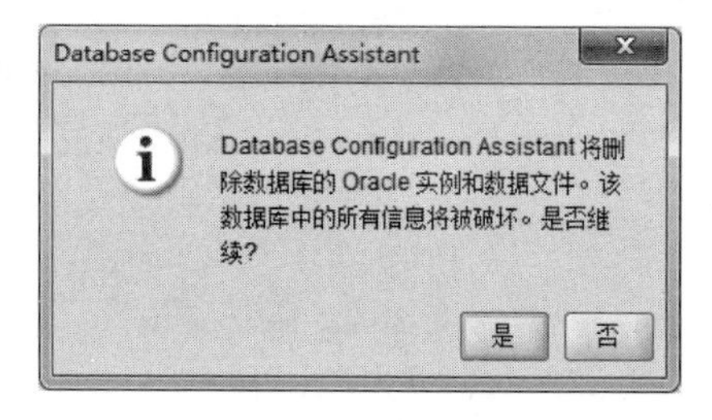


图 4-18 “警告”对话框

针对 Oracle 数据库启动过程中不同的阶段，可以对数据库进行不同的维护操作。对应用户不同的需求，就需要不同的模式启动数据库。Oracle 启动的 4 个模式为 NOMOUNT、MOUNT、OPEN、FORCE；Oracle 关闭的 4 个模式为 NORMAL、IMMEDIATE、TRANSACTIONAL、ABORT。

**1. 启动数据库**

可以通过“sqlplus /nolog”命令以不连接数据库的方式启动 SQL Plus 工具，以 DBA 的身份建立实例连接，然后进行数据库的启动工作。启动数据库的命令是 STARTUP，且有 4 种常用的启动模式，分别为 NOMOUNT、MOUNT、OPEN、FORCE。

1) NOMOUNT *启动模式*

命令：startup nomount

NOMOUNT 启动模式只会创建实例，并不加载数据库，Oracle 仅为实例创建各种内存结构和服务进程，不会打开任何数据文件。

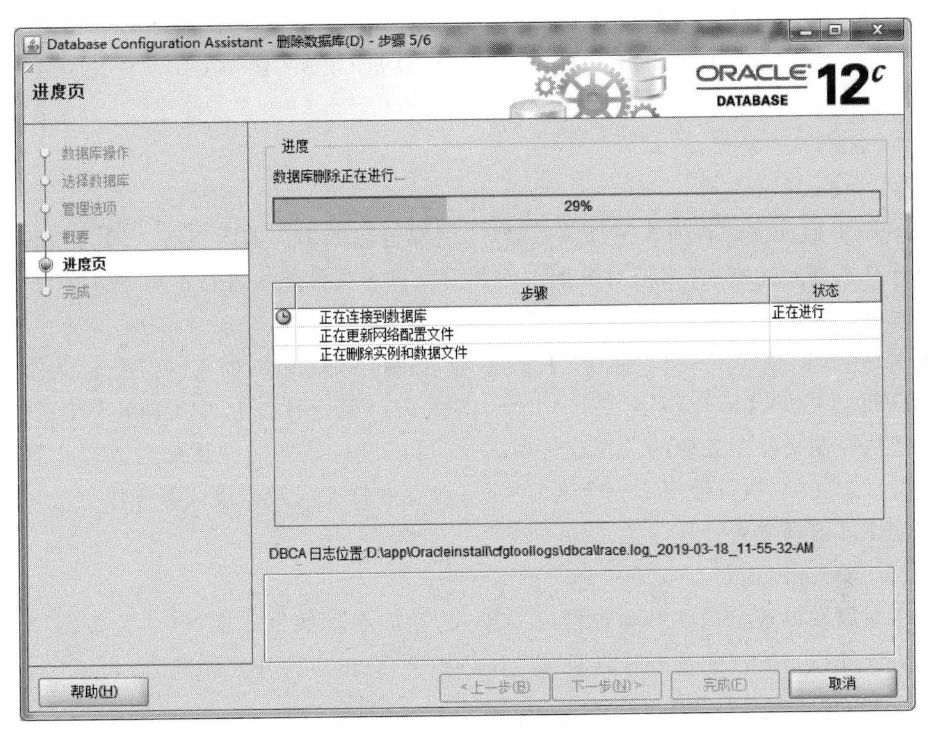


图 4-19 “进度页”窗口

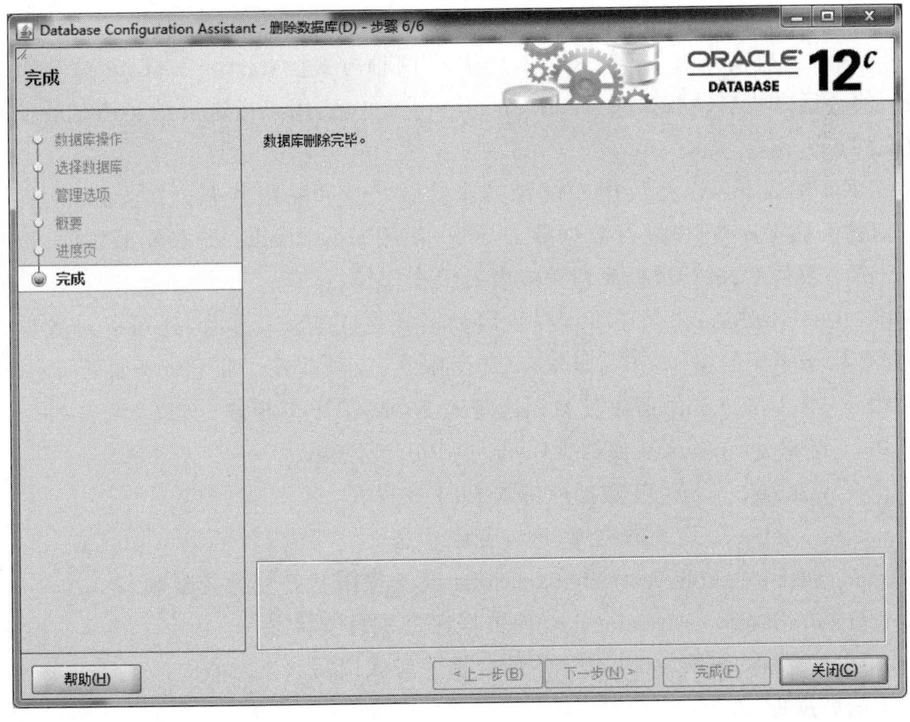


图 4-20 “完成”窗口

在 NOMOUNT 模式下，只能访问那些与 SGA 区相关的数据字典视图，包括 VPARAMETER、VSGA、VPROCESS 和 VSESSION 等，这些视图中的信息都是从 SGA 区中获取的，与数据库无关。在这种模式下，可以进行创建新数据库、重建控制文件等操作。

2) MOUNT 启动模式

命令：startup mount

MOUNT 启动模式将为实例加载数据库，但保持数据库为关闭状态。因为加载数据库时需要打开数据库控制文件，但对数据文件和重做日志文件无法进行读写，所以用户还无法对数据库进行操作。

在 MOUNT 模式下，只能访问那些与控制文件相关的数据字典视图，包括 VTHREAD、VCONTROLFILE、VDATABASE、VDATAFILE 和 V$LOGFILE 等，这些视图都是从控制文件中获取的。在这种模式下，可以进行数据文件重命名、添加、删除或重命名重做日志文件、执行数据库完全恢复操作、改变数据库的归档模式等操作。

3)OPEN 启动模式

命令：startup [open]

OPEN 启动模式是正常启动数据库的模式，完成启动数据库实例、装载数据库及打开数据库的全过程。适合平时不对数据库做什么维护，只做应用开发等操作。

4)FROCE 强制启动模式

命令：startup force

在某些情况下，使用前面的 3 种模式都无法成功启动数据库时，可以尝试强制启动模式。

另外，Oracle 启动还有 RESTRICT、PFILE 两种方式。startup restrict 命令用于指定以受限制的会话方式启动数据库。startup pfile=文件名，用于指定启动实例时所使用的文本参数文件。

在 OPEN 模式下可以将数据库设置为非受限状态和受限状态。在受限状态下，只有 DBA 才能访问数据库，可以进行数据导入导出、使用 sql * loader 提取外部数据、暂时拒绝普通用户访问数据库、进行数据库移植或者升级操作等。

使用 Alter Database 语句还可以在各启动模式之间切换；并且，还可以对数据库设置不同的状态用于不同的操作，如受限状态、非受限状态、只读等。常用命令如下所示。

- alter database nomount：使数据库进入 NOMOUNT 模式
- alter database mount：使数据库进入 MOUNT 模式
- alter database open：使数据库进入 OPEN 模式
- startup restrict：启动数据库，进入受限状态
- alter system enable restricted session：将非受限状态变为受限状态
- alter database open read only：使数据库进入只读状态
- alter database open read write：使数据库进入读写状态

**2. 关闭数据库**

关闭数据库的命令为 shutdown。关闭数据库的 4 种模式为 NORMAL、IMMEDIATE、

TRANSACTIONAL、ABORT。

1）NORMAL 关闭模式

命令：shutdown normal

NORMAL 模式关闭数据时，Oracle 执行如下操作：阻止任何用户建立新的连接，等待当前所有正在连接的用户主动断开连接。此方式下 Oracle 不会立即断掉当前用户的连接，这些用户仍然可以进行相关的操作。一旦所有用户都断开连接，则立即关闭、卸载数据库，并终止实例。因此，一般以 NORMAL 模式关闭数据库时，应该通知所有在线用户尽快断开连接。

2）IMMEDIATE 关闭模式

命令：shutdown immediate

在 IMMEDIATE 关闭模式下，阻止任何用户建立新的连接，同时阻止当前连接的用户开始任何新的事务。Oracle 不等待在线用户主动断开连接，强制终止用户的当前事务，将任何未提交的事务回退。如果存在太多未提交的事务，此方式将会耗费很长时间才终止和回退事务，可直接关闭、卸载数据库，并终止实例。

3）TRANSACTIONAL 关闭模式

命令：shutdown transactional

TRANSACTIONAL 关闭模式介于 NORMAL 关闭模式与 IMMEDIATE 关闭模式之间，响应时间会比较快，处理也将比较得当。执行过程如下：阻止任何用户建立新的连接，同时阻止当前连接的用户开始任何新的事务；等待所有未提交的活动事务提交完毕，然后立即断开用户的连接；直接关闭、卸载数据库，并终止实例。

4）ABORT 关闭模式

命令：shutdown abort

ABORT 关闭模式是比较粗暴的一种关闭模式，当前面 3 种模式都无法关闭时，可以尝试使用 ABORT 终止方式来关闭数据库。但是，以这种模式关闭数据库将会丢失一部分数据信息。当重新启动实例并打开数据库时，后台进程 SMON 会执行实例恢复操作。一般情况下，应当尽量避免使用这种方式来关闭数据库。

执行过程如下：阻止任何用户建立新的连接，同时阻止当前连接的用户开始任何新的事务；立即终止当前正在执行的 SQL 语句；任何未提交的事务均不被退回；直接断开所有用户的连接，关闭、卸载数据库，并终止实例。

这 4 种关闭模式与数据库活动的关系见表 4-1 所示。

**表 4-1　4 种关闭模式与数据库活动的关系**

| 关 闭 模 式 | NORMAL | TRANSACTIONAL | IMMEDIATE | ABORT |
|---|---|---|---|---|
| 允许新连接 | NO | NO | NO | NO |
| 等到当前会话结束 | YES | NO | NO | NO |
| 等到当前事务结束 | YES | YES | NO | NO |
| 强制一个检查点并关闭文件 | YES | YES | YES | NO |

## 4.2 表 空 间



### 4.2.1 表空间

**1. 什么是表空间**

表空间是数据库的逻辑结构。Oracle 数据库可以被划分为多个表空间的逻辑区域，一个表空间只能属于一个数据库。所有的数据库对象都存放在指定的表空间中，但主要存放的是表，因此称为表空间。一个 Oracle 数据库能够有一个或多个表空间，而一个表空间则对应着一个或多个数据库文件。

每个数据库创建的时候，系统都会默认为它创建一个“SYSTEM”表空间以存储系统信息，故一个数据库至少有一个 SYSTEM 表空间。SYSTEM 表空间必须保持联机，其包含着数据库运行所需要的基本信息，包括整个数据库的数据字典、联机求助机制、所有回退段、临时段、所有用户数据库实体及其他 Oracle 软件产品要求的表。

一个小型的数据库仅包含 SYSTEM 表空间；稍大的数据库采用多个表空间会对数据库的使用带来更大的方便。

表空间的作用包括如下 5 个方面。

(1) 决定数据库实体的空间分配。

(2) 设置数据库用户的空间份额。

(3) 控制数据库部分数据的可用性。

(4) 分布数据在不同的设备之间以改善性能。

(5) 备份和恢复数据。

用户创建数据库实体时必须在给定的表空间中具有相应的权限。对一个用户来说，要操纵一个数据库中的数据，应该具备如下特征。

(1) 被授予关于一个或多个表空间中的 RESOURSE 特权。

(2) 被指定默认表空间。

(3) 被分配指定表空间的存储空间使用份额。

(4) 被指定默认临时段表空间，建立不同的表空间，设置最大的存储容量。

**2. 表空间的分类**

按数据文件类型分类：表空间可分为大文件表空间和小文件表空间，创建表空间时默认为小文件表空间。

按管理方式分类：表空间可分为本地管理表空间(Locally Managed Tablespace，LMT)和数据字典表空间(Dictionary-Managed Tablespace，DMT)。LMT 是一种比较先进的区管理方式，在 Oracle 12c 内部使用 bitmap 来管理表空间里所有的区。

按使用类型分类：表空间可分为永久表空间(Permanent Tablespace)、临时表空间(Temporary Tablespace)和撤销表空间(Undo Tablespace)。

永久表空间是用于存储数据的表空间，系统表空间、普通用户表空间都是永久表空间。永久表空间的状态有 3 种，包括读写、只读和脱机。只有在永久表空间中，才可配置 ASSM(Automatic Segment Space Management，自动段空间管理)。

临时表空间是在对数据排序和创建索引时使用的。临时表空间不存放实际的数据，不需要恢复、备份和记录日志操作。临时表空间只有读写模式，只能手动管理段空间模式。用户可以将系统临时表空间设置为自己的临时表空间。如果创建用户时，没有指定默认临时表空间，则自动设置为系统模式临时表空间。

撤销表空间，也称为回滚表空间、还原表空间，用来存放修改过的数据。撤销表空间保证了读数据的一致性。当数据库运行在自动管理模式下时，Oracle 12c 的撤销表空间用于管理撤销数据，其属于永久表空间类型。Oracle 12c 强烈推荐数据库运行在自动管理模式下，对撤销操作不通过调用回滚段完成。

在本书以后的学习中，如果不特别指出，表空间指永久表空间。

### 4.2.2 创建表空间

用户创建表空间的前提条件是数据库已经建立起来，并且数据库处于打开状态。该用户必须具备一定的权限，创建表空间要具备 SYSDBA 的权限。只有用户具备 SYSDBA 权限才能创建 SYSAUX 表空间。

创建表空间可以使用 CREATE TABLESPACE 命令，可以为数据库中每个数据文件指定各自的存储扩展参数值，Oracle 在自动扩展数据文件时使用这些参数。语法格式如下：

```
CREATE [BIGFILE|SMALLFILE] TABLESPACE tablespace_name
DATAFILE file_clause
[MINMUM EXTENT integer [K|M]]
[DEFAULT STORAGE storage_clause]
[ONLINE|OFFLINE]
[LOGGING|NOLOGGING]
[EXTENT MANAGEMENT [DICTIONARY|LOCAL [AUTOALLOCATE|UNIFORM [SIZE integer [K|M]]]]]
[SEGMENT SPACE MANAGEMENT [AUTO|MANUAL]]
```

说明：

(1) BIGFILE|SMALLFILE：指定创建大文件表空间还是小文件表空间，默认为小文件表空间。

(2) DATAFILE：指定为表空间创建的数据文件。

(3) file_clause：指出表空间包含的数据文件的属性设置。file_clause 形式如下：

```
<file_clause>::= 'path/filename' [SIZE integer[K|M]][REUSE]
                 [AUTOEXTEND [OFF|ON[NEXT integer[K|M]]]]
                 [MAXSIZE[UMLIMITED|integer [K|M]]]
```

其中，file_clause 包含的数据文件的属性如下所示。

① 'path/filename'：数据文件的路径名，可以是相对路径，也可以是绝对路径。

② SIZE：文件的大小。

③ REUSE：表示文件是否被重用。

④ AUTOEXTEND：用于指定是否禁止或允许自动扩展数据文件。若选 OFF，则禁止自动扩展数据文件；若选择 ON，则允许自动扩展数据文件；NEXT 指定当扩展数据文件时分配给数据文件的磁盘空间。

⑤ MAXSIZE：指定允许分配给数据文件的最大磁盘空间。UNLIMITED 表示对分配给数据文件的磁盘空间没有设置限制。

(4) MINMUM EXTENT：指出在表空间中数据区的最小值。这个参数可以减小空间碎片，保证表空间的范围是这个数值的整数倍。

(5) DEFAULT storage_clause：声明默认存储子句。storage_clause 形式如下：

```
<storage_clause>::=(
  INITIAL<第 1 个区的大小>[K|M]
  NEXT<下一个区的大小>[K|M]
  MINEXTENTS<区的最小个数>|UNLIMITED
  MAXEXTENTS<区的最大个数>
  PCTINCREASE<数字值>
  FREELISTS<空闲列表数量>
  FREELIST GROUPS<空闲列表组数量>
)
```

其中，storage_clause 中声明的存储子句如下所示。

① INITIAL：指定数据库对象所分配的第 1 个区的大小。

② NEXT：指定数据库对象所分配的第 2 个区的大小。

③ MINEXTENTS：指定数据库对象分配的最小区个数。

④ MAXENTENTS：指定数据库对象所分配的最大区个数。

⑤ PCTINCREASE：指定从第 3 个区开始，每个区比前一个区所增长的百分比，计算公式为

$$size = next \times (1 + pctincrease/100)(n - 2) \quad (1)$$

其中，n 表示第 n 个区，除第 1 个区和第 2 个区外，其他区尺寸会自动转变为 db_block_size 的整数倍。

⑥ FREELISTS：指定表、簇或索引的每个空闲列表组的空闲列表数量。

⑦ FREELIST GROUP：指定表、簇或索引的空闲列表组的数量。

(6) ONLINE|OFFLINE：改变表空间的状态。ONLINE 使表空间创建后立即有效，这是默认值；OFFLINE 使表空间创建后无效，这个值可以从 dba_tablespace 中得到。

(7) LOGGINGG/NOLOGGING：指定日志属性，表示将来的表、索引等是否需要进行日志处理。

(8) EXTENT MANAGEMENT：指定表空间的区管理方式。DICTIONARY 指定使用字典表来管理表空间，这是默认设置；LOCAL 指定本地管理表空间。LOCAL 可以指定为 AUTOALLOCATE 或 UNIFORM。AUTOALLOCATE 指定表空间由系统管理，用户不能指定盘区尺寸；UNIFORM 指定使用 SIZE 字节的统一盘区来管理表空间，默认为 AUTOALLOCATE。

(9) SEGMENT SPACE MANAGEMENT：指定表空间的段管理方式，可以指定为 AUTO 或 MANUAL。AUTO 为自动管理，MANUAL 为手动管理，默认为自动管理。

**【例 4.1】** 创建大小为 50MB 的表空间 TEST，包含一个数据文件，禁止自动扩展数据文件。

SQL 语句如下：

```
CREATE TABLESPACE TEST
LOGGING
DATAFILE 'D:\app\oracleinstall\oradata\ORCL\TEST01.DBF' SIZE 50M
    REUSE AUTOEXTEND OFF;
```

系统提示：表空间已创建。

**【例 4.2】** 创建表空间 TS_IMAGEDATA，包含多个数据文件。

SQL 语句如下：

```
CREATE TABLESPACE TS_IMAGEDATA
LOGGING
DATAFILE  'D:\app\oracleinstall\oradata\ORCL\TS_IMAGE01.DBF'  SIZE 2000M
REUSE  AUTOEXTEND ON NEXT 51200K MAXSIZE 3900M,
      'D:\app\oracleinstall\oradata\ORCL\TS_IMAGE02.DBF'  SIZE 2000M REUSE
        AUTOEXTEND ON  NEXT 51200K MAXSIZE 3900M,
      'D:\app\oracleinstall\oradata\ORCL\TS_IMAGE03.DBF'  SIZE 2000M REUSE
        AUTOEXTEND ON  NEXT 51200K MAXSIZE 3900M,
EXTENT MANAGEMENT LOCAL
SEGMENT SPACE MANAGEMENT AUTO;
```

系统提示：表空间已创建。

### 4.2.3 修改表空间

利用 ALTER TABLESPACE 命令可以修改现有的表空间或它的一个或多个数据文件，语法格式如下：

```
ALTER TABLESPACE tablespace_name
    [ADD DATAFILE|TEMPFILE file_clause
    [RENAME DATAFILE 'path\filename', … ,n TO 'path\re_filename', … ,n]
    [DEFAULT STORAGE storage_clause]
    [ONLINE|OFFLINE [NORMAL|TEMPORARY|IMMEDIATE]]
    [LOGGING|NOLOGGING]
    [READ ONLY|WRITE]
    [PERMANENT|TEMPORARY]
```

其中，

(1) ADD DATAFILE|TEMPFILE：向表空间添加指定的数据文件或临时文件。

(2) RENAME DATAFILE：对一个或多个表空间的数据文件重命名。在重命名之前要使表空间脱机。

(3) ONLINE|OFFLINE [ NORMAL|TEMPORARY|IMMEDIATE ]：设置表空间的状态。表空间的状态有两种：联机状态(ONLINE)和脱机状态(OFFLINE)。如果是联机状态，用户可以操作表空间，是可用状态；如果是脱机状态，表空间是不可用的。脱机状态包括 NORMAL 正常联机、TEMPORARY 临时脱机和 IMMEDIATE 立即脱机 3 种。

(4) READ ONLY|WRITE：修改表空间为只读或读写方式。READ ONLY 表明在表空间上不允许进行写操作，该子句在现有的事务全部提交或回滚后才生效，使表空间变成只

读；READ WRITE 表明在先前只读表空间上允许写操作。

(5) PERMANENT|TEMPORARY：修改表空间为永久或临时表空间。

其他选项的含义同创建语句。

【例 4.3】 通过 ALTER TABLESPACE 命令把一个新的数据文件添加到 DATA 表空间，并指定了 AUTOEXTEND ON 和 MAXSIZE 500MB。

SQL 语句如下：

```
ALTER TABLESPACE TEST
  ADD DATAFILE 'D:\app\oracleinstall\oradata\ORCL\TEST02.DBF' SIZE 50M
  REUSE AUTOEXTEND ON NEXT 50M MAXSIZE 500M;
```

系统提示：表空间已更改。

【例 4.4】 设置表空间 TEST 为不可用状态，脱机状态为临时状态。

SQL 语句如下：

```
ALTER TABLESPACE TEST OFFLINE TEMPORARY;
```

系统提示：表空间已更改。

【例 4.5】 设置表空间 TEST 为读写状态。

SQL 语句如下：

```
ALTER TABLESPACE TEST READ WRITE;
```

系统提示：表空间已更改。

【例 4.6】 将表空间 TEST 重命名为 New_TEST。

SQL 语句如下：

```
ALTER TABLESPACE TEST RENAME TO New_TEST;
```

系统提示：表空间已更改。

---

注意：并不是所有的表空间都可以重命名。系统自动创建的不可重命名，如 SYSTEM、SYSAUX 等。另外，表空间必须是联机状态才可以重命名。

---

### 4.2.4 删除表空间

如果不再需要表空间和其中保存的数据，可以使用 DROP TABLESPACE 命令删除已有的表空间。当删除一个表空间后，Oracle 数据库将永久删除数据，由于不是放置到回收站中，因此不能从回收站中找回数据。用户必须有删除表空间的权限才能进行删除操作。如果有活动事务的回滚段时，则不能删除表空间。

删除表空间的方式有两种：使用本地管理方式和使用数据字典方式。相比而言，使用本地管理方式删除表空间的速度更快些。所以在删除表空间时，可以先把表空间的管理方式修改为本地管理方式，然后再将其删除。

DROP TABLESPACE 命令语法格式如下：

```
DROP TABLESPACE tablespace
```

```
[ INCLUDING CONTENTS [ {AND|KEEP} DATAFILES ] [ CASCADE CONSTRAINTS ]] ;
```

其中，

(1) INCLUDING CONTENTS：表示在删除表空间时把表空间内容也删除。

(2) AND DATAFILES：使用 INCLUDING CONTENTS AND DATAFILES 时，将会删除数据库操作系统下的数据文件，Oracle 数据库会将删除的每个操作系统文件写入 ALTER 日志中。对于 Oracle 管理模式的文件，AND DATAFILES 不是必需的，即使不使用该参数 Oracle 也会从系统中删除。

(3) KEEP DATAFILES：使用 INCLUDING CONTENTS KEEP DATAFILES 时，将会在操作系统中保留数据文件，如果是 Oracle 管理模式的文件，并且不要求操作系统的文件在参数 INCLUDING CONTENTS 下删除，那么就需要使用 KEEP DATAFILES 参数。

(4) CASCADE CONSTRAINTS：该参数删除表空间中表的主码、唯一性、外键等所有约束。如果有参照约束且用户默认该子句，那么 Oracle 不会删除这个表空间并返回一个错误提示。

**【例 4.7】** 删除表空间 New_TEST 及其对应的数据文件。

SQL 语句如下：

```
DROP TABLESPACE New_TEST
  INCLUDING CONTENTS AND DATAFILES;
```

系统提示：表空间已删除。

### 4.2.5 创建临时表空间

创建临时表空间使用 CREATE TEMPORARY TABLESPACE 命令，语法格式如下：

```
CREATE [BIGFILE|SMALLFILE] TEMPORARY TABLESPACE tablespace_name
  TEMPFILE file_clause TABLESPACE GROUP group_name
[EXTENT MANAGEMENT[DICTIONARY|LOCAL[AUTOALLOCATE|UNIFORM[SIZE integer[K|M]]]]]
```

创建临时表空间时采用 TEMPFILE 指定数据文件，并且可以为临时表空间指定表空间组。每个表空间组至少要包含一个临时表空间，而且临时表空间组的名称不能和其他表空间重名。

**【例 4.8】** 创建一个临时表空间 TEMP_TS。

SQL 语句如下：

```
CREATE TEMPORARY TABLESPACE TEMP_TS
  TEMPFILE 'D:\app\oracleinstall\oradata\ORCL\TEMP_TS01.DBF' SIZE 2000M
  EXTENT MANAGEMENT LOCAL;
```

系统提示：表空间已创建。

**【例 4.9】** 创建临时表空间组 GROUP_TS。

SQL 语句如下：

```
CREATE TEMPORARY TABLESPACE MY_TEMP
  TEMPFILE 'MY_TEMP01.DBF' SIZE 50M TABLESPACE GROUP GROUP_TS;
```

系统提示：表空间已创建。

**【例 4.10】** 将临时表空间 TEMP_TS 移到临时表空间组 GROUP_TS 中。

SQL 语句如下：

```
ALTER TABLESPACE TEMP_TS
  TABLESPACE GROUP GROUP_TS;
```

系统提示：表空间已更改。

**【例 4.11】** 将临时表空间 TEMP_TS 从临时表空间组 GROUP_TS 中移除。

SQL 语句如下：

```
ALTER TABLESPACE TEMP_TS
  TABLESPACE GROUP '';
```

系统提示：表空间已更改。

**【例 4.12】** 删除临时表空间 TEMP_TS。

SQL 语句如下：

```
DROP TABLESPACE TEMP_TS
  INCLUDING CONTENTS AND DATAFILES;
```

系统提示：表空间已删除。

---

注意：在删除临时空间组中所有的临时表空间后，临时表空间组自动删除，不能删除默认的临时表空间。

---

### 4.2.6 创建撤销表空间

创建撤销表空间使用 CREATE UNDO TABLESPACE 命令，语法格式如下：

```
CREATE [BIGFILE|SMALLFILE] UNDO TABLESPACE tablespace_name
  DATAFILE file_clause
[EXTENT MANAGEMENT [DICTIONARY|LOCAL [AUTOALLOCATE|UNIFORM [SIZE integer [K|M]]]]]
```

**【例 4.13】** 创建撤销表空间。

SQL 语句如下：

```
CREATE UNDO TABLESPACE UNDO_TS
  DATAFILE 'D:\app\tao\oradata\ORCL\UNDO_TS01.dbf'
    SIZE 50M REUSE
    AUTOEXTEND ON;
```

系统提示：表空间已创建。

撤销表空间的修改和删除同上述表空间的操作。

### 4.2.7 查看表空间

Oracle 数据库用户建立表空间后，可以通过 dba_tablespaces、user_tablespaces 等数据字典进行查询。由于这两个数据库字典有 20 多个字段，可以先使用 SQL>DESCribe dba_ tablespaces 命令查看包含的字段，然后再进行查询操作。

【例 4.14】 查看当前数据库系统中有哪些表空间。

SQL 语句如下：

```
SELECT tablespace_name
FROM dba_tablespaces;
```

或

```
SELECT tablespace_name
FROM user_tablespaces;
```

执行结果如下：

```
TABLESPACE_NAME
------------------------------------------------------------
SYSTEM
SYSAUX
UNDOTBS1
TEMP
USERS
NEW_SPACE
MY_TEMP
UNDO_TS
```

已选择 8 行。

### 4.2.8 使用 OEM 操作表空间

用户可以通过 OEM 进行数据库表空间和数据文件的管理。

**1. 表空间管理**

在数据库的 OEM 主界面中，单击"存储"|"表空间"菜单，打开"表空间"界面，如图 4-21 所示。OEM 主界面可以查看、管理现有的表空间，增加、删除表空间。

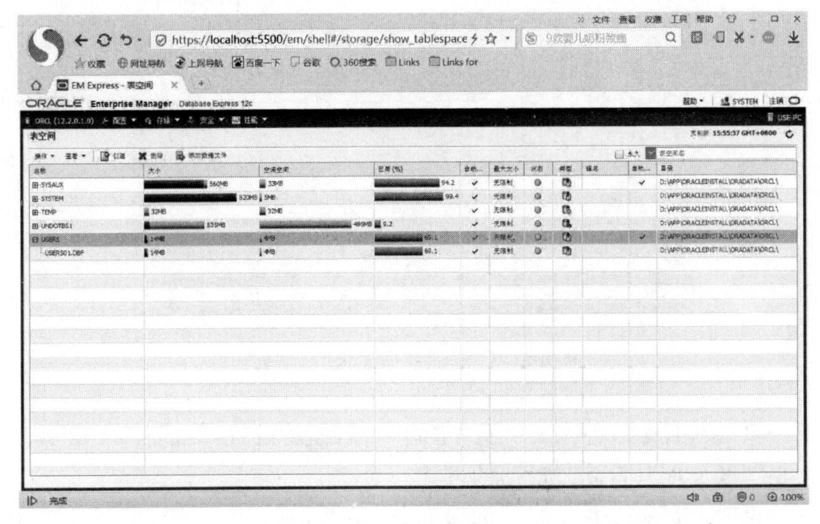


图 4-21 "表空间"界面

1）增加表空间

单击“表空间”页面中的“创建”按钮可以为数据库增加新的表空间，出现如图4-22所示的“创建表空间”对话框。填写新的表空间的名称，设置表空间的类型（永久、临时、还原）、文件的类型、表空间的状态（联机、脱机）。

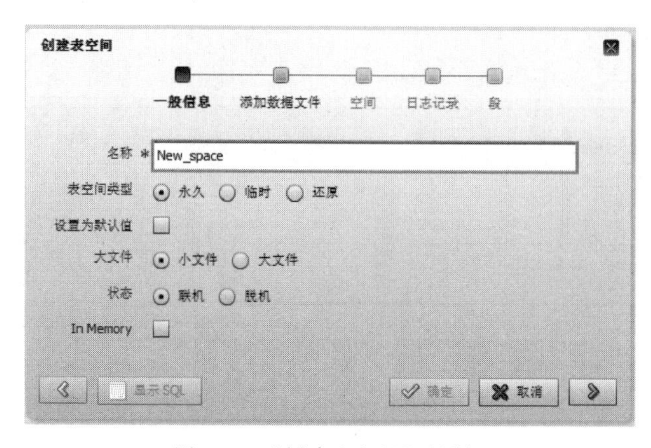


图4-22 “创建表空间”对话框

设置完成后，单击“下一页”按钮，进入下一页“添加数据文件”的设置，如图4-23所示。为表空间增加至少一个数据文件，需要为数据文件命名，设置其文件大小、自动扩展方式（增量、最大文件大小）等。

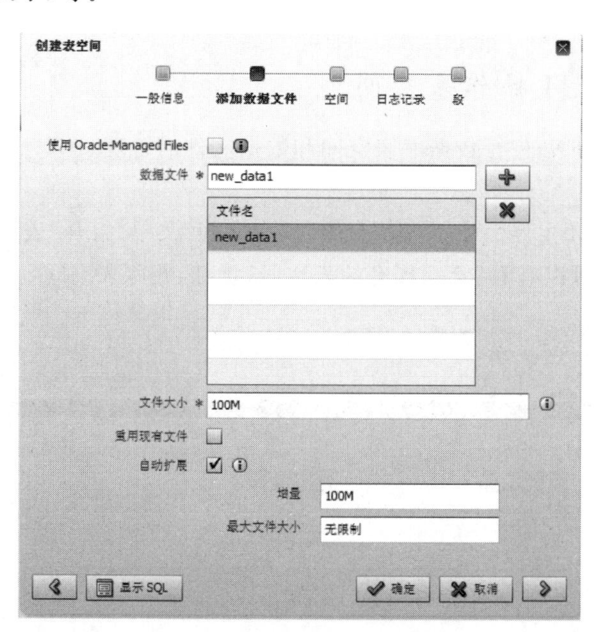


图4-23 “添加数据文件”对话框

单击“下一页”按钮，进入下一页“空间”对话框的设置，如图4-24所示。在此页，可以设置“块大小”“区分配”（自动、统一）的方式。

单击“下一页”按钮，进入下一页“日志记录”对话框的设置，如图4-25所示。在此

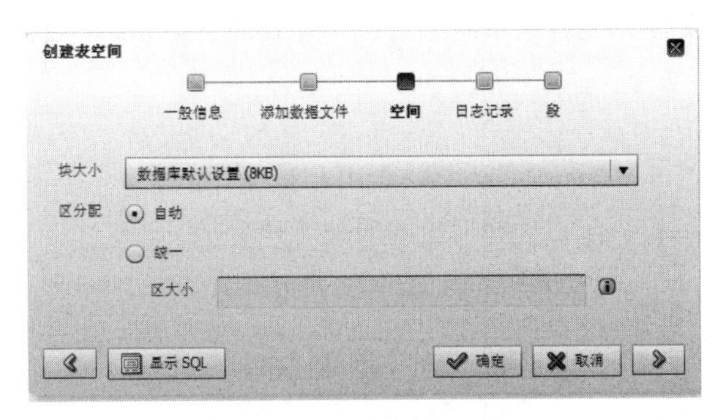


图 4-24 “空间”对话框

页,可以设置有无“日志记录”。

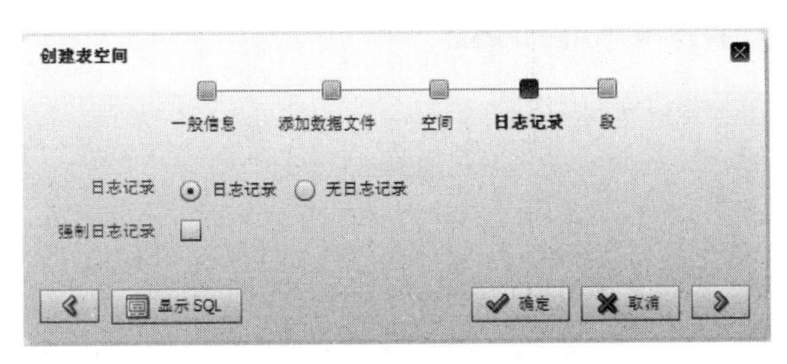


图 4-25 “日志记录”对话框

单击“下一页”按钮,进入下一页“段”对话框的设置,如图 4-26 所示。在此页,可以设置“段空间管理”“压缩”方式。

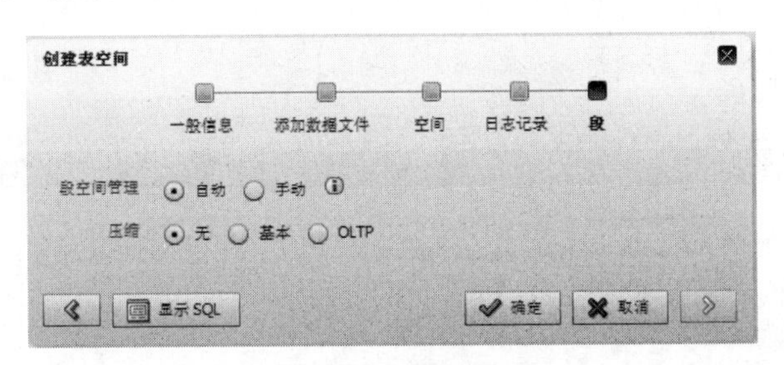


图 4-26 “段”对话框

单击“确定”按钮,完成新的表空间的创建。

2) 删除表空间

要删除表空间,只需选中该表空间,单击“删除”按钮即可。

**2. 数据文件的管理**

1) 修改数据文件

选中表空间中要修改的数据文件,单击“操作”菜单,可以进行数据文件各项属性设置的修改,如设置其自动扩展属性、调整数据文件的大小,如图 4-27～图 4-29 所示。

2) 添加数据文件

当原有数据库的存储空间不够时,除了可以采用扩大原有数据文件存储量的方法之外,还可以增加新的数据文件。或者从系统管理的需求出发，采用多个数据文件来存储数据，以避免数据文件过大。



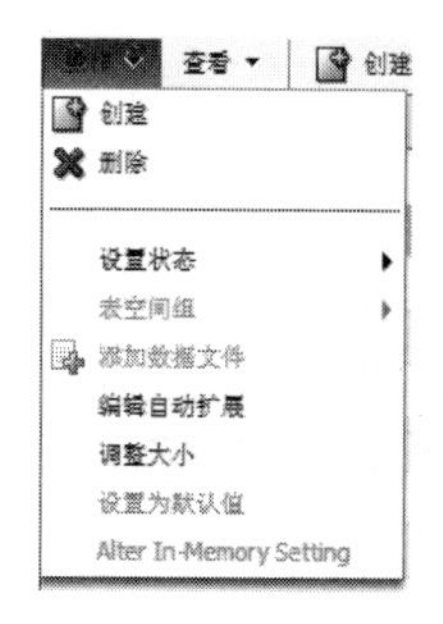


图 4-27 “操作”菜单

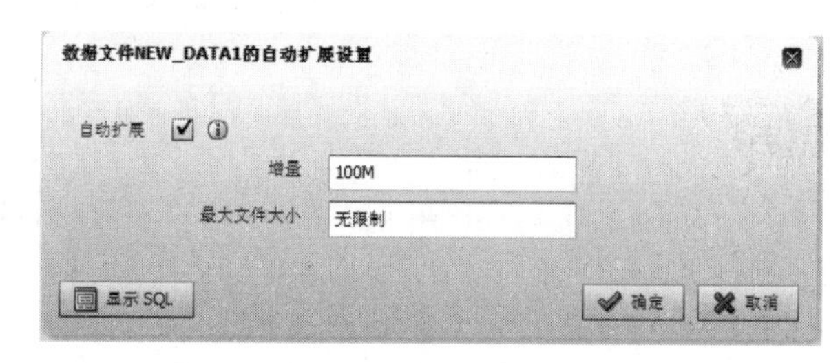


图 4-28 设置数据文件自动扩展属性

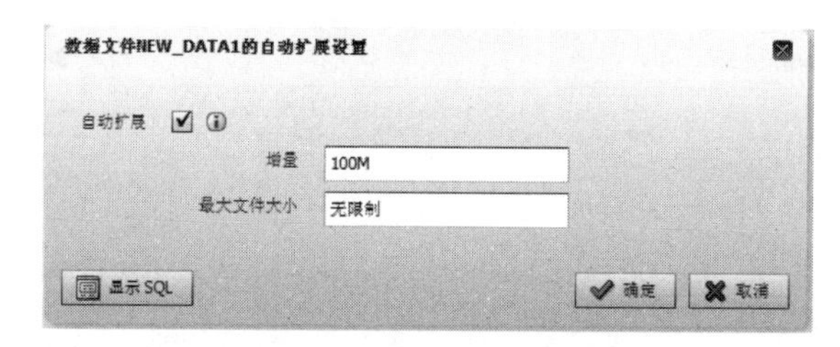


图 4-29 调整数据文件大小

选中需要添加数据文件的表空间，单击“添加数据文件”按钮，设置数据文件的属性，如图 4-30 所示。单击“确定”按钮，即可完成数据文件的添加。

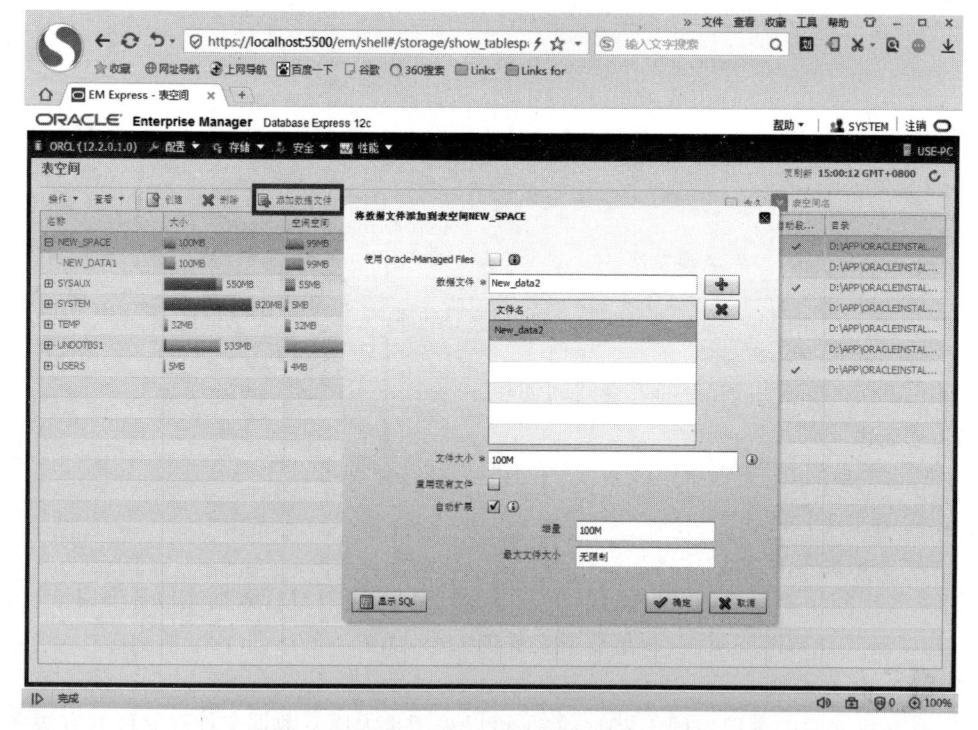


图 4-30 添加数据文件

3）删除数据文件

选中表空间中要修改的数据文件，单击“删除”按钮，如图 4-31 所示。弹出“确认删除”对话框，如图 4-31 所示。单击“是”即可删除相应数据文件，如图 4-32 所示。

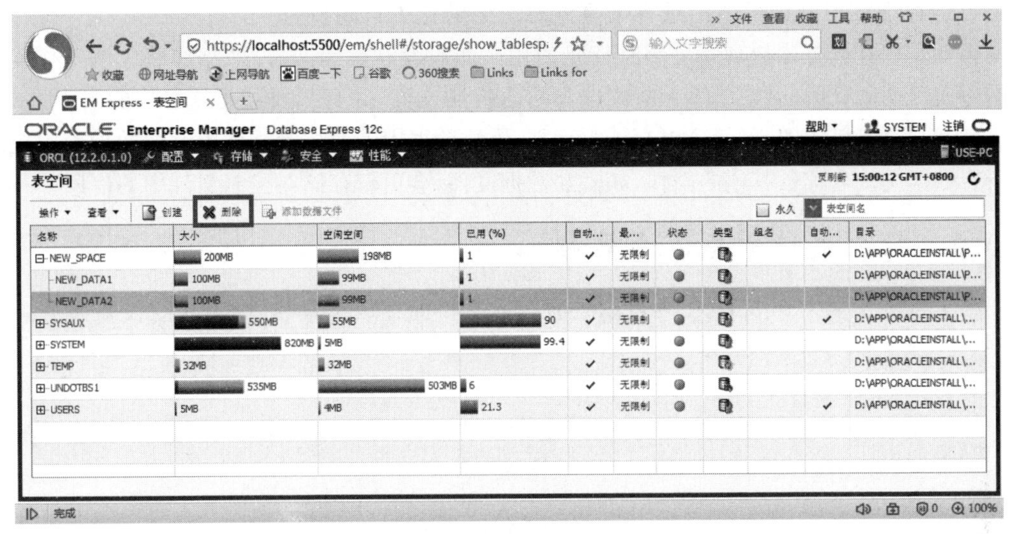


图 4-31　删除数据文件

图 4-32　“确认删除”对话框

## 4.3　控制文件

### 4.3.1　控制文件简介

Oracle 控制文件是一个跟踪数据库物理组成的二进制文件，仅与一个数据库相关联。每个数据库有唯一的控制文件，可以维护多个相同的复制内容。控制文件是 Oracle 数据库用来查找数据库文件，并从总体上管理数据库状态的根文件。控制文件包含数据库名称和数据库唯一标识符(DBID)，创建数据库的时间戳，有关数据库文件、联机重做日志、归档日志的信息，表空间信息和 RMAN 备份信息等信息。

控制文件在数据库创建时就被创建，且不能手动修改，需由 Oracle 数据库独立管理。控制文件的主要作用包括如下内容。

(1) 包含数据文件、重做日志文件等打开数据库所需要的信息。控制文件跟踪数据库的结构变化。例如，当管理员添加、重命名、删除数据文件或重做日志文件时，数据库将更新控制文件，记录相应的修改。

(2) 包含数据库打开时需要使用的元数据。例如,控制文件中包含包括检查点在内的等用于恢复数据库所需的信息。在实例恢复过程中,检查点能指示出 redo stream 需要的起始 SCN。每次提交更改之前,检查点确保 SCN 已保存到磁盘上的数据文件中。至少每隔 3s,检查点进程会在控制文件中记录有关重做日志中的检查点的位置。

控制文件在数据库启动和关闭时都要使用。如果没有控制文件,数据库将无法工作。在数据库使用期间,Oracle 数据库不断读取和写入控制文件,并且只要数据库处于打开状态,控制文件就必须是可用的,以便可以写入。例如,恢复数据库涉及控制文件中读取数据库中包含的所有数据文件名称。其他的操作,如添加数据文件,会更新存储在控制文件中的信息。

### 4.3.2 控制文件的查看和更新

根据数据字典 v$controlfile 可以查看控制文件的存放位置和状态,实现代码如下:

```
SELECT name
FROM v$controlfile;
```

结果如下:

```
NAME
----------------------------------------------------------------------
D:\APP\ORACLEINSTALL\ORADATA\ORCL\CONTROL01.CTL
D:\APP\ORACLEINSTALL\ORADATA\ORCL\CONTROL02.CTL
```

通过本次查询,可以看出控制文件的扩展名是.CTL。每个控制文件都记录着 Oracle 数据库的创建时间、名称、数据文件的名字及位置、日志文件的名字及位置、表空间、备份、最近检查点等信息。因此,在对数据库进行相应的操作时,如增加数据文件,就会更新对应的控制文件信息,而不是手动进行修改。

当数据文件出现增加、重命名和删除等操作时,Oracle 服务器会立刻更新控制文件以反映数据库结构的变化。每次在数据库的结构发生变化后,为了防止数据丢失都要备份控制文件。各进程根据分工的不同分别把数据库更改后的信息写入控制文件中,例如:

(1) 日志写入进程负责把当前日志序列号记录到控制文件中;

(2) 校验点进程负责把校验点的信息记录到控制文件中;

(3) 归档日志负责把归档日志的信息记录到控制文件中。

为了应对磁盘损坏等数据灾难的情况,用户可以把控制文件进行镜像操作,这样即使一个文件被破坏,其他的控制文件依然存在,数据也不会丢失,数据库还可以正常运行。

### 4.3.3 多路复用控制文件

多路复用就是在数据库服务器上将控制文件存放在多个磁盘分区或者多块磁盘上。数据库系统在需要更新控制文件的时候,就会自动同时更新多个控制文件。当其中一个控制文件出现损坏时,系统会自动启用其他的控制文件。只有当所有控制文件都出现损坏时,数据库才无法正常启动。一般来说,使用多路复用后,控制文件一起损坏的概率很小。因此,采用多路复用控制文件可以在很大程度上提高控制文件的安全性。最重要的是,在控制文件转换的过程中,不会有停机现象的产生。

但是，在采用多路复用的时候，最好不要将控制文件放置在网络上的服务器中。因为，如果系统在更新控制文件时刚好碰到网络性能不好甚至网络中断的情况，那么这个控制文件的更新就需要耗用比较长的时间。

**1. 使用 init.ora 多路复用控制文件**

控制文件虽然由数据库直接创建，但是在数据库初始化之前，用户可以对这个初始化文件 init.ora 进行修改。这个文件可以在安装目录 admin\orcl\pfile 下找到，如图 4-33 所示。

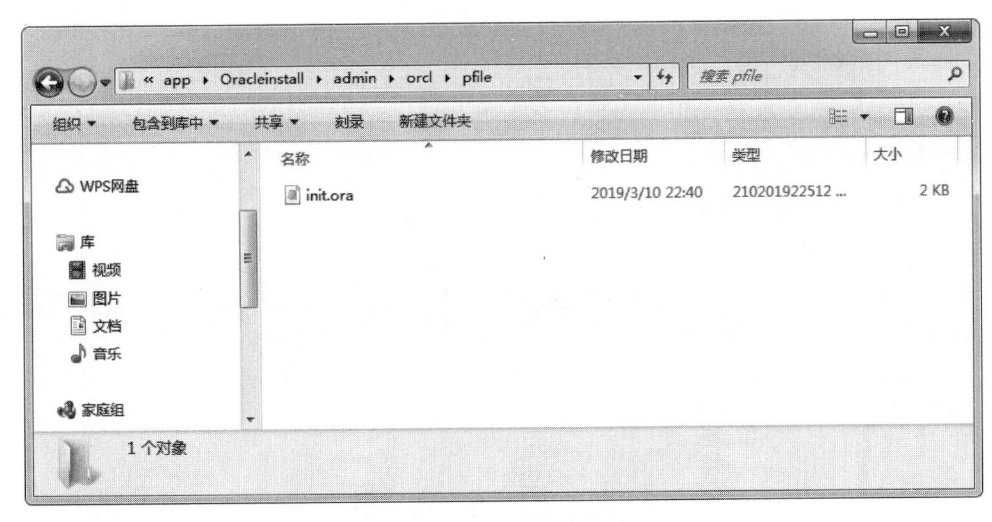


图 4-33 init.ora 的位置

在修改初始化文件 init.ora 之前，先把控制文件复制到不同的位置，然后用记事本打开 init.ora 文件，找到 control_files 参数后即可修改，如图 4-34 所示。修改时需要注意，在每个控制文件之间是通过逗号分隔的，并且每个控制文件都是用双括号括起来的。在修改控制文件的路径之前，需要备份控制文件，以免数据库无法启动。

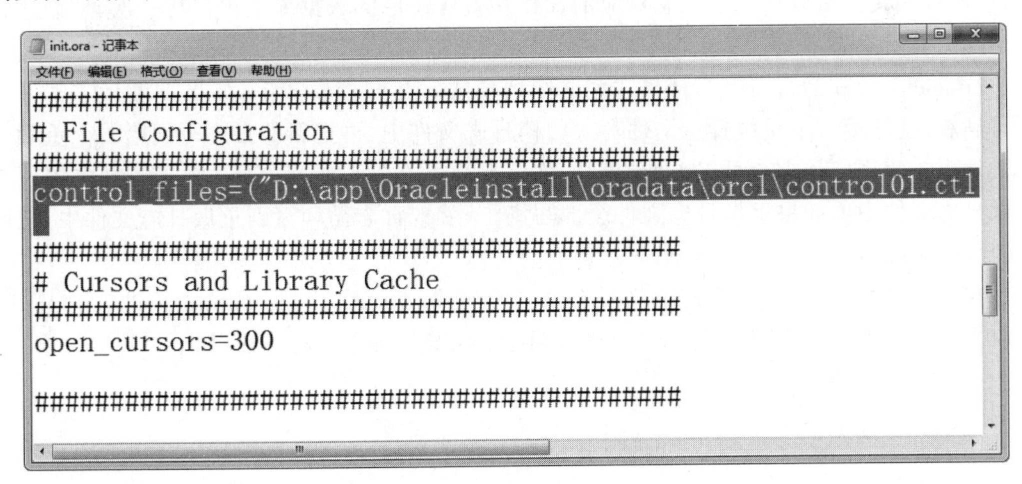


```
###########################################
# File Configuration
###########################################
control_files=("D:\app\Oracleinstall\oradata\orcl\control01.ctl

###########################################
# Cursors and Library Cache
###########################################
open_cursors=300

###########################################
```

图 4-34 修改 init.ora 文件

**2. 使用 SPFILE 多路复用控制文件**

除了修改 init.ora 初始化参数的方式可以实现多路复用控制文件以外，还可以通过

SPFILE 方式实现多路复用。具体步骤如下所示。

(1) 修改 control_files 参数。

在确保数据库打开的状态下，使用以下命令修改 SPFILE 中的 control_file 参数：

```
ALTER SYSTEM SET control_files =
  '文件路径 1',
  '文件路径 2',
  文件路径 3'  SCOPE = SPFILE;
```

(2) 关闭数据库。

在数据库打开时，数据库中的文件是无法操作的。关闭数据库的命令如下：

```
SHUTDOWN IMMEDIATE;
```

(3) 使用操作系统将现有控制文件复制到新文件选择的位置。

(4) 打开数据库。

复制完成后，使用 STARTUP 命令重新启动数据库。在数据字典查看控制文件信息，命令如下：

```
SELECT name
FROM v $ controlfile;
```

# 4.4 日志文件

## 4.4.1 日志文件简介

Oracle 数据库日志主要有两类：重做日志文件和归档日志文件。重做日志文件是 Oracle 数据库正常运行不可缺少的文件，主要记录数据库的操作过程。在需要恢复数据库时，重做日志文件可以把相应日志对应的操作在备份还原的数据库上再执行一次，从而达到数据库的最新状态。

Oracle 系统在运行时有归档模式和非归档模式。在归档模式下，如果重做日志文件全部写满后，就把第 1 个重做日志文件写入归档日志文件中，再把新的日志写到第 1 个重做日志文件中。使用归档方式可以方便以后的恢复操作。在非归档模式下，所有的日志都写在重做日志文件中。如果重做日志文件全部写满了，就把日志循环写到重做日志文件中，把前面的日志文件覆盖了。

在归档模式下，Oracle 的性能会受到一定的影响，所以 Oracle 默认采用非归档模式。获取当前 Oracle 的归档模式可以从 v $ database 数据字典中查看，命令如下：

```
SELECT name, log_mode
FROM v $ database;
```

结果如下：

```
NAME LOG_MODE
------------------ -------------------------
ORCL NOARCHIVELOG
```

从结果可以看出，当前模式为非归档模式。要将当前模式改为归档模式，首先以SYSDBA身份连接数据库，然后进行如下操作。

(1) 若数据库是打开的，首先关闭卸载数据库。

```
SQL>SHUTDOWN IMMEDIATE;
```

(2) 以MOUNT模式打开数据库。

```
SQL>STARTUP MOUNT;
```

(3) 查询当前归档模式。

```
SQL>ARCHIVE LOG  LIST;
```

(4) 更改归档模式为ARCHIVELOG。

```
SQL>ALTER DATABASE ARCHIVELOG;
```

(5) 重新查询归档模式。

```
SQL>ARCHIVE  LOG  LIST;
```

(6) 打开数据库。

```
SQL>ALTER DATABASE  OPEN;
```

若要将数据库模式改回非归档模式，需要在第(4)步中使用ALTER DATABASE NOARCHIVELOG命令。

### 4.4.2 管理日志文件

在Oracle数据库中，日志文件全部放在日志文件组中。通过日志文件组，数据库管理员可以轻松管理日志文件。

**1. 查询日志文件组和日志文件**

查询日志文件组可以在数据字典v$log中进行，实现代码如下：

```
SELECT group#, members, status
FROM v$log;
```

查询结果如下：

```
GROUP# MEMBERS STATUS
---------- ---------- --------------------------------
     1          1 CURRENT
     2          1 INACTIVE
     3          1 INACTIVE
```

可以在数据字典v$logfile中查看日志文件的信息，实现代码如下：

```
SELECT group#, members
FROM v$logfile;
```

查询结果如下：

```
  GROUP# MEMBER
------------------------------------------------------------------
     3       D:\APP\ORACLEINSTALL\ORADATA\ORCL\REDO03.LOG
     2       D:\APP\ORACLEINSTALL\ORADATA\ORCL\REDO02.LOG
     1       D:\APP\ORACLEINSTALL\ORADATA\ORCL\REDO01.LOG
```

**2. 创建日志文件组**

创建日志文件组的代码如下：

```
ALTER DATABASE [database_name]
  ADD LOGFILE GOURP n
  (filename) SIZE m;
```

其中，

(1) database_name 为要修改的数据库名，如果省略，则表示当前的数据库。

(2) 参数 n 为创建日志工作组的组号，组号在日志组中必须是唯一的。

(3) 参数 filename 表示日志文件的存放位置及日志文件名。

(4) 参数 m 表示日志文件的大小，默认为 50MB。

**【例 4.15】** 新建日志文件组。

SQL 语句如下：

```
ALTER DATABASE
  ADD LOGFILE GROUP 4
  ('D:\app\Oracleinstall\oradata\orcl\mylog4.log') SIZE 20M;
```

执行结果如下：数据库已更改。

**3. 添加日志到日志文件组**

添加日志文件组的代码如下：

```
ALTER DATABASE [database_name]
  ADD LOGFILE MEMBER
  filename TO GROUP n;
```

参数说明同创建语句中的参数说明。

**【例 4.16】** 将日志文件添加到文件组 4。

SQL 语句如下：

```
ALTER DATABASE
  ADD LOGFILE MEMBER
  'D:\app\Oracleinstall\oradata\orcl\mylog.log'TO GROUP 4;
```

执行结果如下：数据库已更改。

**4. 删除日志文件和日志文件组**

删除日志文件的代码如下：

```
ALTER DATABASE [database_name]
  DROP LOGFILE MEMBER
  filename;
```

当删除日志文件组时，会把组内的日志文件一并删除。删除日志文件组的代码如下：

```
ALTER DATABASE [database_name]
DROP LOGFILE GROUP n;
```

**【例 4.17】** 删除日志文件 mylog.log。

SQL 语句如下：

```
ALTER DATABASE
  DROP LOGFILE MEMBER
  'D:\app\Oracleinstall\oradata\orcl\mylog.log';
```

执行结果如下：数据库已更改。

**【例 4.18】** 删除日志文件组 4。

SQL 语句如下：

```
ALTER DATABASE
  DROP LOGFILE GROUP 4;
```

执行结果如下：数据库已更改。

## 4.5 本章小结

本章详细介绍了 Oracle 数据库的创建和管理。Oracle 可以管理多个数据库实例，用户可以使用 DBCA 方便灵活地创建、删除新的数据库。表空间、控制文件和日志文件是数据库管理的重要途径。表空间是 Oracle 数据库的主要逻辑结构，可以将数据文件组织在一起，便于管理。用户可以创建数据表空间、临时表空间、撤销表空间。控制文件和日志文件是数据库正常运行必不可少的文件。多路复用控制文件及有效管理日志文件是管理 Oracle 数据库的重要手段。

## 习题 4

1. 使用 DBCA 创建一个新的数据库 XiaoShou，对此数据库进行正常启动、关闭操作。

2. 创建表空间 X_TS，包括 1 个数据文件，初始大小为 10MB，允许自动扩展，每次扩展 2MB，无最大限制。

3. 为表空间 X_TS，添加一个数据文件，初始大小为 5MB，允许自动扩展，最大限制为 10MB。

4. 将表空间设置为脱机状态。

5. 将表空间更名为 XS_TS。

6. 使用 init.ora 和 SPFILE 分别完成多路复用控制文件的操作。

7. 创建日志组 Group 5，包括两个日志文件。

8. 为日志组 Group 5 添加一个日志文件 logfile5_1.log。

9. 删除日志文件 logfile5_1.log。

10. 删除日志组 Group 5。

# 第5章 数据表的创建和管理

## 本章学习目标

- 熟悉 Oracle 数据库的常用数据类型
- 掌握数据表的创建、修改和删除命令
- 熟悉数据完整性约束的概念和类型
- 掌握数据完整性约束的定义和管理
- 掌握数据表中数据的插入、更新和删除命令
- 掌握使用 SQL Developer 工具管理数据表的方法
- 掌握使用 SQL Developer 工具完成数据导入的方法

本章首先介绍 Oracle 数据库的常用数据类型；然后介绍数据表的创建、修改和删除命令；接着介绍 Oracle 数据完整性的定义、类型及管理方法；之后介绍对数据表中数据进行插入、更新及删除的命令；最后介绍使用 SQL Developer 工具进行数据表管理以及进行数据导入的方法。

## 5.1 数据类型

关系数据库通过表(关系)来表示实体及其联系。表是由行和列组成的二维表，每个表包含一组固定的列字段，而列字段由数据类型(DATATYPE)和长度(LENGTH)组成，以描述该表所跟踪的实体的属性。不同的数据类型决定了 Oracle 在存储它们时使用的方式、大小，以及在使用它们时选择什么运算符、函数等。

Oracle 支持多种数据类型，主要有数值类型、日期/时间类型和字符串类型。

(1) 数值类型：包括整数类型和小数类型。

(2) 日期/时间类型：包括 DATE 和 TIMESTAMP。

(3) 字符串类型：包括 CHAR、VARCHAR2、NVARCHAR2、NCHAR 和 LONG 5 种。

### 5.1.1 数值数据类型

数值数据类型主要用来存储数字。Oracle 提供了多种数值类型，不同的数值类型提供了不同的取值范围。可以存储的值范围越大，其所需要的存储空间就越大。Oracle 的数值类型主要通过 NUMBER 来实现。NUMBER 类型可以存储正数、负数、零、定点数和精度为 30 的浮点数，其使用的语法格式为 NUMBER(p[,s])。

NUMBER(p[,s])是可变长度的数值列，其允许为0、正值及负值。其中，p指所有有效数字的位数，取值范围为1～30；s指小数点以后的位数，正值s为小数位数，负值s表示四舍五入到小数点左部多少位，其取值范围为－84～127。

例如，number(5,3)，这个字段的最大值是99.999，如果数值超过了位数限制就按照四舍五入的原则截取多余的位数。如在这个字段输入54.2923，则真正保存的数值是54.292。输入54.2347，则保存的数值是54.235。

如果不需要小数部分，则使用整数来保存数据，可以定义为number(m,0)或者number(m)。如number(3,0)或number(3)都表示保存三位长度的整数。

### 5.1.2 日期/时间类型

Oracle中表示日期/时间的数据类型主要包括DATE和TIMESTAMP。具体的内容和区别如表5-1所示。

**表5-1 日期/时间数据类型**

| 类型名称 | 说明 |
| --- | --- |
| DATE | 用来存储日期和时间，取值范围是公元前4712年1月1日到公元9999年12月31日 |
| TIMESTAMP | 用来存储日期和时间，与DATE类型的区别就是显示日期和时间时更准确，DATE类型精确到秒，而TIMESTAMP的数据类型可以精确到小数秒，TIMESTAMP存放日期和时间还能显示上午、下午和时区 |

在Oracle中，可以使用SYSDATE来查询数据库的当前时间。查询代码如下：

```
SELECT SYSDATE
FROM DUAL;
```

查询结果如图5-1所示。

```
SYSDATE
--------------
26-7月 -19
```

图5-1 显示系统时间

由图5-1可得，数据库默认的时间格式为"dd-mm-yyyy"。如果用户想要按照指定的格式输入时间，需要修改时间的默认格式，如修改输入格式为"yyyy-mm-dd"，其SQL语句如下：

```
ALTER SESSION SET nls_date_format = 'yyyy-mm-dd';
```

该语句仅修改本次登录会话(SESSION)的情况，不能修改别的会话。如果用户退出了，这些信息就丢失了。当用户重新登录以后，又是一个新的会话，即又恢复到系统默认的设置。

**【例5.1】** 日期类型数据实例。创建数据表tmp1，定义数据类型为DATE的字段d，向表中插入值。

首先创建表tmp1：

```
CREATE TABLE tmp1(d DATE);
```

向表中插入当前日期：

```
INSERT INTO tmp1 VALUES(SYSDATE);
```

向表中插入数据：

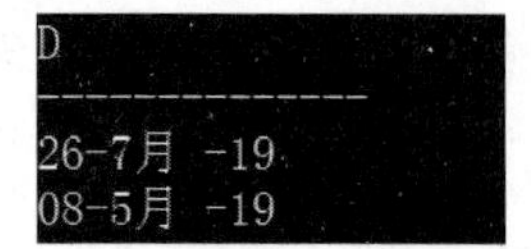


图 5-2　例 5.1 数据插入结果 1

```
INSERT INTO tmp1 VALUES('8-5 月-2019');
```

查看表中数据的结果如图 5-2 所示。

修改日期的默认格式：

```
ALTER SESSION SET nls_date_format = 'yyyy-mm-dd';
```

向表中插入'yyyy-mm-dd'格式的数据：

```
INSERT INTO tmp1 VALUES('2019-08-01');
```

向表中插入'yyyymmdd'格式的数据：

```
INSERT INTO tmp1 VALUES('20190802');
```

向表中插入日期和时间并指定格式：

```
INSERT INTO tmp1 VALUES(TO_DATE('2019-05-01 12:30:45','yyyy-mm-dd HH24:mi:ss'));
```

查看表中数据的结果如图 5-3 所示。

由图 5-3 结果可得，只显示日期，时间被省略了。

```
D
----------
2019-07-26
2019-05-08
2019-08-01
2019-08-02
2019-05-01
```

图 5-3　例 5.1 数据插入结果 2

**【例 5.2】** 创建数据表 tmp2，定义数据类型为 TIMESTAMP 的字段 ts，向表中插入值“2019-05-01 12:30:45”。

创建数据表 tmp2：

```
CREATE TABLE tmp2(ts TIMESTAMP);
```

向表中插入日期和时间并指定格式：

```
INSERT INTO tmp1
VALUES(TO_TIMESTAMP('2019-05-01 12:30:45','yyyy-mm-dd HH24:mi:ss'));
```

上述代码插入数据的结果如图 5-4 所示。

图 5-4　【例 5.2】数据插入结果

如果只需要记录日期，则可以使用 DATE 类型；如果需要记录日期和时间，可以使用 TIMESTAMP 类型。特别地，如果需要显示上午、下午或者时区时，必须使用 TIMESTAMP 类型。在上面的例子中，TO_DATE()、TO_TIMESTAMP()是类型转换函数，可按照指定的格式进行类型转换。

### 5.1.3　字符串数据类型

字符串数据类型用来存储字符串数据。Oracle 中字符串类型指 CHAR、VARCHAR2、NCHAR、NVARCHAR2 和 LONG。字符串数据类型依据存储空间分为固定长度类型(CHAR/NCHAR) 和可变长度类型(VARCHAR2/NVARCHAR2)两种。

(1) 固定长度类型：固定长度类型是指虽然输入的字段值小于该字段的限制长度，但是实际存储数据时，会先自动向右补足空格，才将字段值的内容存储到数据块中。

(2) 可变长度类型：可变长度类型是指当输入的字段值小于该字段的限制长度时，直接将字段值的内容存储到数据块中，而不会补上空格，这样可以节省数据块空间。

表 5-2 列出了 Oracle 中不同字符串类型的取值范围等信息。

**表 5-2　Oracle 中的字符串类型**

| 数据类型 | 说　明 | 取值范围 |
| --- | --- | --- |
| CHAR(n) | 固定长度的字符型数据 | 0～2000 |
| NCHAR(n) | 存储 Unicode 的固定长度字符型数据，它的最大长度取决于国家字符集 | 0～1000 |
| VARCHAR2(n) | 可变长度的字符型数据 | 0～4000 |
| NVARCHAR2(n) | 存储 Unicode 的可变长度字符型数据 | 0～1000 |
| LONG | 存储可变长度的字符串 | 0～2G |

VARCHAR2、NVARCHAR2 和 LONG 类型是可变长度类型，对于其存储空间需求取决于列值的实际长度。

**【例 5.3】**　创建表 tmp3，定义字段 ch 和 vch，数据类型分别定义为 CHAR(4) 和 VARCHAR2(4)，向两个字段插入数据“ab”。

创建表 tmp3：

```
CREATE TABLE tmp3(ch CHAR(4), vch VARCHAR2(4));
```

插入数据：

```
INSERT INTO tmp3 VALUES('ab','ab');
```

查询两个字段值的长度：

```
SELECT LENGTH(CH), LENGTH(VCH)
FROM tmp3;
```

查询结果如图 5-5 所示。

图 5-5　例 5.3 查询结果

可见固定长度的字符串在存储时长度是固定的，而可变长度字符串的存储长度是根据实际插入的数据长度而定的。

## 5.2　数据表的创建、修改和删除

创建数据表指的是在已经创建好的数据库中建立新表。创建数据表的过程是规定数据列的属性的过程，同时也是实施数据完整性约束的过程。本节将介绍数据表的创建、修改和删除等基本的管理操作。关于数据完整性约束的部分，将在 5.3 节中介绍。

### 5.2.1 创建数据表

在 Oracle 数据库中，创建表的命令为 CREATE TABLE，语法格式如下：

```
CREATE TABLE<表名>
(
字段名 1,数据类型[列级表约束],
字段名 2,数据类型[列级表约束],
…
[表级约束]
);
```

为创建的表命名时，需要遵循的规则如下：

（1）表名首字符应该为字母；

（2）不能使用保留字；

（3）表名长度不超过 30 个字符；

（4）同一用户下表名不能重复；

（5）可以使用下画线、数字、字母，但不能使用空格和单引号；

（6）表名不区分大小写，系统自动转换为大写。

在表中创建列时，必须为其指定数据类型，列的数据类型决定了数据的取值、范围和存储格式。如果需要创建多个列，列和列之间要用逗号隔开。

**【例 5.4】** 创建学生表 student，结构如表 5-3 所示。

**表 5-3 student 表结构**

| 列名 | 数据类型 | 说明 |
| --- | --- | --- |
| Snum | char(10) | 学号 |
| Sname | char(20) | 姓名 |
| Ssex | char(4) | 性别 |
| Sbirth | date | 出生日期 |

创建 student 表的 SQL 语句如下：

```
CREATE TABLE student
(
Snum char(10),
Sname char(20),
Ssex char(4),
Sbirth date
);
```

该 SQL 语句，可以在 SQL Plus 命令环境中执行，结果如图 5-6 所示。

表创建后，可以使用 DESC 命令查看数据表的结构，SQL 语句执行结果如图 5-7 所示。

另外，SQL Developer 工具也提供了执行 SQL 命令的窗口。打开 SQL Developer 工具，连接数据库，单击工具栏上的按钮，即可打开查询编辑器，如图 5-8 所示。

```
SQL Plus
SQL> create table student
  2  (
  3  Snum char(10),
  4  Sname char(20),
  5  Ssex char(4),
  6  Sbirth date
  7  );

表已创建。

SQL>
```

图 5-6　例 5.4 SQL Plus 环境创建 student 表

```
SQL Plus

SQL> desc student
 名称                                      是否为空? 类型
 ----------------------------------------- -------- ----------------------------


 SNUM                                               CHAR(10)
 SNAME                                              CHAR(20)
 SSEX                                               CHAR(4)
 SBIRTH                                             DATE

SQL>
```

图 5-7　查看表结构

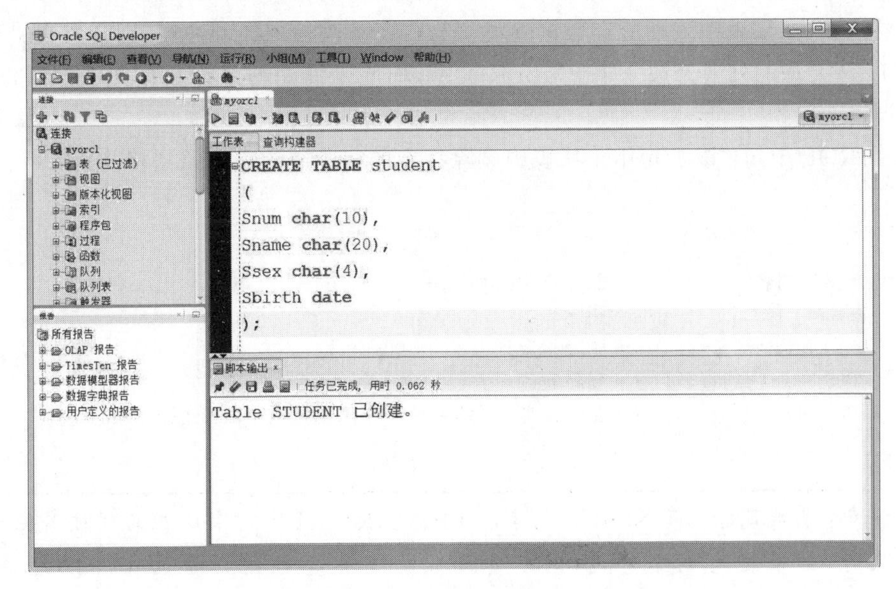


图 5-8　SQL Developer 环境创建 student 表

在工作表中，可以编辑 SQL 命令，单击 ▶ 执行 SQL 命令。执行结果在“脚本输出”区显示。同时，还可以显示“SQL 历史记录”“消息-日志”等。利用 SQL Developer 工具的查询编辑器进行 SQL 命令的编辑，更加灵活。因此，在之后的学习中，本书将主要借助此工具来进行 SQL 命令的编辑和执行。

### 5.2.2 修改数据表

修改数据表指的是修改数据库中已经存在的数据表的结构。Oracle 使用 ALTER TABLE 命令修改表。常用的修改表的操作有修改表名、修改字段数据类型或字段名、增加和删除字段、修改字段的排列位置、更改表的存储引擎、增减或删除表的约束等。本节将介绍表的基本的修改操作，关于约束的部分，将在 5.3 节中介绍。

ALTER TABLE 命令的语法格式如下：

```
ALTER TABLE<表名>
[RENAME {TO<新表名>|COLUMN<旧字段>TO<新字段>}]
[ADD (<新列名><数据类型>[列级表约束],…,n),]          /*增加新列*/
[ADD (CONSTRAINT 表级约束,…,n)]                    /*增加新的表级约束*/
[MODIFY(<列名>[<数据类型>][列级表约束],…,n,)]       /*修改已有列属性*/
[<DROP 子句>]
```

说明：

(1) RENAME TO：用于数据表或字段的重新命名，可以将旧表名改为新表名。当使用 COLUMN 关键字时，指修改字段名。

(2) ADD 子句：用于向表中增加一个新列或新的表级约束。新的列定义和创建表时定义列的格式一样，一次可以添加多个列，中间用逗号分开。

(3) MODIFY 子句：用于修改表中某列的属性，如数据类型、默认值等。在修改数据类型时需要注意，如果表中该列所存数据的类型与将要修改的列类型冲突，则会发生错误。如原来 CHAR 类型的列要修改为 NUMBER 类型，而原来列中的字符数据无法修改，此时会发生错误。

(4) DROP 子句：该子句用于从表中删除指定的字段或约束。语法格式为：

```
DROP
{
    COLUMN<列名>            /*删除指定的列*/
    |PRIMARY [KEY]          /*删除表的主键*/
    |UNIQUE (<列名>,…,n)    /*删除指定列上的 UNIQUE 约束*/
    |CONSTRAINT<约束名>     /*删除表的完整性约束*/
    |[CASCADE]              /*删除其他所有的完整性约束,这些约束依赖于被删除的完整性约束*/
}
```

---

注意：当要删除的 UNQIUE 约束和 PRIMARY KEY 约束所在的列被其他表的外键相关联时，如果没有删除外键，则不能删除引用完整性约束中的 UNQIUE 约束和 PRIMARY KEY 约束。

---

【例 5.5】 假设存在数据表 tmp_old,将数据表 tmp_old 修改为 tmp_new。

SQL 语句如下:

```
ALTER TABLE tmp_old
RENAME TO tmp_new;
```

执行后,表名发生变更,系统提示:Table TMP_OLD 已变更。

【例 5.6】 使用 ALTER TABLE 语句修改数据库中的表 student。

(1) 在表 student 中增加两列:Sdept(系别)、Snote(备注)。

SQL 语句如下:

```
ALTER TABLE student
ADD ( Sdept varchar(100),
    Snote varchar2(200) );
```

(2) 在表 student 中修改名为 Snote 的列数据类型长度为 1000。

SQL 语句如下:

```
ALTER TABLE student
MODIFY ( Snote varchar2(1000));
```

(3) 将表 student 中的 Snote 列改名为 note。

SQL 语句如下:

```
ALTER TABLE student
RENAME COLUMN Snote TO note;
```

(4) 在表 student 中删除名为 Sdept 和 note 的列。

SQL 语句如下:

```
ALTER TABLE student
DROP COLUMN Sdept;
ALTER TABLE student
DROP COLUMN note;
```

---

注意:一次只能删除一列。

---

### 5.2.3 删除数据表

删除数据表就是将数据库中已经存在的表从数据库中删除。在删除表的同时,表的定义和表中所有的数据均会被删除。因此,在进行表的删除操作前,最好对表中的数据进行备份,以免造成无法挽回的后果。

Oracle 使用 DROP TABLE 命令删除表,其语法格式如下:

```
DROP TABLE<表名>;
```

【例 5.7】 使用 DROP TABLE 命令删除数据库中的表 student。

SQL 语句如下:

```
DROP TABLE student;
```

结果如下：

系统提示：Table STUDENT 已删除。

DROP TABLE 可以一次删除一个或多个没有被其他表关联的数据表。在数据表之间存在外键关联的情况下，如果直接删除父表，结果会显示失败。原因是直接删除会破坏表的参照完整性。如果必须要删除，可以先删除与之关联的子表，再删除父表；或者先解除外键约束条件，再删除父表。

## 5.3 数据完整性约束

在关系表中，通常对列的取值有不同的约束和限制。符合这些约束的数据是有意义的数据；反之，不符合这些约束的数据往往是错误的、不合法的数据。Oracle 使用完整性约束来防止不合法的数据进入数据表中。完整性约束可以在创建表时定义，也可以创建表后添加。对于已经定义的约束可以进行删除操作。完整性规则定义在表上，存储在数据字典中。如果通过完整性约束增强的数据约束和限制改变了，管理员只需要修改完整性约束。与数据库相关的所有应用都会自动与修改后的约束保持一致。这种设置有力地简化了对数据和应用程序的管理。

### 5.3.1 数据完整性类型

数据的完整性就是指数据库中数据在逻辑上的一致性和准确性。关系数据库的完整性约束可以分为 3 类：域完整性、实体完整性和参照完整性。

1) 域完整性

域完整性又称为列完整性，指定一个数据集对某一个列是否有效、确定是否允许空值。

域完整性通常是通过有效性检查来实现的，还可以通过限制数据类型、格式或者可能的取值范围来实现。

2) 实体完整性

实体完整性也可以称为行完整性，要求表中的每行有一个唯一的标识符，这个标识符就是主关键字。通过索引、唯一性约束(UNIQUE)、主键约束(PRIMARY KEY )可实现数据的实体完整性。

3) 参照完整性

参照完整性又称为引用完整性，它保证主表与从表(或称为父表与子表、被参照表与参照表)中数据的一致性。在 Oracle 中，参照完整性的实现是通过定义外键(FOREIGN KEY)与主键(PRIMARY KEY)之间的对应关系实现的。如果被参照表中的一行被某外关键字引用，那么这一行既不能被删除，也不能修改主关键字。参照完整性确保键值在所有表中的一致性。

主键是指在表中能唯一标识表的每个数据行的一个或多个表列。外键是指如果一个表中的一个或若干个字段的组合的值取自另一个表的主键，则称该字段或字段组合为该表的外键。

例如，如图 5-9 所示，对于学生选课数据库中成绩表 SC 中的每条记录的学号 Snum、课程号 Cnum 必须是在学生表 student 和课程表 course 表中已存在的记录才有意义。因此，将 student 表和 course 表作为主表，SC 表作为从表。将 SC 表中的 Snum 和 Cnum 定义为外键，从而建立主表和从表之间的数据联系，实现参照完整性。

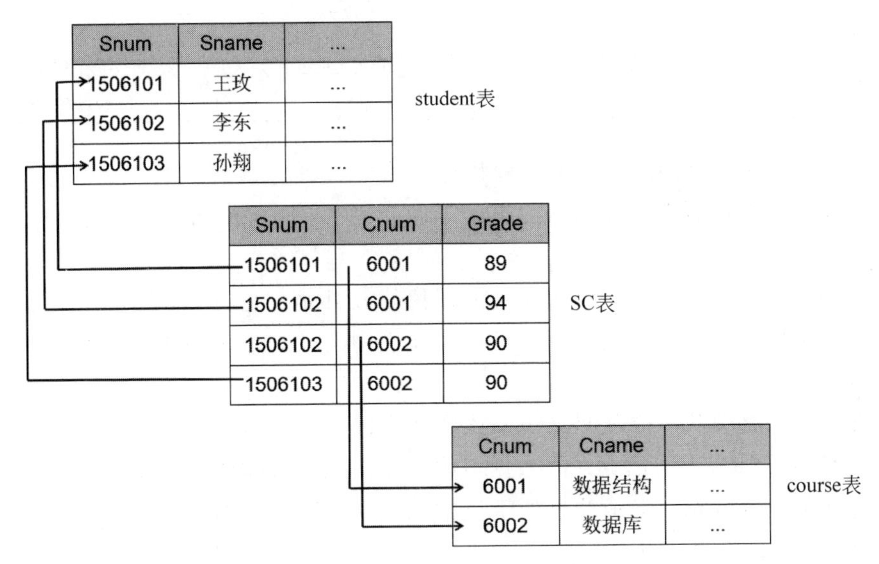


图 5-9　参照完整性

一旦定义了两个表之间的参照完整性，则需要满足如下 4 个条件。

(1) 从表不能引用不存在的键值。

(2) 如果主表中的键值更改了，那么在整个数据库中，对从表中键值的所有引用都要进行一致性的更改。

(3) 如果主表中没有关联的记录，则不能将记录添加到从表。

(4) 如果要删除主表中的某一条记录，应先删除从表中与该记录匹配的相关记录。

完整性约束是通过限制列数据、行数据和表之间数据来保证数据完整性的有效方法。约束是保证数据完整性的标准方法。每种数据的完整性类型，如域完整性、实体完整性和参照完整性，都可以由不同的约束类型来保障。约束确保将有效的数据输入列中，维护表与表之间的关系。

Oracle 中常用的约束包括非空约束(NOT NULL)、默认值约束(DEFAULT)、主键约束(PRIMARY KEY)、唯一性约束(UNIQUE)、检查约束(CHECK)和外键约束(FOREIGN KEY)。可以使用列级定义和表级定义两种方式定义约束。列级定义，即将约束定义为列定义的一部分，这种形式称为 inline 说明，也就是之前提到的列级约束；表级定义，即将约束作为表级的一部分进行定义，这种形式称为 out_of_line 说明。约束类型及说明如表 5-4 所示。

**表 5-4　约束类型及说明**

| 约束类型 | 关键字 | 定义方式 | 完整性类型 |
|---|---|---|---|
| 非空约束 | NOT NULL | 列级 | 域完整性 |
| 默认值约束 | DEFAULT | 列级 | 域完整性 |
| 主键约束 | PRIMARY KEY | 列级、表级 | 实体完整性 |

续表

| 约束类型 | 关键字 | 定义方式 | 完整性类型 |
|---|---|---|---|
| 唯一性约束 | UNIQUE | 列级、表级 | 实体完整性 |
| 检查约束 | CHECK | 列级、表级 | 域完整性 |
| 外键约束 | FOREIGN KEY | 表级 | 参照完整性 |

在 Oracle 中,完整性约束有如下 4 种状态。

(1) 禁止的非校验状态。表示该约束是不起作用的,即使该约束定义依然存储在数据字典中。

(2) 禁止的校验状态。表示对约束列的任何修改都是禁止的。这时,该约束上的索引都被删除,约束也被禁止。但是,这时仍然可以向表中有效地添加数据,即使这些数据与约束有冲突也没有关系。

(3) 允许的非校验状态或强制状态。该状态可以向表中添加数据,但是与约束有冲突的数据不能添加。如果表中已存在的数据与约束冲突,这些数据依然可以存在。

(4) 允许的校验状态。表示约束处于正常状态。这时表中所有的数据,无论是已有的还是新添加的,都必须满足约束条件。

## 5.3.2 使用非空约束

非空约束(NOT NULL)禁止列包含空值。虽然使用 NULL 不能定义完整性约束,但是可以指定一列允许包含空值。必须在列级使用 NOT NULL 和 NULL 约束,如果既不指定 NOT NULL,也不指定 NULL,则默认值是 NULL。

对于使用了非空约束的字段,如果用户在添加数据时没有指定值,数据库系统会报错。

**1. 创建非空约束**

非空约束的语法规则如下:

```
字段名 数据类型[NOT NULL|NULL]
```

**【例 5.8】** 定义数据表 tmp_null,指定学生姓名不能为空。

SQL 语句如下:

```
CREATE TABLE tmp_null
(
id NUMBER(11),
name VARCHAR(25) NOT NULL,
sex CHAR(4),
class VARCHAR(50)
);
```

语句执行后,创建 tmp_null 表,并且 name 列不能插入空值。当为表插入 name 列为空的一行数据时,系统提示"无法将 NULL 插入 ("SYSTEM"."TMP_NULL"."NAME")",如图 5-10 所示。

**2. 使用 ALTER TABLE 修改表添加非空约束**

在创建表时如果没有添加非空约束,可以通过修改表添加非空约束。

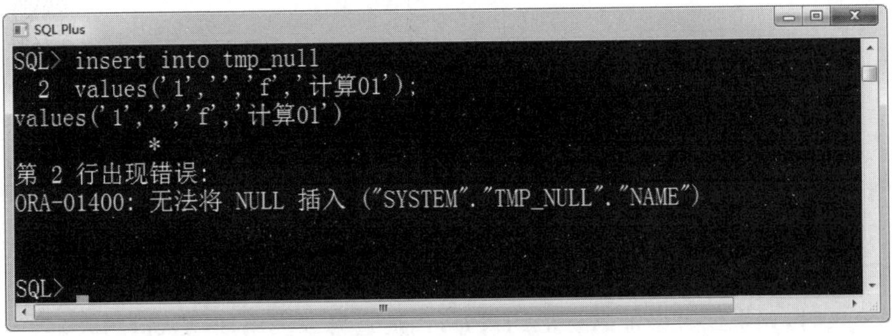

```
SQL Plus
SQL> insert into tmp_null
  2  values('1','','f','计算01');
values('1','','f','计算01')
         *
第 2 行出现错误:
ORA-01400: 无法将 NULL 插入 ("SYSTEM"."TMP_NULL"."NAME")


SQL>
```

图 5-10　非空约束实例

**【例 5.9】**　修改数据表 tmp_null，指定班级列不能为空。

SQL 语句如下：

```
ALTER TABLE tmp_null
MODIFY class NOT NULL;
```

语句执行后，class 列不能插入空值。

**3. 使用 ALTER TABLE 移除非空约束**

对于不需要的非空约束，可以将其移除。

**【例 5.10】**　修改数据表 tmp_null，移除班级列上的非空约束。

SQL 语句如下：

```
ALTER TABLE tmp_null
MODIFY class NULL;
```

语句执行后，class 列可以插入空值。

当为 class 列添加非空约束后，不能向 class 列插入空值，此约束对定义约束之前插入的数据不限制。当为 class 列移除非空约束后，此列又可以插入空值。也就是说，约束的限制仅在定义后移除前有效。其他约束亦是如此。

### 5.3.3　使用默认值约束

默认值约束(DEFAULT)指定某列的默认值。如学生表中男性同学较多，性别可以设置默认为"男"。当插入一条新的记录但没有为这个字段赋值时，系统会自动为这个字段赋值为"男"。

默认值约束的语法规则如下：

```
字段名 数据类型 DEFAULT 默认值
```

**1. 创建默认值约束**

**【例 5.11】**　定义数据表 tmp_default，指定学生的默认性别为"男"。

SQL 语句如下：

```
CREATE TABLE tmp_default
(
```

```
id NUMBER(11),
name VARCHAR(25) ,
sex CHAR(4) DEFAULT '男',
class VARCHAR(50)
);
```



语句执行后，sex 列的默认值为“男”。当插入新的一行数据并且没有为 sex 列提供数值时，系统自动为此列添加默认值。

**2. 使用 ALTER TABLE 修改表时添加默认值约束**

在创建表时，如果没有添加默认值约束，可以通过修改表添加默认值约束。

**【例 5.12】** 修改数据表 tmp_default，指定班级列 class 的默认值为“计算 01”。

SQL 语句如下：

```
ALTER TABLE tmp_default
MODIFY class default '计算 01';
```

语句执行后，class 列的默认值为“计算 01”。

**3. 使用 ALTER TABLE 移除默认值约束**

对于不需要的默认值约束，可以将其移除。

**【例 5.13】** 修改数据表 tmp_default，移除班级列上的默认值约束。

SQL 语句如下：

```
ALTER TABLE tmp_default
MODIFY class default NULL;
```

或

```
ALTER TABLE tmp_default
MODIFY class default '';
```

语句执行后，class 列的默认值为空值，即将默认值移除。

### 5.3.4 使用主键约束

主键约束(PRIMARY KEY)要求主键列的数据唯一，并且不允许为空。主键又称主码，是表中一列或多列的组合。主键能够唯一地标识表中的一条记录，可以结合外键来定义不同数据表之间的关系，并且可以加快数据库查询的速度。主键是多列的组合时，称为复合主键。主键可以定义在表级，也可以定义在列级。但复合主键必须定义在表级。一个表中只能创建一个主键。

Oracle 会为主键建立索引。当删除主键时，由主键产生的索引会一并被删除。如果在建立主键前，该列已经有唯一性约束，则系统自动创建唯一性索引，主键也会共用此索引。这时删除主键，该索引仍然会存在。

**1. 单字段主键**

主键由一个字段组成，可以建立列级主键约束，也可以建立表级主键约束。语法格式如下。

列级主键约束：

```
字段名 数据类型 PRIMARY KEY
```

表级主键约束：

```
[CONSTRAINT<约束名>] PRIMARY KEY (字段名)
```

**【例 5.14】** 定义数据表 tmp_primarykey，将 id 列建立为主键。

SQL 语句如下。

列级主键约束：

```
CREATE TABLE tmp_pk
(
id NUMBER(11) PRIMARY KEY,
name VARCHAR(25) ,
sex CHAR(4),
class VARCHAR(50)
);
```

表级主键约束：

```
CREATE TABLE tmp_pk
(
id NUMBER(11),
name VARCHAR(25) ,
sex CHAR(4),
class VARCHAR(50),
PRIMARY KEY (id)
);
```

或

```
CREATE TABLE tmp_pk
(
id NUMBER(11),
name VARCHAR(25) ,
sex CHAR(4),
class VARCHAR(50),
CONSTRAINT tmp_pk PRIMARY KEY (id)
);
```

语句执行后，会在 id 上建立主键，则 id 列不允许出现空值和重复值。有 CONSTRAINT 关键词时，会为主键约束自定义一个约束名称，便于约束的维护。如果没有 CONSTRAINT 关键词，系统会为其定义一个主键约束名字，只是这个名字不太容易识别和记忆。需要注意，自定义的约束名称在同一个表空间中不允许重名。

**2. 复合主键**

复合主键包含多个字段，只能建立表级主键约束。语法格式如下：

```
[CONSTRAINT<约束名>] PRIMARY KEY (字段名 1,字段名 1,…,字段名 n)
```

**【例 5.15】** 定义数据表 tmp_pk_1，假设表上没有主键 id，为了唯一确定一个学生，可以把 name 和 class 联合起来作为主键。

SQL 语句如下：

```
CREATE TABLE tmp_pk_1
(
name VARCHAR(25),
sex CHAR(4),
class VARCHAR(50),
PRIMARY KEY (name,class)
);
```

或

```
CREATE TABLE tmp_pk_1
(
id NUMBER(11),
name VARCHAR(25) ,
sex CHAR(4),
class VARCHAR(50),
CONSTRAINT tmp_pk_1 PRIMARY KEY (name,class)
);
```

语句被执行后，创建了(name，class)的复合主键，在表中不能插入两条完全相同的(name，class)组合数据值。

**3. 使用 ALTER TABLE 修改表添加主键约束**

在创建表时如果没有添加主键约束，可以通过修改表添加主键约束。

**【例 5.16】** 为数据表 tmp_null 的 id 列添加主键约束。

SQL 语句如下：

```
ALTER TABLE tmp_null
ADD CONSTRAINT tmp_null_pk PRIMARY KEY (id);
```

**4. 使用 ALTER TABLE 移除主键约束**

对于不需要的主键约束，可以将其移除。

**【例 5.17】** 移除数据表 tmp_null 中的主键约束 tmp_null_pk。

SQL 语句如下：

```
ALTER TABLE tmp_null
DROP CONSTRAINT tmp_null_pk;
```

上述语句执行完成后，即可移除主键约束 tmp_null_pk。

### 5.3.5 使用唯一性约束

唯一性约束(UNIQUE)要求该列取值唯一，允许为空，但只能出现一个空值。添加了唯一性约束的单列称为唯一键，也可以定义复合唯一键。复合唯一键是指两个或者两个以上的列共同确定唯一的值。复合唯一键的唯一性约束必须定义在表级。如果不是复合唯一键，那么唯一性约束既可以定义在列级，也可以定义在表级。

**1. 创建唯一键约束**

唯一键由一个字段组成，可以建立列级唯一键约束，也可以建立表级唯一键约束。语法格式如下。

列级唯一键约束：

```
字段名 数据类型 UNIQUE
```

表级唯一键约束：

```
UNIQUE(字段名)
```

或

```
[CONSTRAINT<约束名>] UNIQUE (字段名)
```

**【例 5.18】** 定义数据表 tmp_uq，为 name 列建立唯一键约束。

SQL 语句如下。

列级唯一键约束：

```
CREATE TABLE tmp_uq(
id NUMBER(11),
name VARCHAR(25) UNIQUE,
sex CHAR(4),
class VARCHAR(50)
);
```

表级唯一键约束：

```
CREATE TABLE tmp_uq(
id NUMBER(11),
name VARCHAR(25),
sex CHAR(4),
class VARCHAR(50),
UNIQUE(name)
);
```

或

```
CREATE TABLE tmp_uq(
id NUMBER(11),
name VARCHAR(25),
sex CHAR(4),
class VARCHAR(50),
CONSTRAINT tmp_uq UNIQUE(name)
);
```

语句执行后，会在 name 上建立唯一键约束，name 列不允许出现重复值。关于复合唯一键的使用，同复合主键，在此不再赘述。

**2. 使用 ALTER TABLE 修改表添加唯一键约束**

假设在创建表时没有添加唯一键约束，可以通过修改表添加唯一键约束。

**【例 5.19】** 为数据表 tmp_null 的 name 列添加唯一键约束。

SQL 语句如下：

```
ALTER TABLE tmp_null
ADD CONSTRAINT tmp_null_uq UNIQUE (name);
```

**3. 使用 ALTER TABLE 语句移除唯一键约束**

对于不需要的唯一键约束,可以将其移除。

**【例 5.20】** 移除数据表 tmp_null 中的唯一键约束 tmp_null_uq。

SQL 语句如下:

```
ALTER TABLE tmp_null
DROP CONSTRAINT tmp_null_uq;
```

上述语句执行完成后,即可移除唯一键约束 tmp_null_uq。

### 5.3.6 使用检查约束

检查约束(CHECK)规定限定的列值是否满足限定条件,从而确保数值的正确性。例如,性别字段中可以规定只能输入"男"或"女"。限定在单一列上的检查约束可以在列级定义,也可以在表级定义。涉及多个列的检查约束只能在表级定义。

**1. 创建检查约束**

检查约束的语法规则如下。

列级检查约束:

```
字段名 数据类型 CHECK(检查条件)
表级检查约束:
CHECK (检查条件)
```

或

```
[CONSTRAINT<约束名>] CHECK (检查条件)
```

**【例 5.21】** 定义数据表 tmp_check,指定学生的性别只能输入"男"或"女"。

SQL 语句如下。

列级检查约束:

```
CREATE TABLE tmp_ck(
id NUMBER(11),
name VARCHAR(25),
sex CHAR(4) CHECK(sex in ('男','女'),
class VARCHAR(50)
);
```

或

```
CREATE TABLE tmp_ck(
id NUMBER(11),
name VARCHAR(25),
sex CHAR(4),
class VARCHAR(50),
CHECK(sex in ('男','女'))
);
```

或

```
CREATE TABLE tmp_ck(
id NUMBER(11),
name VARCHAR(25),
sex CHAR(4),
class VARCHAR(50),
CONSTRAINT tmp_ck_ck CHECK(sex in ('男','女'))
);
```

以上语句执行成功后,表 tmp_ck 上的字段 sex 添加了检查约束,新插入记录时只能输入“男”和“女”。检查条件可以是任意能够确定真假的表达式。

**2. 使用 ALTER TABLE 修改表添加检查约束**

假设在创建表时没有添加检查约束,可以通过修改表添加检查约束。

**【例 5.22】** 为数据表 tmp_null 的 sex 列添加检查约束。

SQL 语句如下:

```
ALTER TABLE tmp_null
ADD CONSTRAINT tmp_null_ck CHECK (sex in ('男','女'));
```

**3. 使用 ALTER TABLE 移除检查约束**

对于不需要的检查约束,可以将其移除。

**【例 5.23】** 移除数据表 tmp_null 中的检查约束 tmp_null_ck。

SQL 语句如下:

```
ALTER TABLE tmp_null
DROP CONSTRAINT tmp_null_ck;
```

上述语句执行完成后,即可移除检查约束 tmp_null_ck。

### 5.3.7 使用外键约束

外键用来建立两个表之间的数据关联,它可以是一列或多列。一个表可以有一个或多个外键。外键对应的是参照完整性,其作用是保持表间数据的一致性。外键是表中的一个字段,它可以不是本表的主键,但必须对应另外一个表的主键。对于两个具有关联关系的表而言,相关联字段中主键所在的那个表称为主表,外键所在的表称为从表。一个表(从表)的外键列可以为空值,若不为空值,则必须是另一个表(主表)中的某个值。

**1. 创建外键**

创建外键的语法规则如下:

```
[CONSTRAINT<外键名>] FOREIGN KEY (字段名 1[,字段名 2, … ])
REFERENCES<主表名>(主键名 1,[,主键名 2, … ])
[ON DELETE {CASCADE|SET NULL}]
```

其中,“外键名”为定义的外键约束的名称,一个表中不能有相同名称的外键。“字段名”表示需要添加外键约束的字段列。“主表名”即被从表外键所依赖的表的名称。“主键名”表示主表中定义的主键列,或者列组合。

[ON DELETE {CASCADE|SET NULL}]指当主表中的列值被删除时,从表对应列值的操作,可以选择级联删除(CASCADE),或者设置为空值(SET NULL)。如果没有选定该项,表示主表中的列值有关联数据存在,则不允许进行删除操作。

【例 5.24】 定义数据表 tmp_foreign 和 tmp_pk,建立两个表之间的关联关系。

两个表的结构如表 5-5 和表 5-6 所示。

**表 5-5 tmp_foreign 表结构**

| 字段名称 | 数据类型 | 备注 |
|---|---|---|
| id | NUMBER(10) | 员工编号 |
| name | VARCHAR2(20) | 员工姓名 |
| depID | NUMBER(10) | 部门编号 |

**表 5-6 tmp_pk 表结构**

| 字段名称 | 数据类型 | 备注 |
|---|---|---|
| id | NUMBER(10) | 部门编号 |
| name | VARCHAR2(20) | 部门名称 |

创建表及关联的 SQL 语句如下。

建立主表,并创建主键:

```
CREATE TABLE tmp_pk
(
id NUMBER(10) PRIMARY KEY,
name VARCHAR2(20)
);
```

建立从表,并创建外键:

```
CREATE TABLE tmp_foreign
(
id NUMBER(10) PRIMARY KEY,
name VARCHAR2(20),
depID NUMBER(10),
FOREIGN KEY(depID) REFERENCES tmp_pk(id)
);
```

或

```
CREATE TABLE tmp_foreign
(
id NUMBER(10) PRIMARY KEY,
name VARCHAR2(20),
depID NUMBER(10),
CONSTRAINT tmp_fk FOREIGN KEY(depID) REFERENCES tmp_pk(id)
);
```

**2. 使用 ALTER TABLE 修改表添加外键约束**

假设在创建表时没有添加外键约束,可以通过修改表添加外键约束。

【例 5.25】 假设存在 tmp_foreign_1,在创建时没有添加外键约束,为数据表 tmp_

foreign_1 的 depID 列添加外键约束，指定从表级联删除选项。

SQL 语句如下：

```
CREATE TABLE tmp_foreign_1
(
id NUMBER(10) PRIMARY KEY,
name VARCHAR2(20),
depID NUMBER(10)
);
ALTER TABLE tmp_foreign_1
ADD CONSTRAINT tmp_fk_1 FOREIGN KEY(depID) REFERENCES tmp_pk(id)
ON DELETE CASCADE;
```

**3. 使用 ALTER TABLE 移除外键约束**

对于不需要的外键约束，可以将其移除。

**【例 5.26】** 移除数据表 tmp_foreign_1 中的外键约束 tmp_fk_1。

SQL 语句如下：

```
ALTER TABLE tmp_foreign_1
DROP CONSTRAINT tmp_fk_1;
```

上述语句执行完成后，即可移除外键约束 tmp_fk_1。

## 5.3.8 设置表的属性值自动增加

在数据库应用中，当属性列不适合作主键时，可以定义自增约束字段，由系统自动生成主键值。可以通过为表主键添加 GENERATED BY DEFAULT AS IDENTITY 关键字来实现。默认地，在 Oracle 中该列的值的初始值是 1，每新增一条记录，字段值自动加 1。一个表只能有一个字段使用自增约束，且该字段必须为主键的一部分。

设置自增约束的语法规则如下：

```
字段名 数据类型 GENERATED BY DEFAULT AS IDENTITY
```

**【例 5.27】** 定义数据表 tmp_id，指定学生编号自动递增。

SQL 语句如下：

```
CREATE TABLE tmp_id(
id NUMBER(11) GENERATED BY DEFAULT AS IDENTITY,
name VARCHAR(25),
sex CHAR(4),
class VARCHAR(50)
);
```

上述语句执行后，创建数据表 tmp_id，其 id 列字段的值在进行数据添加时不需要用户提供数据，由系统维护。id 列初始值从 1 开始，每添加一条新记录，该值自动加 1。例如，执行 3 条同样的插入语句：

```
INSERT INTO tmp_id(name)
VALUES('aa');
```

查看表中的数据如图 5-11 所示。

| | ID | NAME | SEX | CLASS |
|---|---|---|---|---|
| 1 | 1 | a | (null) | (null) |
| 2 | 2 | a | (null) | (null) |
| 3 | 3 | a | (null) | (null) |

图 5-11　自增列示例

## 5.4　创建案例数据库表

本节以学生选课数据库为例进行讲解。数据库中包括 3 个表，表结构及表中的约束如表 5-7～表 5-9 所示。

**表 5-7　学生表 student**

| 列　　名 | 数 据 类 型 | 可 否 为 空 | 默　认　值 | 说　　明 |
|---|---|---|---|---|
| Snum | CHAR(10) | × | | 学号、主键 |
| Sname | VARCHAR2(20) | × | | 姓名 |
| Ssex | CHAR(4) | × | “男” | 性别 |
| Sbirth | DATE | √ | | 出生日期 |
| Sdept | VARCHAR2(100) | √ | | 系别 |
| Snote | VARCHAR2(1000) | √ | | 备注 |

创建语句如下：

```
CREATE TABLE student
(
Snum CHAR(10) PRIMARY KEY,
Sname VARCHAR2(20) NOT NULL,
Ssex CHAR(4) DEFAULT '男',
Sbirth DATE,
Sdept VARCHAR2(100),
Snote VARCHAR2(1000)
);
```

**表 5-8　课程表 course**

| 列　　名 | 数 据 类 型 | 可 否 为 空 | 默　认　值 | 数 据 范 围 | 说　　明 |
|---|---|---|---|---|---|
| Cnum | CHAR(8) | × | | | 课程号、主键 |
| Cname | VARCHR2(50) | × | | | 课程名 |
| Cterm | NUMBER(1) | √ | | | 开课学期 |
| Chour | NUMBER(2) | × | 48 | 8～80 | 学时 |
| Cscore | NUMBER(1) | × | 3 | 1～10 | 学分 |

创建语句如下：

```
CREATE TABLE course
(
Cnum CHAR(8) PRIMARY KEY,
```

```
Cname VARCHAR2(50) NOT NULL,
Cterm NUMBER(1),
Chour NUMBER(2) DEFAULT 48,
Cscore NUMBER(1) DEFAULT 3,
CONSTRAINT Course_hour_ck CHECK(Chour>= 8 and Chour<= 80),
CONSTRAINT Course_score_ck CHECK(Cscore>= 1 and Cscore<= 10)
);
```

**表 5-9　选课表 SC**

| 列　　名 | 数据类型 | 可否为空 | 数据范围 | 说　　明 |
|---|---|---|---|---|
| Snum | CHAR(10) | × | | 学号、主键、外键 |
| Cnum | CHAR(8) | × | | 课程号、主键外键 |
| Grade | NUMBER(3) | √ | 0～100 | 成绩 |

创建语句如下：

```
CREATE TABLE SC
(
Snum CHAR(10),
Cnum CHAR(8),
Grade NUMBER(3),
CONSTRAINT SC_PK PRIMARY KEY(Snum,Cnum),
CONSTRAINT SC_FK1 FOREIGN KEY(Snum) REFERENCES student(Snum),
CONSTRAINT SC_FK2 FOREIGN KEY(Cnum) REFERENCES course(Cnum),
CONSTRAINT SC_Grade_ck CHECK(Grade>= 0 and Grade<= 100)
);
```

## 5.5　数据操作

新建的数据库表是空表，提供了存储和操作数据的结构。针对表中数据的操作主要包括插入、更新、删除、查询等。其中，插入(INSERT)、更新(UPDATE)和删除(DELETE)操作会使数据库中的数据发生变化，因此这 3 种操作在 SQL 语言中被称为数据操作语言(Data Manipulation Language，DML)。

### 5.5.1　插入数据

Oracle 使用 INSERT 语句向数据库表中插入新的数据记录。常用的插入方式有插入完整的记录、插入记录的一部分、插入多条记录及插入另一个查询的结果。另外，还可以为数据表批量导入数据。

**1. INSERT 语句的语法**

插入命令 INSERT 语句的语法格式如下：

```
INSERT INTO<表名>[(<列名 1>,<列名 2>,…,<列名 n>)]
VALUES(<列值 1>,<列值 2>,…,<列值 n>)
```

该语句的功能是向指定表中插入一行记录。列名列表“(<列名 1>，<列名 2>，…，<列名 n>)”提供了插入数据对应的列，VALUES 后的列值列表“(<列值 1>，<列值 2>，…，

<列值 n>)”提供了要插入表中的数据值。

说明：

(1) 插入数据时，列名列表可以不与数据表的结构一致。只要保证列值列表中的数据与列名列表中的列名、数据类型一一对应即可。列名列表可以不包含数据表中的所有列，但是缺失的列必须是可以为空或有默认值约束的列。当没有为这些列提供数值时，系统会自动为其填充空值或默认值。

(2) 列名列表可以省略。如果不指定表名后面的列名列表，则 VALUES 子句中要给出每列的值，并且其提供的值要与原表中字段的顺序和数据类型完全一致，而且不能缺少字段。

(3) VALUES 中描述的值可以是一个常量、变量或一个表达式。字符串类型的数值必须用单引号引起来。字符串转换函数 TO_DATE 可以把字符串形式的日期型数据转换成 Oracle 规定的合法的日期型数据。

**2. 插入完整的记录**

向表中插入完整的记录，指在插入数据时为每个列都指定数据值。可以有两种方式：一种是指定所有字段名，另一种是不指定字段名。

**【例 5.28】** 向 student 表中插入新记录，指定所有列值。

SQL 语句如下：

```
INSERT INTO student(Snum,Sname,Ssex,Sbirth,Sdept,Snote)
VALUES('1506101','王玫','女','02 - 1 月 - 1997','计算机系','入学新生');
INSERT INTO student(Snum,Sname,Sbirth,Ssex,Snote,Sdept)
VALUES('1506102','李东','13 - 3 月 - 1998','男','入学新生','计算机系');
INSERT INTO student
VALUES('1506103','孙翔','男',TO_DATE('19971120','YYYYMMDD'),'计算机系','入学新生');
```

例 5.28 中给出了 3 条插入语句。语句执行后，查询 student 表中的数据。

SQL 语句如下：

```
SELECT *
FROM student;
```

执行结果如下：

```
SNUM      SNAME    SSEX   SBIRTH          SDEPT          SNOTE
-----  ------  ----  ---------  ---------------  --------------------
1506101   王玫       女    02 - 1月 - 97     计算机系       入学新生
1506102   李东       男    13 - 3月 - 98     计算机系       入学新生
1506103   孙翔       男    20 - 11月 - 97    计算机系       入学新生
```

例 5.28 中，前两条语句给出了完整的列名列表和值列表。第 1 条语句给出的列名列表和表结构一致；第 2 条语句给出的列名列表和表结构不一致，要保证列名列表和列值列表中的数据一一对应；第 3 条语句省略了列名列表，这时候要保证列值列表与表结构完全一致，如果表结构修改了，则对列进行增加、删除或者位置改变的操作，在进行插入时数值列表的顺序也要相应修改。如果指定列名列表，则不会受到表结构的影响。

日期型数据在输入时需要注意数据库当前的默认格式，需要输入正确的日期格式才能正确插入数据。也可以使用字符串转换函数 TO_DATE()来将字符串表示的数据按照对应的格式转换成日期型数据。

注意：使用命令方式对表数据进行插入、更新和删除后，还需要使用 COMMIT 命令进行提交，这样才会把数据的改变真正保存到数据库中。为方便介绍，本书后面的 SQL 语句均省略 COMMIT 命令，运行时请自行添加。

**3. 插入记录的一部分**

在很多插入操作中，只提供了部分字段的数据值，其他字段的数据值可以采用 NULL 或默认值填充。对于未提供数据值的列必须是可以为空或者有自增值、默认值约束的列。

**【例 5.29】** 在 student 表中，插入记录的一部分。

SQL 语句如下：

```
INSERT INTO student(Snum,Sname)
VALUES('1506104','马兰');
```

查询结果如下：

```
SNUM      SNAME    SSEX   SBIRTH         SDEPT          SNOTE
-----  ------  ----  ---------  ---------------  -------------------
1506101   王玫      女     02-1月-97      计算机系       入学新生
1506102   李东      男     13-3月-98      计算机系       入学新生
1506103   孙翔      男     20-11月-97     计算机系       入学新生
1506104   马兰      男
```

从例 5.29 中可以看出，提供部分数据值时，需要给出相应数值对应的列名列表。对于未给出的数据，系统自动填充 NULL、默认值或自增值。

**4. 插入多条记录**

使用多个 INSERT 语句可以向数据表中插入多条记录。

**【例 5.30】** 向 student 表中插入两条记录。

SQL 语句如下：

```
BEGIN
INSERT INTO student(Snum,Sname,Ssex)
VALUES('1506105','马丁','男');
INSERT INTO student(Snum,Sname,Ssex)
VALUES('1506106','郭阳','女');
END;
```

执行后，查询表中数据如下：

```
SNUM      SNAME    SSEX   SBIRTH         SDEPT          SNOTE
-----  ------  ----  ---------  ---------------  -------------------
1506101   王玫      女     02-1月-97      计算机系       入学新生
1506102   李东      男     13-3月-98      计算机系       入学新生
1506103   孙翔      男     20-11月-97     计算机系       入学新生
1506104   马兰      男
1506105   马丁      男
1506106   郭阳      女
```

一次执行多条 INSERT 语句，需要将其放在 BEGIN 和 END 之间，组成一段 PL/SQL 过程。如果想使用一条 INSERT 语句同时插入多条记录，需要配合 SELECT 同时操作。

**【例 5.31】** 在一条 INSERT 语句中插入两条新记录。

SQL 语句如下：

```
INSERT INTO student(Snum,Sname,Ssex)
SELECT '1506108','刘飞飞','女' FROM DUAL
UNION ALL
SELECT '1506109','王子辰','男' FROM DUAL;
```

系统提示：

2 行已插入。

---

注意：一个同时插入多行记录的 INSERT 语句可以等同于多个单行插入的 INSERT 语句。但是，多行的 INSERT 语句在处理过程中，效率更高。因为 Oracle 执行单条 INSERT 语句插入多行数据比使用多个单行 INSERT 语句速度快，所以在插入多条记录时，最好选择使用单条 INSERT 语句的方式插入。

---

**5. 插入另一个查询的结果**

INSERT 语句可以将其他表中已存在的数据以 SELECT 查询结果的形式插入表中，从而快速地从一个或多个表中向另一个表中插入多行。其基本语法格式如下：

```
INSERT INTO 表名 1(列名 1,列名 2,…,列名 n)
SELECT 数值 1,数值 2,…,数值 n
FROM 表 2
WHERE 查询条件
```

其中，SELECT 语句后的“数值 1，数值 2，…数值 n”需要与“(列名 1，列名 2，…，列名 n)”的列的数据类型一一对应。SELECT 语句可以是任意合理的查询语句。SELECT 语句功能强大，将在第 6 章详细介绍。

**【例 5.32】** 创建一个新表 new_student，将 student 中的部分数据插入新表中。

SQL 语句如下：

```
CREATE TABLE new_student
(
num CHAR(10) NOT NULL,
name VARCHAR2(20) NOT NULL,
sex CHAR(4)
);
```

插入语句如下：

```
INSERT INTO new_student(num,name,sex)
SELECT Snum,Sname,Ssex
FROM student;
```

查询 new_student 表中的数据如下：

```
SNUM      SNAME    SSEX
-----  ------  ------
1506101  王玫     女
1506102  李东     男
1506103  孙翔     男
1506104  马兰     男
1506105  马丁     男
1506106  郭阳     女
1506108  刘飞飞   女
1506109  王子辰   男
```

### 5.5.2 更新数据

对于表中已有的数据进行修改称为更新操作，采用 UPDATE 命令进行。其语法结构如下：

```
UPDATE 表名
SET 字段名 1 = 数值 1,字段名 2 = 数值 2, … ,字段名 n = 数值 n
WHERE 条件表达式
```

其中，“字段名 1＝数值 1，字段名 2＝数值 2，…，字段名 n＝数值 n”表示为指定的字段赋予新的数值。更新多个列时，“列＝值”之间要有逗号隔开，最后一列不需要逗号。WHERE 条件表达式代表更新记录需要满足的条件，即只有符合条件的数据才会被修改。保证 UPDATE 语句以 WHERE 子句结束。如果忽略了 WHERE 子句，Oracle 将更新所有的行。

**【例 5.33】** 在 student 表中，将“刘飞飞”同学的系别改为“计算机系”，备注改为“入学新生”。

SQL 语句如下：

```
UPDATE student
SET Sdept = '计算机系',Snote = '入学新生'
WHERE Sname = '刘飞飞';
```

系统提示：1 行已更新。

如果有多行符合 WHERE 条件的数据，这些数据都将被修改。

### 5.5.3 删除数据

从数据表中删除数据使用 DELETE 语句，DELETE 语句允许使用 WHERE 子句指定删除条件。其语法格式如下：

```
DELETE FROM 表名
[WHERE 条件表达式]
```

在表名指定的表中，删除符合 WHERE 子句条件的所有记录。如果没有 WHERE 子句，DELETE 语句将删除表中的所有记录。

**【例 5.34】** 在 student 表中，删除学号为“1506108”和“1506109”的学生记录。

SQL 语句如下：

```
DELETE FROM student
WHERE Snum = '1506108' OR Snum = '1506109';
```

系统提示：2 行已删除。

**【例 5.35】** 删除 student 表中的所有记录。

SQL 语句如下：

```
DELETE FROM student;
```

系统提示：6 行已删除。

如果想删除表中的所有记录，还可以使用 TRANCATE TABLE 语句，如例 5.35 可以采用语句“TRANCATE TABLE student;”实现。TRANCATE TABLE 命令直接删除原来的表并重新创建一个表，因此执行速度比 DELETE 快。

# 5.6 使用 SQL Developer 工具管理数据表

SQL Developer 工具提供了方便快捷地管理数据表的方式，本节学习如何使用 SQL Developer 工具进行数据表的各种管理，包括创建数据表、修改数据表、删除数据表、数据导入等。

## 5.6.1 数据表的管理

**1. 使用 SQL Developer 工具创建数据表**

在 SQL Developer 中，可以快速完成数据表的创建，步骤如下所示。

(1) 打开 SQL Developer 工具，启动“myorcl”连接，右击“表”，在弹出的菜单中选择“新建表”命令，打开“创建表”对话框，如图 5-12 所示。将表中各列的定义逐一设置，如名称、数据类型、大小、非空、默认值、注释、主键等。单击右上角的“✚”，可以添加一列，单击“✖”按钮，可以删除已有列。

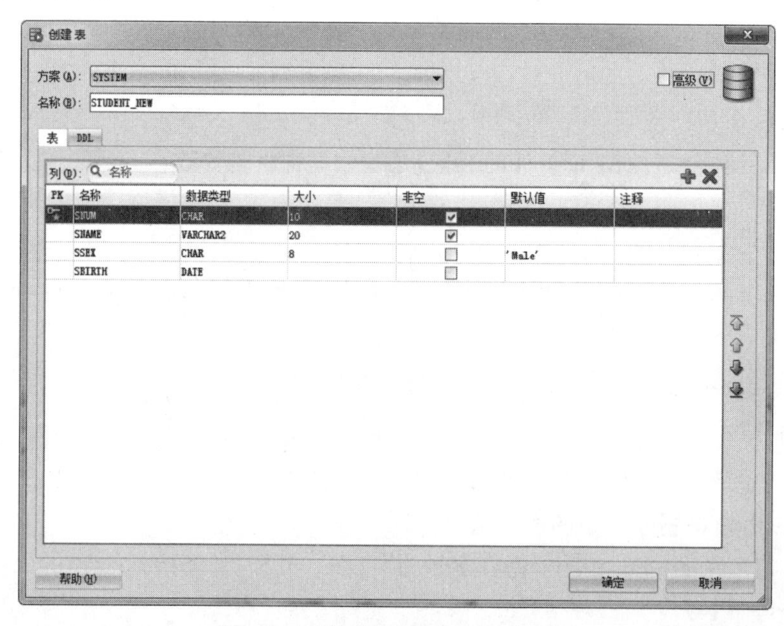


图 5-12 “创建表”基本属性对话框

(2) 要设置表的约束等高级属性,需要选中"高级"复选框,出现如图 5-13 所示的对话框。在此对话框中可以进行高级属性的设置。

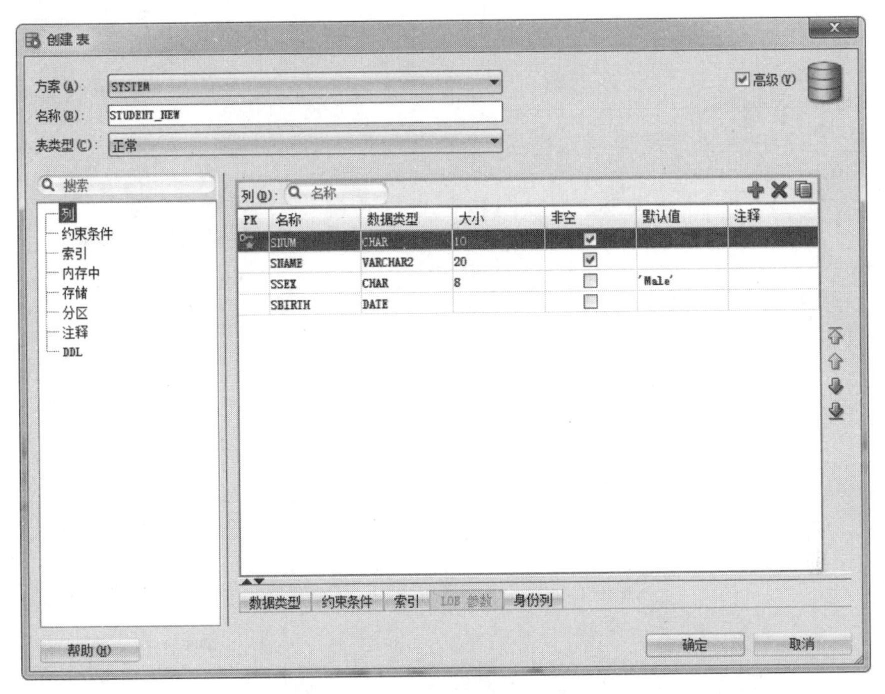


图 5-13 "创建表"高级属性对话框

设置完成后,单击"确定"按钮,表就创建好了。在主界面的"表"节点中可以查看到此表。

**2. 使用 SQL Developer 工具修改数据表**

在主界面的"表"节点中找到需要查看的数据表,将其选中,在主窗口中显示此表的相关信息,包括列、数据、约束条件、授权、统计信息、触发器、闪回、相关性、详细信息、分区、索引、SQL 等选项卡,如图 5-14 所示。

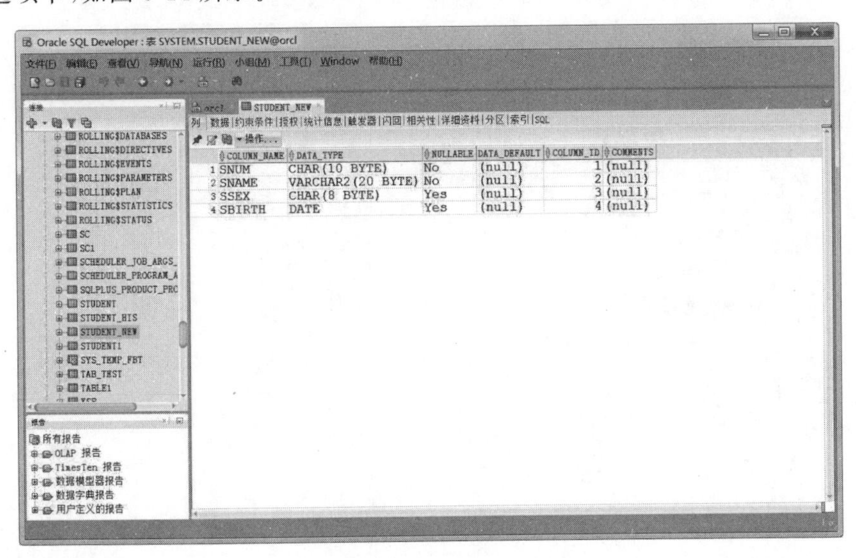


图 5-14 数据表基本信息

选中需要修改的表，右击，在出现的菜单中选择“编辑”命令，出现如图5-15所示的“编辑表”对话框。在“编辑表”对话框中，可以重新对表的结构进行设置。

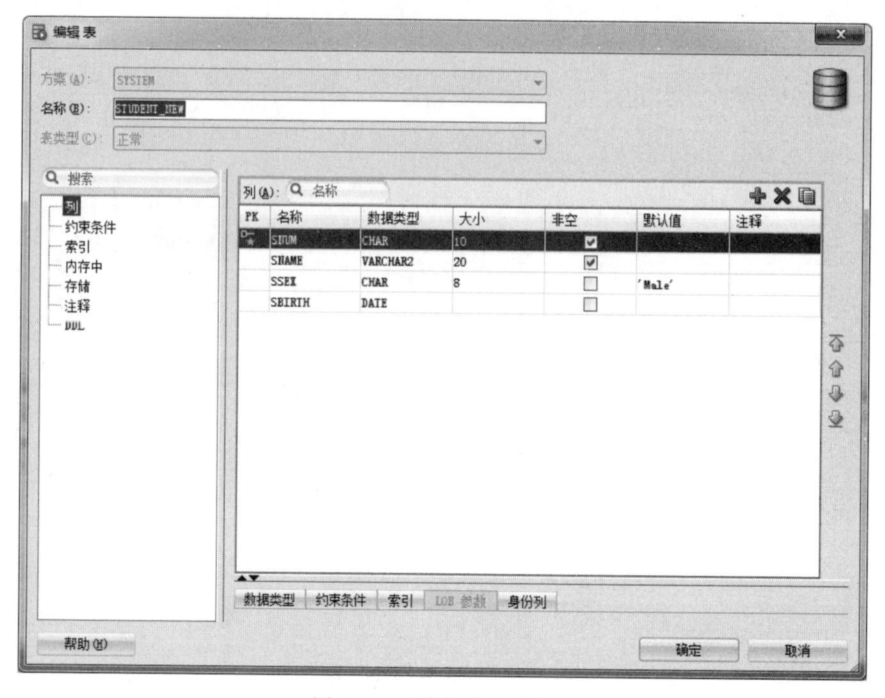


图5-15 “编辑表”对话框

### 3. 使用SQL Developer工具删除数据表

在主界面的“表”节点下拉列表中选择需要删除的表，右击，在弹出的菜单中选择“表”，在二级菜单中选择“删除”命令，即可开启删除过程，如图5-16所示。出现如图5-17所示的“删除”对话框时，选中“级联约束条件”“清除”复选框，单击“应用”按钮，进行删除。删除成功后，显示“删除确认”提示框，如图5-18所示。

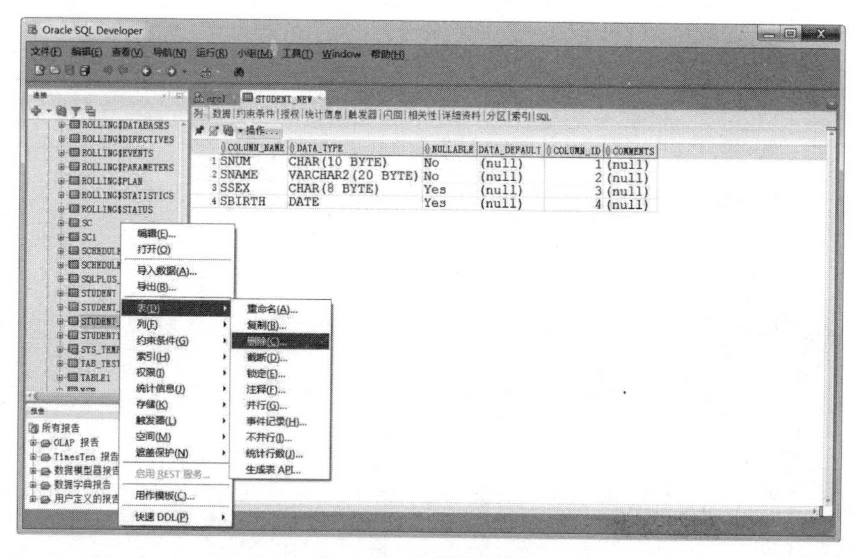


图5-16 “删除”菜单

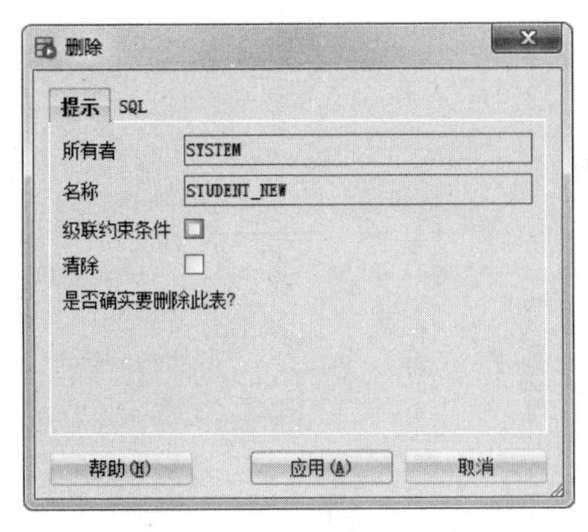


图 5-17 “删除”对话框

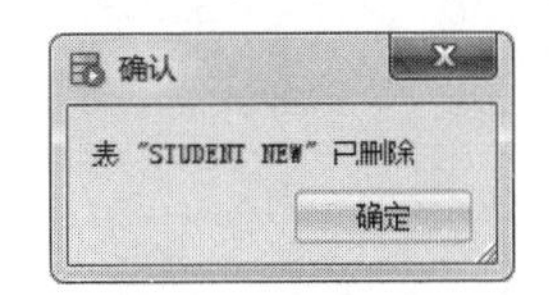


图 5-18 “删除确认”提示框

## 5.6.2 数据导入

SQL Developer 工具可以将 Excel 表格中的数据导入 Oracle 数据库中。为了后续的学习方便，本书将示例数据采用 Excel 表格的形式导入数据库中。下面以导入 student 表数据为例进行说明。数据导入需要经过如下 7 个步骤。

(1) 启动 SQL Developer，在已有的连接“myoracl”下展开“表”节点，单击选中“student”表，右击，在弹出的菜单中选择“导入数据”命令，如图 5-19 所示。

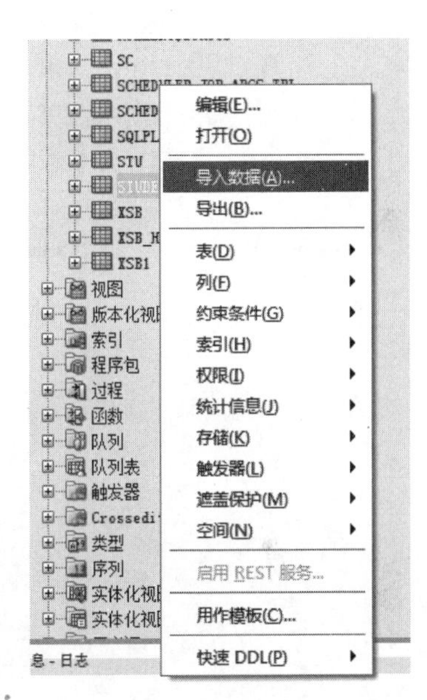


图 5-19 导入数据菜单

(2) 启动导入数据向导，进入“数据预览”对话框，如图 5-20 所示。在数据预览对话框中，单击“浏览”按钮，选择导入的数据文件。文件中的数据会显示在“文件内容”区域。

(3) 单击“下一步”按钮，进入“导入方法”对话框。选择合适的“导入方法”“导入行限制”等选项，如图 5-21 所示。

(4) 单击“下一步”按钮，进入“选择列”对话框，如图 5-22 所示。Excel 文件中的列会自动显示在“所选列”中，调整顺序使其对应表的结构。

(5) 单击“下一步”按钮，进入“列定义”对话框，如图 5-23 所示。默认匹配条件为“名称”，可以选择其他方式，如位置。对应表中的每列检查数据，保证数据的有效性。如果有数据不符合表定义，则需要重新修改这些数据。

(6) 单击“下一步”按钮，进入“完成”对话框，如图 5-24 所示。导入数据向导设置完成。

(7) 单击“完成”按钮，开启数据导入过程，完成导入后，显示“任务成功，导入已提交”，如图 5-25 所示。

在 SQL Developer 主界面中，再次单击“student”表，在右侧的主窗口中，单击“数据”选项卡，会看到数据已经在“student”表中，如图 5-26 所示。

利用同样的方法，可以插入 course 表和 SC 表需要的数据。

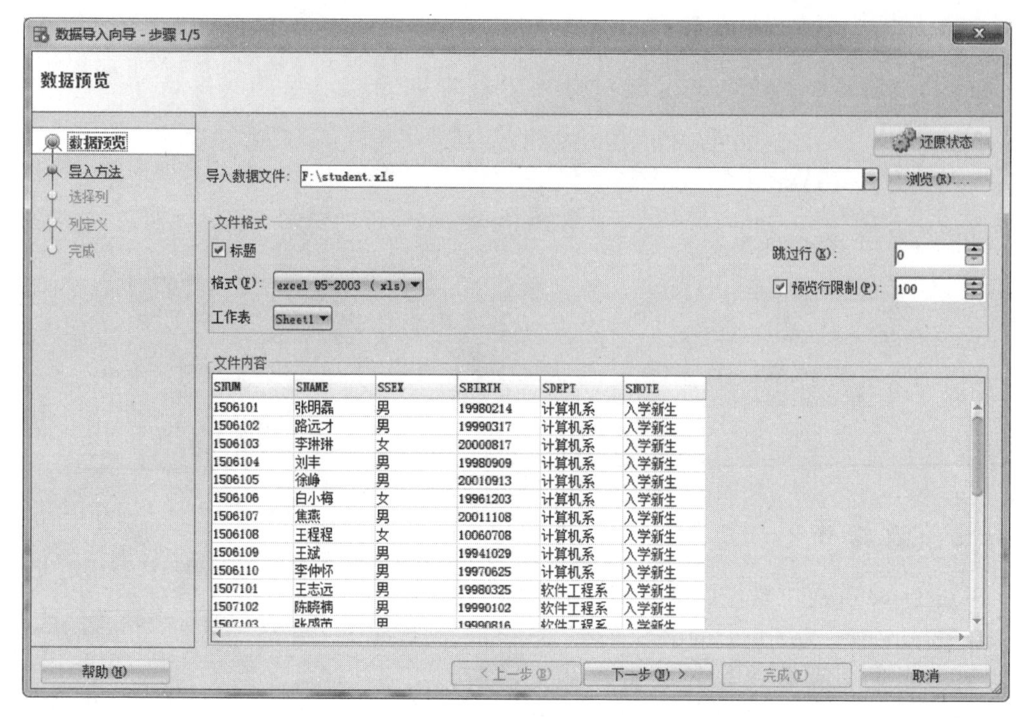


图 5-20 “数据预览”对话框

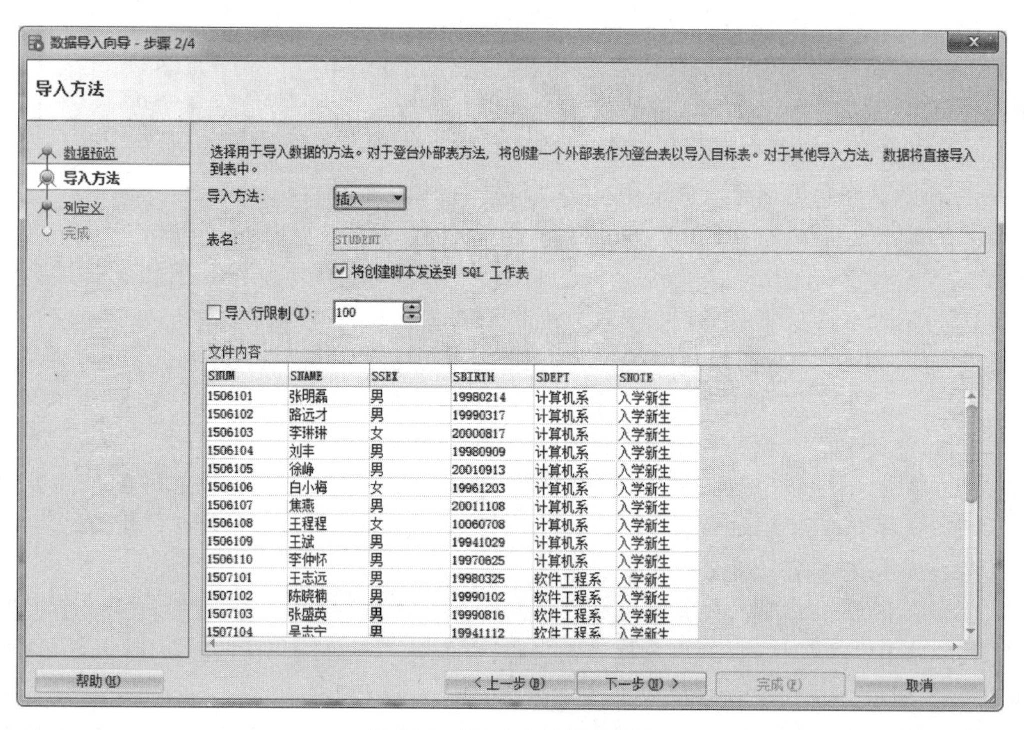


图 5-21 “导入方法”对话框

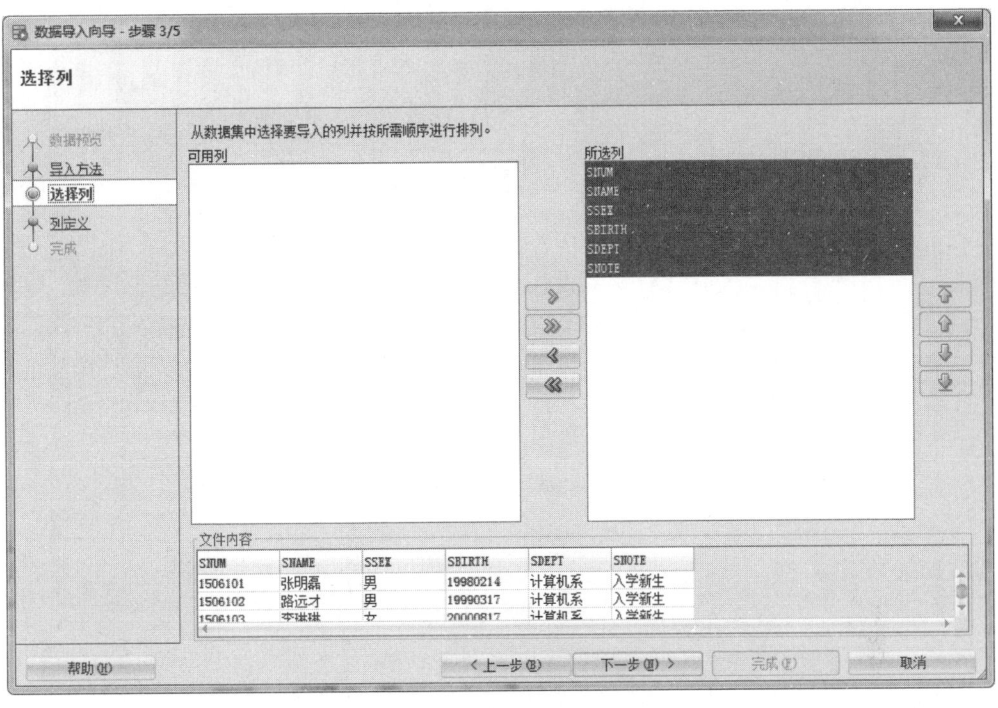


图 5-22 “选择列”对话框

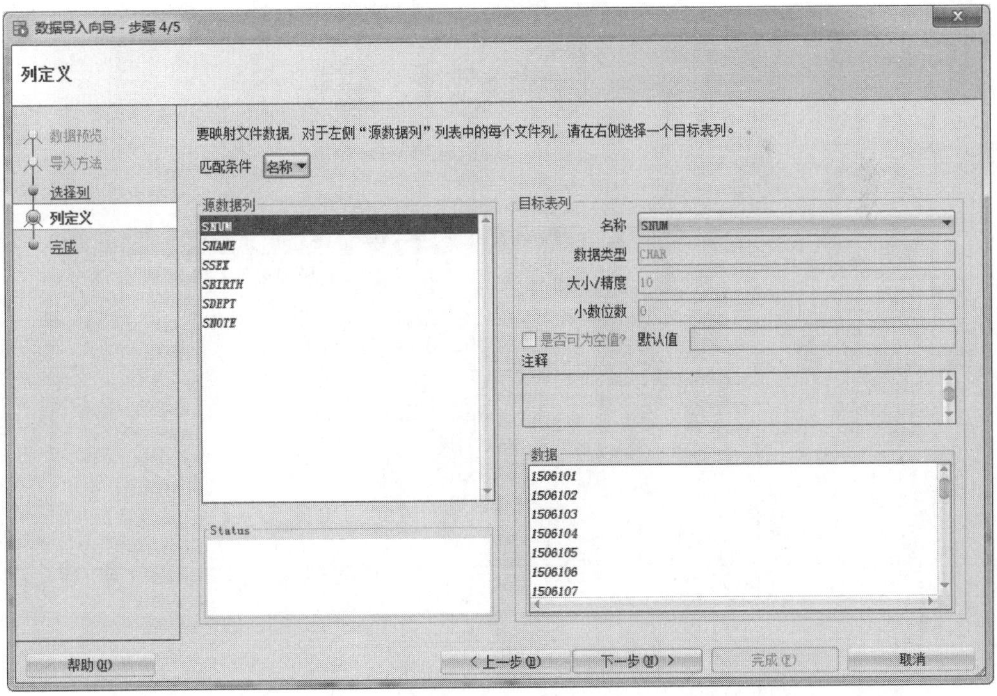

图 5-23 “列定义”对话框

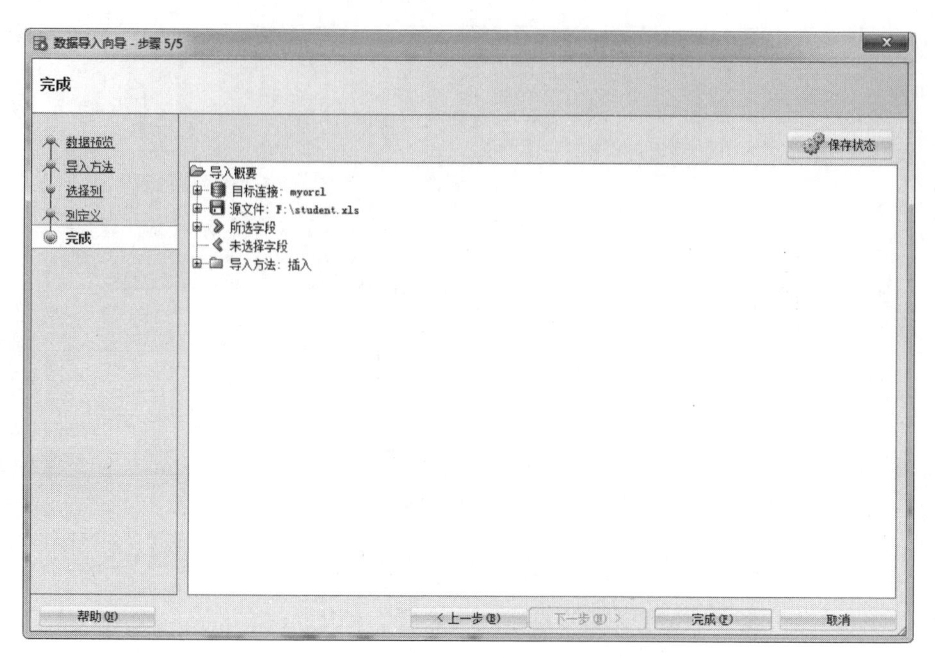


图 5-24 “完成”对话框

图 5-25 “导入数据成功”对话框

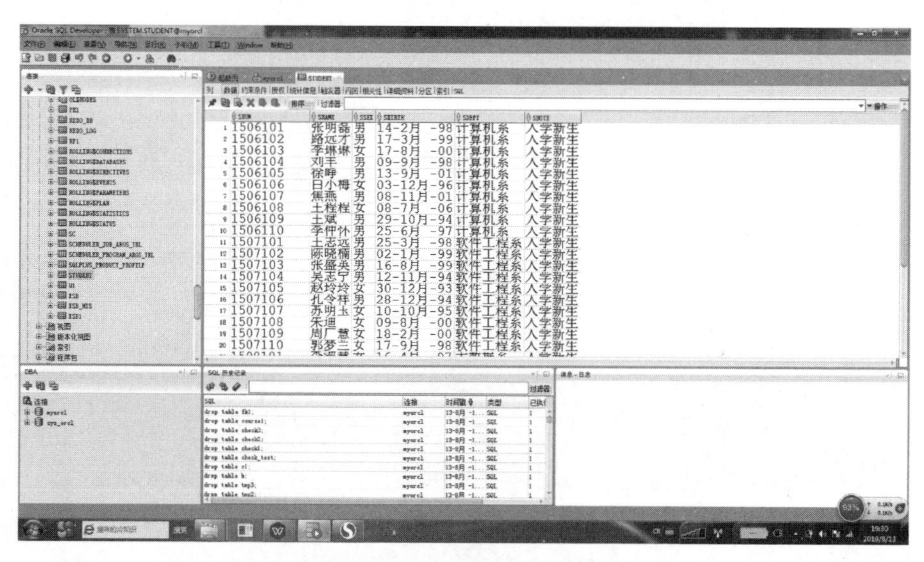

图 5-26 “student”表中的数据

## 5.7 本章小结

数据表是数据库中存储数据的逻辑结构。在 Oracle 中可以使用 CREATE TABLE、ALTER TABLE 和 DROP TABLE 命令来定义、修改和删除数据表。在定义表时需要指定数据列需要的数据类型和长度。Oracle 常用的数据类型有数值类型、日期/时间类型和字符串类型。通过在表上定义数据完整性约束可以防止不合法的数据进入数据表。完整性约束包括域完整性、实体完整性和参照完整性 3 种类型。在 Oracle 中可以定义非空约束、默认值约束、主键约束、唯一性约束、外键约束及自增值约束。在数据表中插入新数据、更新和删除已有数据分别使用 INSERT、UPDATE 和 DELETE 命令。使用 SQL Developer 工具可以便捷地对数据表进行操作并可以完成数据导入操作。

## 习 题 5

1. 现有汽车销售数据库,包含 3 个表,分别为汽车表(QCB)、顾客表(GKB)和销售记录(XSJL),表结构如表 5-10～表 5-12 所示。根据表 5-10～表 5-12 中的要求,建立 3 个表。

**表 5-10　汽车表 QCB**

| 列　　名 | 类　　型 | 是否为空 | 约　　束 | 说　　明 |
|---|---|---|---|---|
| 汽车编号 QCBH | VARCHAR2(10) | NOT NULL | PRIMARY KEY | |
| 汽车品牌 QCPP | VARCHAR2(50) | NOT NULL | | |
| 汽车型号 QCXH | VARCHAR2(50) | NOT NULL | | |

**表 5-11　顾客表 GKB**

| 列　　名 | 类　　型 | 是否为空 | 约　　束 | 说　　明 |
|---|---|---|---|---|
| 顾客编号 GKBH | VARCHAR2(10) | NOT NULL | PRIMARY KEY | |
| 顾客姓名 GKXM | VARCHAR2(50) | NOT NULL | | |
| 联系电话 GKDH | VARCHAR2(20) | | | |
| 顾客类型 GKLX | VARCHAR2(10) | | | |

**表 5-12　销售记录 XSJL**

| 列　　名 | 类　　型 | 可否为空 | 默认值 | 约　　束 | 说　　明 |
|---|---|---|---|---|---|
| 销售编号 XSBH | VARCHAR2(10) | NOT NULL | | PRIMARY KEY | |
| 顾客编号 GKBH | VARCHAR2(50) | NOT NULL | | | |
| 汽车编号 QCBH | VARCHAR2(20) | NOT NULL | | | |
| 汽车价格 QCJG | NUMBER | NOT NULL | | | 单位:万元 |
| 付款 FK | VARCHAR2(10) | | 否 | 是、否 | |
| 保险 BX | VARCHAR2(10) | | 否 | 是、否 | |
| 完成 WC | VARCHAR2(10) | | 否 | 是、否 | |

2. 为汽车表增加 1 列,出厂时间(CCSJ),数据类型为 DATE 型,不允许为空。

3. 为顾客表增加 1 列,建档时间(JDSJ),数据类型为 DATE 型。

4. 删除顾客表中的“建档时间(JDSJ)”列。

5. 为销售记录(XSJL)表添加外键约束,将顾客编号(GKBH)、汽车编号(QCBH)设置为外键,分别参照顾客表中的“顾客编号”、汽车表中的“汽车编号”。

6. 为汽车表插入一条数据,汽车编号为“Q1001”,汽车品牌为“大众”,汽车型号为“朗逸”,出厂日期为“2018 年 12 月 12 日”。

7. 修改汽车表中汽车编号为“Q1001”的出厂日期为“2019 年 3 月 1 日”。

8. 删除汽车表中汽车编号为“Q1001”的数据。

9. 使用 SQL Developer 工具为 3 个表导入若干数据。

# 第6章 数据查询

## 本章学习目标

- 熟练掌握 SELECT 语句的基本结构
- 熟练掌握 SELECT 单表查询
- 熟练掌握 SELECT 连接查询
- 熟练掌握 SELECT 子查询
- 掌握使用正则表达式以及含替换变量的查询

本章首先介绍 SELECT 查询语句的基本结构；然后介绍 SELECT 单表查询，包括条件语句、集合函数、分组查询、排序等；接着介绍 SELECT 连接查询、子查询，实现涉及多个表数据的复杂查询；最后介绍使用正则表达式和含替换变量的查询。通过本章的学习，读者应能熟练掌握 Oracle 数据库的 SELECT 查询语句。

## 6.1 单表查询

### 6.1.1 基本查询语句

Oracle 从数据库中查询数据的语句为 SELECT 语句。SELECT 语句功能强大，其基本语法格式如下所示。

```
SELECT<列>
FROM<表或视图>
[WHERE<条件表达式>]
[GROUP BY<分组表达式>]
[HAVING<分组条件表达式>]
[ORDER BY<排序表达式>[ASC|DESC]]
[LIMIT [<offset>,]<row count>]
```

其中，各条子句的含义如下。

(1) SELECT<列>：限定查询的字段列表、数据以及显示方式。

(2) FROM<表或视图>：表示查询数据的来源，可以是表或者视图，也可以来源于多个表或者视图。

(3) [WHERE<条件表达式>]：限定查询行必须满足的查询条件。

(4) [GROUP BY<分组表达式>]：该子句将查询行按照指定的字段分组，以便于进行分组统计等操作。

(5) [HAVING<分组条件表达式>]：该子句与 GROUP BY 配合使用，实现对分组后的数据进行筛选。

(6) [ORDER BY<排序表达式>[ASC|DESC]]：该子句将查询的数据进行排序操作，可以按照排序表达式进行升序或降序排列。

(7) [LIMIT[<offset>,]<row count>]：指定每次显示查询出来的数据条数。

SELECT 语句的功能强大，可选参数较多。在之后的学习中，本书借助于学生选课数据库中 student 表、course 表和 SC 表中的数据，依次学习 SELECT 的各种用法。本节将逐项介绍单表查询。单表查询是指从一张数据表中查询所需的数据。

## 6.1.2 选择列

SELECT 语句最简单的形式就是直接选择列的形式，即从数据表中直接将需要的列选择出来，并将这些列组成查询结果集。SELECT 查询结果集是以一张二维表的形式进行显示的。选择列主要涉及 SELECT 子句和 FROM 子句。FROM 子句用于限定数据的来源；SELECT 子句负责控制选择的列和显示形式，其语法格式如下：

```
SELECT [ALL|DISTINCT]<* |{<表名>|<视图>}. *                          /* 选择当前表或视图的所有列 */
        |<列名>|<表达式>|{<表名>|<视图>}.<列名>|<表达式>  /* 选择指定的列 */
        [[AS] 别名]                                                   /* 选择指定列并更改列标题 */
        [, …,n]
```

### 1. 选择表中的所有字段

SELECT 查询记录最简单的形式是从一个表中查询所有记录，实现方式是使用星号(*)通配符指定查找所有列。

**【例 6.1】** 查询 student 表中的所有记录。

SQL 语句如下：

```
SELECT *
FROM student;
```

查询结果集如图 6-1 所示。

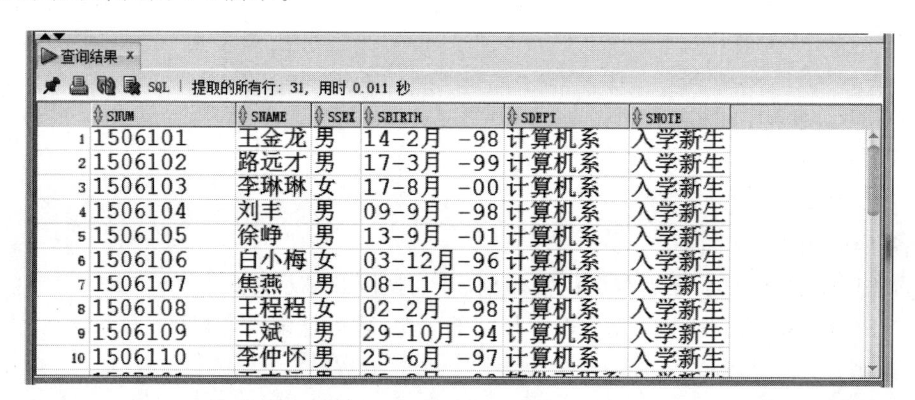

查询结果 ×

SQL | 提取的所有行：31，用时 0.011 秒

| | SNUM | SNAME | SSEX | SBIRTH | SDEPT | SNOTE |
|---|---|---|---|---|---|---|
| 1 | 1506101 | 王金龙 | 男 | 14-2月 -98 | 计算机系 | 入学新生 |
| 2 | 1506102 | 路远才 | 男 | 17-3月 -99 | 计算机系 | 入学新生 |
| 3 | 1506103 | 李琳琳 | 女 | 17-8月 -00 | 计算机系 | 入学新生 |
| 4 | 1506104 | 刘丰 | 男 | 09-9月 -98 | 计算机系 | 入学新生 |
| 5 | 1506105 | 徐峥 | 男 | 13-9月 -01 | 计算机系 | 入学新生 |
| 6 | 1506106 | 白小梅 | 女 | 03-12月-96 | 计算机系 | 入学新生 |
| 7 | 1506107 | 焦燕 | 男 | 08-11月-01 | 计算机系 | 入学新生 |
| 8 | 1506108 | 王程程 | 女 | 02-2月 -98 | 计算机系 | 入学新生 |
| 9 | 1506109 | 王斌 | 男 | 29-10月-94 | 计算机系 | 入学新生 |
| 10 | 1506110 | 李仲怀 | 男 | 25-6月 -97 | 计算机系 | 入学新生 |

图 6-1 例 6.1 结果集

可见,使用星号(*)通配符时,将返回所有列,列按照定义表时的顺序显示。由于 student 表中数据较多,在图 6-1 中只截取了部分数据。

**2. 查询指定字段**

通过在 SELECT 子句中指定字段,可以获取需要的数据列。

**【例 6.2】** 查询 student 表中所有学生的姓名。

SQL 语句如下:

```
SELECT Sname
FROM student;
```

查询结果集如图 6-2 所示。

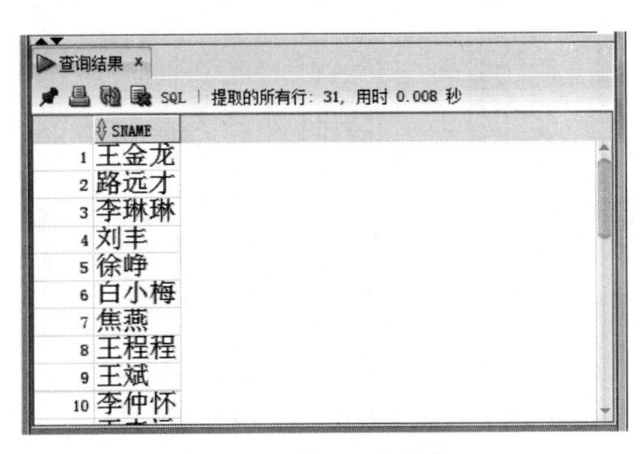
查询结果 ×
SQL | 提取的所有行: 31, 用时 0.008 秒

| | SNAME |
|---|---|
| 1 | 王金龙 |
| 2 | 路远才 |
| 3 | 李琳琳 |
| 4 | 刘丰 |
| 5 | 徐峥 |
| 6 | 白小梅 |
| 7 | 焦燕 |
| 8 | 王程程 |
| 9 | 王斌 |
| 10 | 李仲怀 |

图 6-2　例 6.2 结果集

例 6.2 中 SQL 语句将显示 student 表中所有学生的姓名。假设有重名的同学,将会全部输出。

**【例 6.3】** 查询 student 表中所有学生的学号、姓名、系别。

SQL 语句如下:

```
SELECT Snum, Sname, Sdept
FROM student;
```

查询结果集如图 6-3 所示。

查询结果 ×
SQL | 提取的所有行: 31, 用时 0.008 秒

| | SNUM | SNAME | SDEPT |
|---|---|---|---|
| 1 | 1506101 | 王金龙 | 计算机系 |
| 2 | 1506102 | 路远才 | 计算机系 |
| 3 | 1506103 | 李琳琳 | 计算机系 |
| 4 | 1506104 | 刘丰 | 计算机系 |
| 5 | 1506105 | 徐峥 | 计算机系 |
| 6 | 1506106 | 白小梅 | 计算机系 |
| 7 | 1506107 | 焦燕 | 计算机系 |
| 8 | 1506108 | 王程程 | 计算机系 |
| 9 | 1506109 | 王斌 | 计算机系 |
| 10 | 1506110 | 李仲怀 | 计算机系 |

图 6-3　例 6.3 结果集

当 SELECT 子句中需要指定多个字段时，字段之间需要用逗号分开。通过改变字段在 SELECT 子句中的顺序，可以改变查询结果集中数据的显示顺序。如例 6.3 中，可以将系别显示在前面，SQL 语句如下：

```
SELECT Sdept, Snum, Sname
FROM student;
```

查询结果集如图 6-4 所示。

查询结果 ×

SQL | 提取的所有行：31，用时 0.008 秒

| | SDEPT | SNUM | SNAME |
|---|---|---|---|
| 1 | 计算机系 | 1506101 | 王金龙 |
| 2 | 计算机系 | 1506102 | 路远才 |
| 3 | 计算机系 | 1506103 | 李琳琳 |
| 4 | 计算机系 | 1506104 | 刘丰 |
| 5 | 计算机系 | 1506105 | 徐峥 |
| 6 | 计算机系 | 1506106 | 白小梅 |
| 7 | 计算机系 | 1506107 | 焦燕 |
| 8 | 计算机系 | 1506108 | 王程程 |
| 9 | 计算机系 | 1506109 | 王斌 |
| 10 | 计算机系 | 1506110 | 李仲怀 |
| 11 | 软件工程系 | 1507101 | 王志远 |
| 12 | 软件工程系 | 1507102 | 陈晓楠 |
| 13 | 软件工程系 | 1507103 | 张盛英 |
| 14 | 软件工程系 | 1507104 | 吴志宁 |

图 6-4　例 6.3 改变查询顺序结果集

### 3. 计算列值

可以对 SELECT 子句中的字段进行计算或函数运算等操作。

**【例 6.4】** 查询 student 表中所有学生的姓名、出生年份，并计算其年龄。

SQL 语句如下：

```
SELECT CONCAT('姓名:',Sname),EXTRACT(YEAR FROM Sbirth),
      EXTRACT(YEAR FROM SYSDATE)-EXTRACT(YEAR FROM Sbirth)
FROM student;
```

查询结果集如图 6-5 所示。

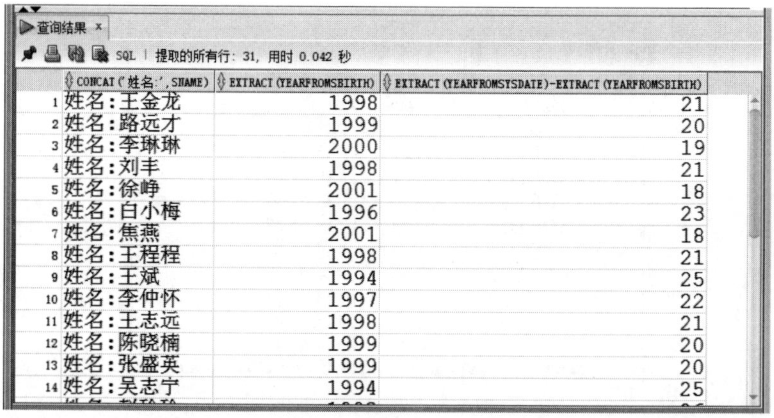

查询结果 ×

SQL | 提取的所有行：31，用时 0.042 秒

| | CONCAT('姓名:',SNAME) | EXTRACT(YEARFROMSBIRTH) | EXTRACT(YEARFROMSYSDATE)-EXTRACT(YEARFROMSBIRTH) |
|---|---|---|---|
| 1 | 姓名:王金龙 | 1998 | 21 |
| 2 | 姓名:路远才 | 1999 | 20 |
| 3 | 姓名:李琳琳 | 2000 | 19 |
| 4 | 姓名:刘丰 | 1998 | 21 |
| 5 | 姓名:徐峥 | 2001 | 18 |
| 6 | 姓名:白小梅 | 1996 | 23 |
| 7 | 姓名:焦燕 | 2001 | 18 |
| 8 | 姓名:王程程 | 1998 | 21 |
| 9 | 姓名:王斌 | 1994 | 25 |
| 10 | 姓名:李仲怀 | 1997 | 22 |
| 11 | 姓名:王志远 | 1998 | 21 |
| 12 | 姓名:陈晓楠 | 1999 | 20 |
| 13 | 姓名:张盛英 | 1999 | 20 |
| 14 | 姓名:吴志宁 | 1994 | 25 |

图 6-5　例 6.4 结果集

例 6.4 使用了函数对相关列进行操作。CONCAT()函数可以将两个字符串连接起来，EXTRACT(YEAR FROM …)可以提取日期类型数据的年份；SYSDATE 可以提取服务器的当前时间。对于数值数据，还可以进行数值计算，如+(加)、-(减)、*(乘)、/(除)等运算；对于计算的列值，查询结果集中的列名将以计算表达式命名。

**4. 修改查询结果中的列标题**

查询结果集中的列名默认情况下与数据表中的列名一致。对于计算列，以计算表达式命名。为了便于理解，可以指定查询结果中的列标题，即为字段取别名，语法格式如下：

```
列名[AS] 列别名
```

**【例 6.5】** 查询 student 表中所有学生的姓名、出生年份，计算其年龄，并以姓名、出生年份、年龄命名列名。

SQL 语句如下：

```
SELECT CONCAT('姓名:',Sname) AS 姓名,EXTRACT(YEAR FROM Sbirth) 出生年份,
       EXTRACT(YEAR FROM SYSDATE)-EXTRACT(YEAR FROM Sbirth) 年龄
FROM student;
```

查询结果集如图 6-6 所示。

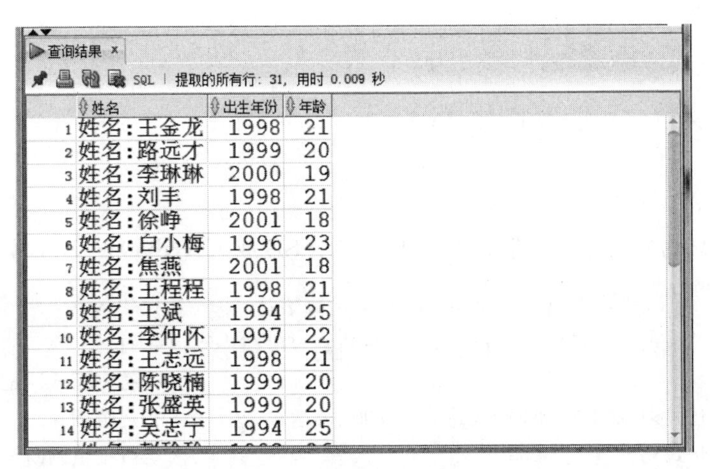
查询结果 ×
SQL | 提取的所有行：31，用时 0.009 秒

| | 姓名 | 出生年份 | 年龄 |
|---|---|---|---|
| 1 | 姓名:王金龙 | 1998 | 21 |
| 2 | 姓名:路远才 | 1999 | 20 |
| 3 | 姓名:李琳琳 | 2000 | 19 |
| 4 | 姓名:刘丰 | 1998 | 21 |
| 5 | 姓名:徐峥 | 2001 | 18 |
| 6 | 姓名:白小梅 | 1996 | 23 |
| 7 | 姓名:焦燕 | 2001 | 18 |
| 8 | 姓名:王程程 | 1998 | 21 |
| 9 | 姓名:王斌 | 1994 | 25 |
| 10 | 姓名:李仲怀 | 1997 | 22 |
| 11 | 姓名:王志远 | 1998 | 21 |
| 12 | 姓名:陈晓楠 | 1999 | 20 |
| 13 | 姓名:张盛英 | 1999 | 20 |
| 14 | 姓名:吴志宁 | 1994 | 25 |

图 6-6　例 6.5 结果集

可见，查询结果集中的列标题修改后增强了可读性。其中，AS 关键字也可以省略。

**5. 取消重复行**

对表只选择其某些列时，可能会出现重复行，可以使用 DISTINCT 关键字消除结果集中的重复行。关键字 DISTINCT 的含义是对结果集中的重复行只选择一个，保证行的唯一性。DISTINCT 关键字和 ALL 关键字是相对的，当关键字省略时，SELECT 子句默认使用 ALL 关键字，即会显示所有数据，包括重复数据。

**【例 6.6】** 查询所有系别，并取消重复行。

SQL 语句如下：

```
SELECT DISTINCT Sdept
FROM student;
```

查询结果集如图 6-7 所示。

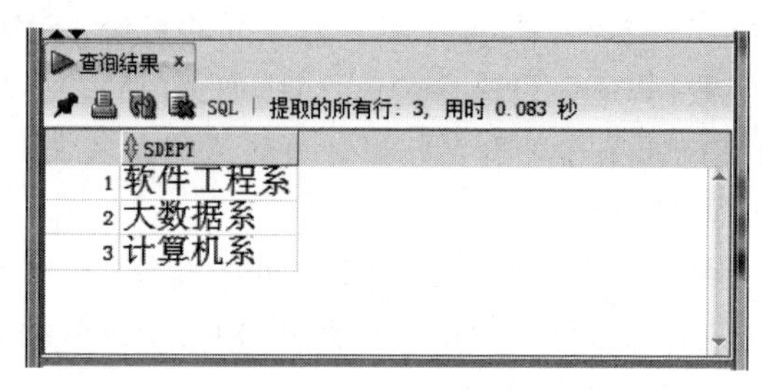


图 6-7 例 6.6 结果集

### 6.1.3 条件查询

数据库中包含大量的数据，而根据用户要求，可能只需要查询表中的指定数据，即需要对数据进行过滤筛选。在 SELECT 语句中，可以通过 WHERE 子句来对查询的数据进行过滤。在 WHERE 子句中指定限定条件，只有符合条件，使条件表达式为真的数据才能出现在结果集中。WHERE 子句必须紧跟 FROM 子句之后，其语法格式如下：

```
WHERE<条件表达式>
```

其中，<条件表达式>为查询条件，格式为

```
<条件表达式>::={ [NOT]<判定运算>|(<条件表达式>) }
              [{ AND|OR } [NOT] {<判定运算>|(<条件表达式>) }]
              } [,…,n]
```

其中，<判定运算>为判定运算，结果为 TRUE、FALSE 或 UNKNOWN，经常用到的格式为

```
<判定运算 >::={<表达式>{ = |<|<= |>|>= |< >|!= }<表达式>  /* 比较运算 */
      |<字符串表达式>[NOT] LIKE<模式表达式>[ESCAPE '<转义字符>']
                                                      /* 字符串模式匹配 */
      |<表达式>[NOT] BETWEEN<表达式 1>AND<表达式 2>     /* 指定范围 */
      |<表达式>IS [NOT] NULL                            /* 是否空值判断 */
      |<表达式>[NOT] IN (<子查询>|<表达式>[,…,n] )      /* IN 子句 */
      |EXIST (<子查询>)                                 /* EXIST 子查询 */
}
```

从查询条件的构成可以看出，可以将多个判定运算的结果通过逻辑运算符再组成更为复杂的查询条件。判定运算包括比较运算、模式匹配、范围比较、空值比较、IN 子句以及子查询等。子查询部分将在本书 6.3 节展开。

在使用字符串和日期数据进行比较时，注意要符合以下限制。

(1) 字符串和日期必须用单引号括起来。

(2) 字符串数据区分大小写。

(3) 日期数据的格式是敏感的，默认的日期格式是“DD-MM 月-YY”。

**1. 表达式比较**

比较运算符用于比较两个表达式的值，共有 7 个，分别是=(等于)、<(小于)、<=(小于

等于)、>(大于)、>=(大于等于)、<>(不等于)、!=(不等于)。

**【例 6.7】** 查询 SC 表中成绩在 80 分以上(包含 80 分)的记录。

SQL 语句如下：

```
SELECT *
FROM SC
WHERE grade>= 80;
```

查询结果集如图 6-8 所示。

查询结果

SQL | 提取的所有行: 42, 用时 0.015 秒

| | SNUM | CNUM | GRADE |
|---|---|---|---|
| 1 | 1506103 | 080101 | 88 |
| 2 | 1506104 | 080101 | 90 |
| 3 | 1506105 | 080101 | 94 |
| 4 | 1506106 | 080101 | 90 |
| 5 | 1507102 | 080101 | 82 |
| 6 | 1507106 | 080101 | 90 |
| 7 | 1507107 | 080101 | 98 |
| 8 | 1507108 | 080101 | 100 |
| 9 | 1508102 | 080101 | 80 |
| 10 | 1508106 | 080101 | 89 |
| 11 | 1508107 | 080101 | 83 |
| 12 | 1508108 | 080101 | 84 |
| 13 | 1508109 | 080101 | 85 |

图 6-8 例 6.7 结果集

**【例 6.8】** 查询课程号是“080101”,并且成绩在 80 分以上(包含 80 分)的学生。

SQL 语句如下：

```
SELECT *
FROM SC
WHERE Cnum = '080101' AND grade>= 80;
```

查询结果集如图 6-9 所示。

查询结果

SQL | 提取的所有行: 14, 用时 0.006 秒

| | SNUM | CNUM | GRADE |
|---|---|---|---|
| 1 | 1506103 | 080101 | 88 |
| 2 | 1506104 | 080101 | 90 |
| 3 | 1506105 | 080101 | 94 |
| 4 | 1506106 | 080101 | 90 |
| 5 | 1507102 | 080101 | 82 |
| 6 | 1507106 | 080101 | 90 |
| 7 | 1507107 | 080101 | 98 |
| 8 | 1507108 | 080101 | 100 |
| 9 | 1508102 | 080101 | 80 |
| 10 | 1508106 | 080101 | 89 |
| 11 | 1508107 | 080101 | 83 |
| 12 | 1508108 | 080101 | 84 |
| 13 | 1508109 | 080101 | 85 |

图 6-9 例 6.8 结果集

**2. 范围比较**

用于范围比较的关键字有两个,分别是 BETWEEN 和 IN。当要查询的条件是某个值的范围时,可以使用 BETWEEN 关键字。BETWEEN 关键字指出查询范围,格式为

```
<表达式>[NOT] BETWEEN<表达式 1>AND<表达式 2>
```

当不使用 NOT 时,若表达式的值在表达式 1 与表达式 2 之间(包括这两个值),则返回 TRUE,否则返回 FALSE;使用 NOT 时,返回值刚好相反。

**【例 6.9】** 查询成绩在 80～90 分的选课信息。

SQL 语句如下:

```
SELECT *
FROM SC
WHERE grade BETWEEN 80 AND 90;
```

查询结果集如图 6-10 所示。

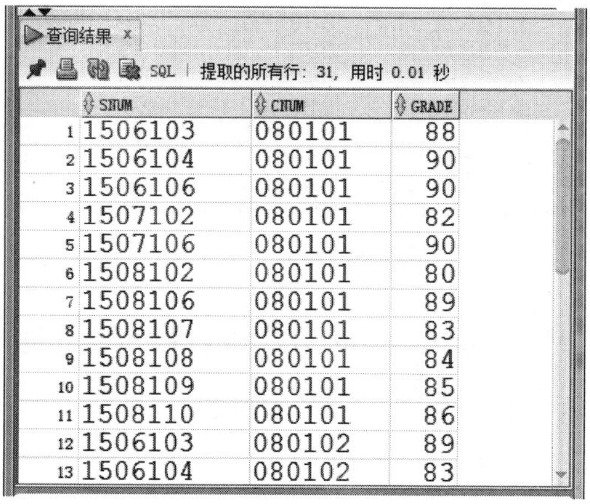

查询结果 ×

SQL | 提取的所有行: 31, 用时 0.01 秒

| | SNUM | CNUM | GRADE |
|---|---|---|---|
| 1 | 1506103 | 080101 | 88 |
| 2 | 1506104 | 080101 | 90 |
| 3 | 1506106 | 080101 | 90 |
| 4 | 1507102 | 080101 | 82 |
| 5 | 1507106 | 080101 | 90 |
| 6 | 1508102 | 080101 | 80 |
| 7 | 1508106 | 080101 | 89 |
| 8 | 1508107 | 080101 | 83 |
| 9 | 1508108 | 080101 | 84 |
| 10 | 1508109 | 080101 | 85 |
| 11 | 1508110 | 080101 | 86 |
| 12 | 1506103 | 080102 | 89 |
| 13 | 1506104 | 080102 | 83 |

图 6-10 例 6.9 结果集

例 6.9 中的查询语句等同于:

```
SELECT *
FROM SC
WHERE grade>= 80 AND grade< = 90;
```

可见,使用 BETWEEN 表示范围在写法上要精简很多。

**【例 6.10】** 查询 student 表中不在 1999 年出生的学生情况。

SQL 语句如下:

```
SELECT *
FROM student
WHERE Sbirth NOT BETWEEN TO_DATE('19990101', 'YYYYMMDD')
            AND TO_DATE('19991231', 'YYYYMMDD');
```

查询结果集如图 6-11 所示。

使用 IN 关键字可以指定一个值列表,值列表中列出所有可能的值,当表达式与值列表

查询结果 ×

SQL | 提取的所有行: 24, 用时 0.089 秒

| | SNUM | SNAME | SSEX | SBIRTH | SDEPT | SNOTE |
|---|---|---|---|---|---|---|
| 1 | 1506101 | 王金龙 | 男 | 14-2月 -98 | 计算机系 | 入学新生 |
| 2 | 1506103 | 李琳琳 | 女 | 17-8月 -00 | 计算机系 | 入学新生 |
| 3 | 1506104 | 刘丰 | 男 | 09-9月 -98 | 计算机系 | 入学新生 |
| 4 | 1506105 | 徐峥 | 男 | 13-9月 -01 | 计算机系 | 入学新生 |
| 5 | 1506106 | 白小梅 | 女 | 03-12月-96 | 计算机系 | 入学新生 |
| 6 | 1506107 | 焦燕 | 男 | 08-11月-01 | 计算机系 | 入学新生 |
| 7 | 1506108 | 王程程 | 女 | 02-2月 -98 | 计算机系 | 入学新生 |
| 8 | 1506109 | 王斌 | 男 | 29-10月-94 | 计算机系 | 入学新生 |
| 9 | 1506110 | 李仲怀 | 男 | 25-6月 -97 | 计算机系 | 入学新生 |
| 10 | 1507101 | 王志远 | 男 | 25-3月 -98 | 软件工程系 | 入学新生 |
| 11 | 1507104 | 吴志宁 | 男 | 12-11月-94 | 软件工程系 | 入学新生 |
| 12 | 1507105 | 赵玲玲 | 女 | 30-12月-93 | 软件工程系 | 入学新生 |
| 13 | 1507106 | 孔令祥 | 男 | 28-12月-94 | 软件工程系 | 入学新生 |

图 6-11　例 6.10 结果集

中的任意一个值匹配时,即返回 TRUE;否则返回 FALSE。

**【例 6.11】** 查询"王斌""孔令祥""朱迪"三人的信息。

SQL 语句如下:

```
SELECT *
FROM student
WHERE  Sname IN ('王斌','孔令祥','朱迪');
```

查询结果集如图 6-12 所示。

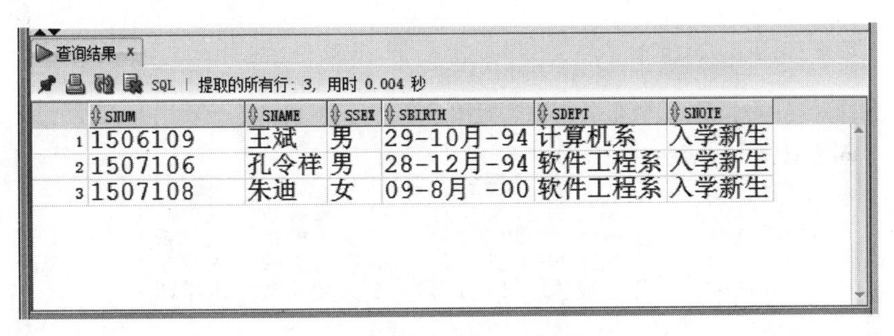

查询结果 ×

SQL | 提取的所有行: 3, 用时 0.004 秒

| | SNUM | SNAME | SSEX | SBIRTH | SDEPT | SNOTE |
|---|---|---|---|---|---|---|
| 1 | 1506109 | 王斌 | 男 | 29-10月-94 | 计算机系 | 入学新生 |
| 2 | 1507106 | 孔令祥 | 男 | 28-12月-94 | 软件工程系 | 入学新生 |
| 3 | 1507108 | 朱迪 | 女 | 09-8月 -00 | 软件工程系 | 入学新生 |

图 6-12　例 6.11 结果集

例 6.11 中查询等同于:

```
SELECT *
FROM student
WHERE  Sname = '王斌' OR Sname = '孔令祥'OR Sname = '朱迪';
```

### 3. 模式匹配

LIKE 谓词用于指出一个字符串是否与指定的字符串模式相匹配,其运算对象可以是 CHAR、VARCHAR2 和 DATE 类型的数据,返回逻辑值 TRUE 或 FALSE。

在使用 LIKE 时,两个常用的通配符为"%"和"_"。百分号(%)通配符表示匹配任意长度的字符,包括零个字符;下画线(_)通配符表示匹配任意一个字符。使用 NOT LIKE 与 LIKE 的作用相反。

**【例 6.12】** 查询姓"王"的所有学生的信息。

SQL 语句如下：

```
SELECT *
FROM student
WHERE Sname LIKE '王%';
```

查询结果集如图 6-13 所示。

查询结果 ×

SQL | 提取的所有行：6，用时 0.005 秒

| | SNUM | SNAME | SSEX | SBIRTH | SDEPT | SNOTE |
|---|---|---|---|---|---|---|
| 1 | 1506101 | 王金龙 | 男 | 14-2月 -98 | 计算机系 | 入学新生 |
| 2 | 1506108 | 王程程 | 女 | 02-2月 -98 | 计算机系 | 入学新生 |
| 3 | 1506109 | 王斌 | 男 | 29-10月-94 | 计算机系 | 入学新生 |
| 4 | 1507101 | 王志远 | 男 | 25-3月 -98 | 软件工程系 | 入学新生 |
| 5 | 1508104 | 王春媛 | 女 | 28-12月-99 | 大数据系 | 入学新生 |
| 6 | 1508109 | 王猛 | 男 | 12-12月-99 | 大数据系 | 入学新生 |

图 6-13 例 6.12 结果集

**【例 6.13】** 查询姓"王"并且名字是 3 个字的学生的信息。

SQL 语句如下：

```
SELECT *
FROM student
WHERE  Sname LIKE '王__';
```

查询结果集如图 6-14 所示。

查询结果 ×

SQL | 提取的所有行：4，用时 0.004 秒

| | SNUM | SNAME | SSEX | SBIRTH | SDEPT | SNOTE |
|---|---|---|---|---|---|---|
| 1 | 1506101 | 王金龙 | 男 | 14-2月 -98 | 计算机系 | 入学新生 |
| 2 | 1506108 | 王程程 | 女 | 02-2月 -98 | 计算机系 | 入学新生 |
| 3 | 1507101 | 王志远 | 男 | 25-3月 -98 | 软件工程系 | 入学新生 |
| 4 | 1508104 | 王春媛 | 女 | 28-12月-99 | 大数据系 | 入学新生 |

图 6-14 例 6.13 结果集

在模糊查询中，可以使用 ESCAPE 子句指定转义字符，转义字符必须为单个字符。当模式串中含有与通配符相同的字符时，应通过转义字符指明其为模式串中的一个匹配字符。

**【例 6.14】** 在 student 表中插入一个姓名含有"%"的字符，查询姓名中含有"%"的学生信息。

SQL 语句如下：

```
SELECT *
FROM student
WHERE Sname LIKE '%/%%' ESCAPE '/';
```

查询结果集如图 6-15 所示。

图 6-15　例 6.14 结果集

例 6.14 中，将“/”定义为转义字符。模式表达式“%/%%”中第 1 个“%”和最后一个“%”代表的都是通配符，第 2 个“%”前面带有转义字符，表示将“%”看为普通字符。

**4. 空值比较**

当需要判定一个表达式的值是否为空值时，使用 IS NULL 关键字。当不使用 NOT 时，若表达式的值为空值，返回 TRUE，否则返回 FALSE；当使用 NOT 时，结果刚好相反。

**【例 6.15】** 查询 student 表中系别为空的学生信息。

SQL 语句如下：

```
SELECT *
FROM student
WHERE Sdept IS NULL;
```

查询结果集如图 6-16 所示。

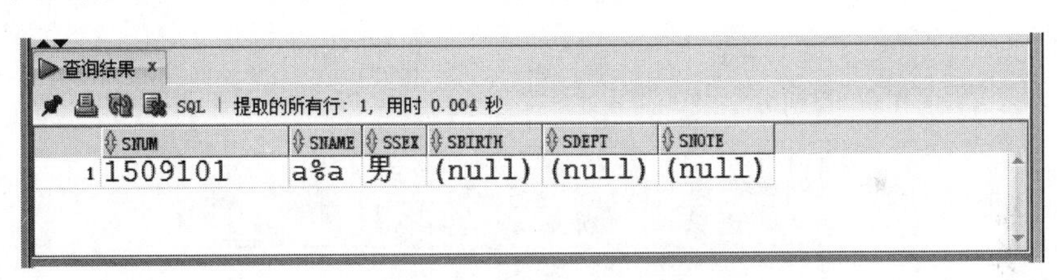


图 6-16　例 6.15 结果集

## 6.1.4　使用集合函数查询

Oracle 提供了一些集合函数，可以对获取的数据进行统计分析。这些集合函数的功能包括计算数据表中记录的行数，计算某个字段的最大值、最小值、总和以及平均值。其名称和作用如表 6-1 所示。

**表 6-1　集合函数**

| 集合函数 | 作　　用 |
| --- | --- |
| COUNT() | 返回结果集的行数 |
| MAX() | 返回某列的最大值 |
| MIN() | 返回某列的最小值 |
| SUM() | 返回某计算列的总和 |
| AVG() | 返回某计算列的平均值 |

**1. COUNT()函数**

COUNT()函数用于统计结果集中满足条件的行数或总行数，语法格式如下：

```
COUNT ( {[ALL|DISTINCT]字段名 }| * )
```

**【例 6.16】** 求学生的总人数。

SQL 语句如下：

```
SELECT COUNT( * ) AS 总人数
FROM student;
```

查询结果集如图 6-17 所示。

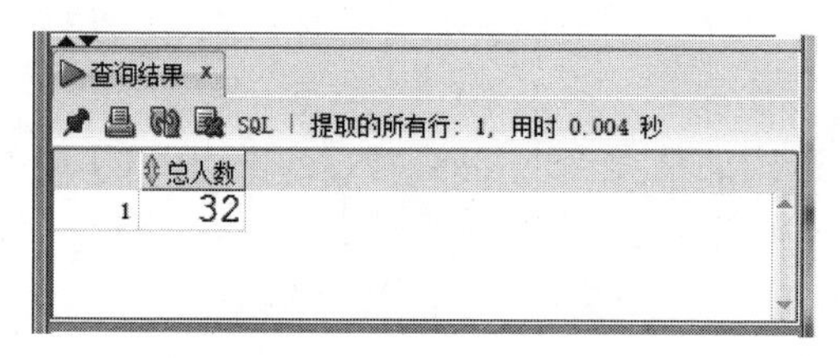

图 6-17　例 6.16 结果集

**【例 6.17】** 求选择了选修课程的学生总人数。

SQL 语句如下：

```
SELECT COUNT(DISTINCT Snum) AS 选课人数
FROM SC;
```

查询结果集如图 6-18 所示。

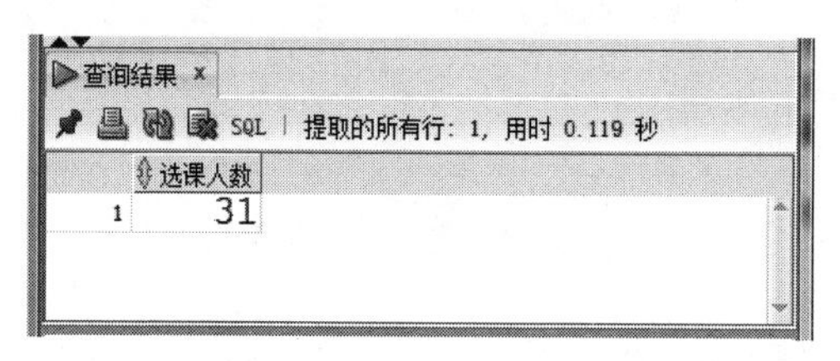

图 6-18　例 6.17 结果集

例 6.17 中，DISTINCT 关键字将去掉学号重复的行，只对不重复的行进行统计。

**2. MAX()和 MIN()函数**

MAX()和 MIN()函数分别用于计算表达式中所有值项的最大值与最小值，语法格式如下：

```
MAX/MIN([ALL|DISTINCT]字段表达式)
```

**【例 6.18】** 求选修"080101"课程的学生的最高分和最低分。

SQL 语句如下：

```
SELECT MAX(grade)最大值, MIN(grade) 最小值
FROM SC
WHERE Cnum = '080101';
```

查询结果集如图 6-19 所示。

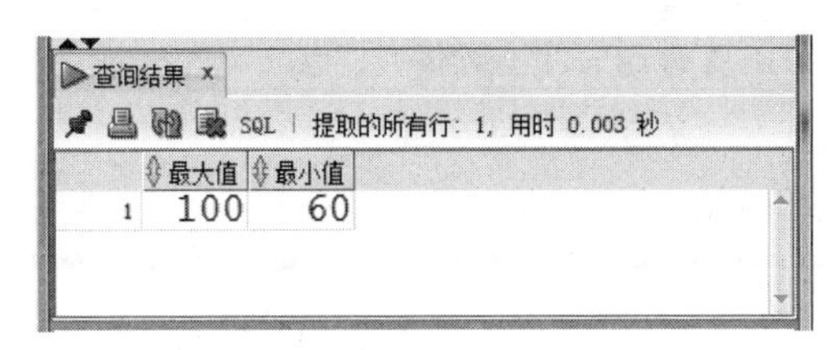

| | 最大值 | 最小值 |
|---|---|---|
| 1 | 100 | 60 |

图 6-19　例 6.18 结果集

**【例 6.19】** 求学生的出生日期区间。

SQL 语句如下：

```
SELECT MAX(Sbirth)最大值, MIN(Sbirth) 最小值
FROM student;
```

查询结果集如图 6-20 所示。

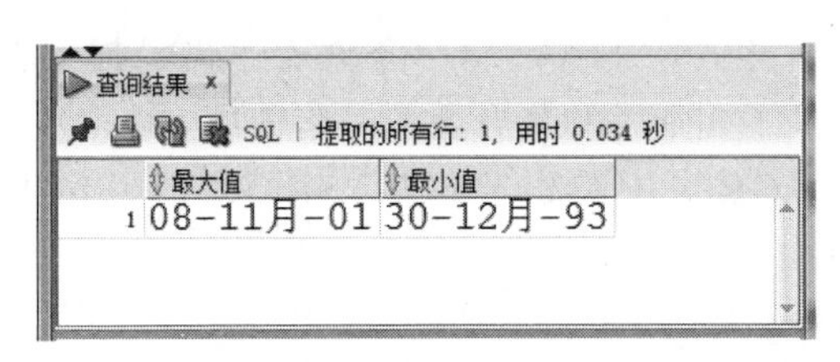

| | 最大值 | 最小值 |
|---|---|---|
| 1 | 08-11月-01 | 30-12月-93 |

图 6-20　例 6.19 结果集

MAX()和 MIN()函数除了用来找出最大的列值或日期值之外，还可以返回任意列中的最大值，包括返回字符类型的最大值。在对字符类型数据进行比较时，按照字符的 ASCII 码值大小进行比较，从 a～z，a 的 ASCII 码值最小，z 的 ASCII 码值最大。在比较时，先比较第 1 个字符，如果相等，继续比较下一个字符，直到两个字符不相等或者字符结束为止。

**3. SUM()和 AVG()函数**

SUM()和 AVG()函数分别用于计算表达式中所有值项的总和与平均值，语法格式如下：

```
SUM/AVG ([ALL|DISTINCT]字段表达式 )
```

**【例 6.20】** 求学号为“1506101”学生的总成绩以及平均成绩。

SQL 语句如下：

```
SELECT SUM(grade)总分,AVG(grade) 平均分
FROM SC
WHERE Snum = '1506104';
```

查询结果集如图 6-21 所示。

SUM()和 AVG()函数一次只能作用在一个列上。在计算时，SUM()和 AVG()函数将忽略列值为 NULL 的行。

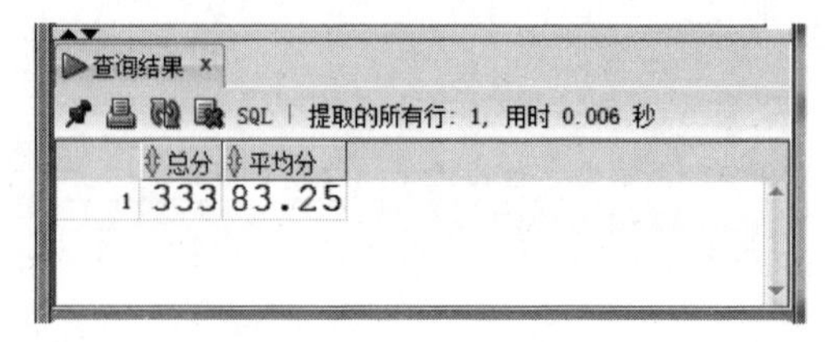


图 6-21　例 6.20 结果集

## 6.1.5　分组查询

分组查询对数据按照一个或多个字段进行分组，Oracle 使用 GROUP BY 子句进行分组，语法格式如下：

```
GROUP BY 字段
[HAVING<条件表达式>]
```

其中，字段是用于分组的表达式；"HAVING<条件表达式>"指定满足表达式限定的结果将被显示出来；GROUP BY 子句通常和集合函数一起使用，如 COUNT()、MAX()、MIN()、SUM()、AVG()。使用 GROUP BY 子句后，SELECT 子句中的列表中只能包含在 GROUP BY 中指出的列和统计函数。

**【例 6.21】** 统计各专业的人数。

SQL 语句如下：

```
SELECT Sdept AS 专业, COUNT( * ) AS 人数
FROM student
GROUP BY Sdept;
```

查询结果集如图 6-22 所示。

查询结果

SQL | 提取的所有行: 4, 用时 0.084 秒

| | 专业 | 人数 |
|---|---|---|
| 1 | (null) | 1 |
| 2 | 软件工程系 | 10 |
| 3 | 大数据系 | 11 |
| 4 | 计算机系 | 10 |

图 6-22　例 6.21 结果集

例 6.21 中，首先对 student 表中的数据按照系别 Sdept 列进行分组，然后对每个分组中的数据分别利用 COUNT()函数进行计数操作。

**【例 6.22】** 统计各专业的人数，并统计总人数。

SQL 语句如下：

```
SELECT Sdept AS 专业, COUNT( * ) AS 人数
FROM student
```

```
GROUP BY ROLLUP(Sdept);
```

查询结果集如图 6-23 所示。

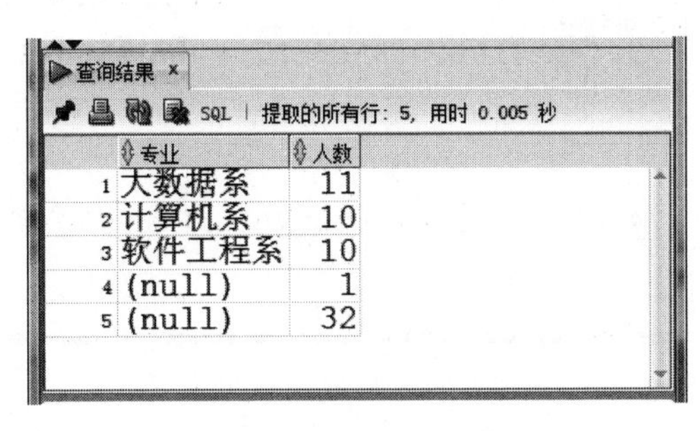

查询结果

SQL | 提取的所有行: 5, 用时 0.005 秒

| | 专业 | 人数 |
|---|---|---|
| 1 | 大数据系 | 11 |
| 2 | 计算机系 | 10 |
| 3 | 软件工程系 | 10 |
| 4 | (null) | 1 |
| 5 | (null) | 32 |

图 6-23　例 6.22 结果集

例 6.22 中,使用 ROLLUP 关键字之后,在所有查询出的分组记录之后增加一条记录,该记录计算查询出的所有记录的总和,即统计记录数量。

**【例 6.23】** 统计各门课程的平均成绩,并输出平均成绩在 85 分以上的课程信息。

SQL 语句如下:

```
SELECT Snum,AVG(grade)
FROM SC
GROUP BY Snum
HAVING AVG(grade)>= 85;
```

查询结果集如图 6-24 所示。

查询结果

SQL | 提取的所有行: 5, 用时 0.016 秒

| | SNUM | AVG(GRADE) |
|---|---|---|
| 1 | 1506105 | 90 |
| 2 | 1506106 | 87 |
| 3 | 1507105 | 85.25 |
| 4 | 1508109 | 85 |
| 5 | 1508110 | 86 |

图 6-24　例 6.23 结果集

**【例 6.24】** 统计选课学生的平均成绩,并输出平均成绩在 70 分以上的学生信息。

SQL 语句如下:

```
SELECT Cnum, AVG(grade)
FROM SC
GROUP BY Cnum
HAVING AVG(grade)>= 70;
```

查询结果集如图 6-25 所示。

HAVING 子句可以对分组统计后的结果进行筛选,与 WHERE 子句的查询条件类似,不同的是 HAVING 子句可以使用统计函数,而 WHERE 子句不可以。

采用 ROUND(X,Y)函数,可以将平均值结果进行四舍五入的处理,其中,X 表示要处

查询结果 ×

SQL | 提取的所有行: 7, 用时 0.005 秒

| | CNUM | AVG(GRADE) |
|---|---|---|
| 1 | 080101 | 78.44827586206896551724137931034482758621 |
| 2 | 080104 | 74.7 |
| 3 | 080103 | 77.3 |
| 4 | 080105 | 79.8 |
| 5 | 080102 | 78.1 |
| 6 | 080106 | 74.42307692307692307692307692307692307692 |
| 7 | 080109 | 75 |

图 6-25　例 6.24 结果集

理的数值；Y 表示保留小数点后几位。

**【例 6.25】** 统计选课学生的平均成绩，并输出平均成绩在 70 分以上的学生信息，保留小数点后的两位数值。

SQL 语句如下：

```
SELECT Cnum,ROUND(AVG(grade),2)
FROM SC
GROUP BY Cnum
HAVING AVG(grade)>= 70;
```

查询结果集如图 6-26 所示。

查询结果 ×

SQL | 提取的所有行: 7, 用时 0.005 秒

| | CNUM | ROUND(AVG(GRADE),2) |
|---|---|---|
| 1 | 080101 | 78.45 |
| 2 | 080104 | 74.7 |
| 3 | 080103 | 77.3 |
| 4 | 080105 | 79.8 |
| 5 | 080102 | 78.1 |
| 6 | 080106 | 74.42 |
| 7 | 080109 | 75 |

图 6-26　例 6.25 结果集

**【例 6.26】** 查找选修课程超过两门且成绩都在 90 分以上的学生的学号。

SQL 语句如下：

```
SELECT Snum
FROM SC
WHERE grade>= 90
GROUP BY Snum
HAVING COUNT( * )>= 2;
```

查询结果集如图 6-27 所示。

例 6.26 中，查询将 SC 表中成绩大于或等于 90 分的记录按学号分组，对每组记录计数，选出记录数大于等于 2 的各组的学号信息形成结果集。在 WHERE 子句中完成对成绩

查询结果 ×

SQL | 提取的所有行: 7, 用时 0.006 秒

| | SNUM |
|---|---|
| 1 | 1506104 |
| 2 | 1506105 |
| 3 | 1506106 |
| 4 | 1507105 |
| 5 | 1507106 |
| 6 | 1507107 |
| 7 | 1507108 |

图 6-27　例 6.26 结果集

大于等于 90 分的记录的筛选，在 HAVING 子句中完成对组内记录数大于等于 2 的筛选。

### 6.1.6　对查询结果排序

在应用中经常要对查询的结果排序输出，如学生成绩由高到低排序。在 SELECT 语句中，使用 ORDER BY 子句对查询结果进行排序。ORDER BY 子句的语法格式如下：

```
[ORDER BY {<排序表达式>[ASC | DESC]} [,…,n]
```

其中，<排序表达式>可以是列名、表达式或一个正整数。当表达式是一个正整数时，表示按表中的该位置上的列进行排序；关键字 ASC 表示升序排列，DESC 表示降序排列。系统默认为 ASC。

**【例 6.27】** 将计算机系的学生按出生日期先后排序。

SQL 语句如下：

```
SELECT *
FROM student
WHERE Sdept = '计算机系'
ORDER BY Sbirth;
```

或

```
SELECT *
FROM student
WHERE Sdept = '计算机系'
ORDER BY 4;                                    /* 4 表示 Sbirth 列在表中的序号 */
```

查询结果集如图 6-28 所示。

**【例 6.28】** 按学号升序、课程号降序输出学生的成绩信息。

SQL 语句如下：

```
SELECT *
FROM SC
ORDER by Snum,Cnum DESC;
```

查询结果集如图 6-29 所示。

对多列进行排序时，每列有单独的升序/降序约束。如在例 6.28 中 DESC 关键字只对

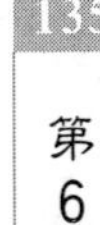

查询结果

SQL | 提取的所有行: 10, 用时 0.004 秒

| | SNUM | SNAME | SSEX | SBIRTH | SDEPT | SNOTE |
|---|---|---|---|---|---|---|
| 1 | 1506109 | 王斌 | 男 | 29-10月-94 | 计算机系 | 入学新生 |
| 2 | 1506106 | 白小梅 | 女 | 03-12月-96 | 计算机系 | 入学新生 |
| 3 | 1506110 | 李仲怀 | 男 | 25-6月 -97 | 计算机系 | 入学新生 |
| 4 | 1506108 | 王程程 | 女 | 02-2月 -98 | 计算机系 | 入学新生 |
| 5 | 1506101 | 王金龙 | 男 | 14-2月 -98 | 计算机系 | 入学新生 |
| 6 | 1506104 | 刘丰 | 男 | 09-9月 -98 | 计算机系 | 入学新生 |
| 7 | 1506102 | 路远才 | 男 | 17-3月 -99 | 计算机系 | 入学新生 |
| 8 | 1506103 | 李琳琳 | 女 | 17-8月 -00 | 计算机系 | 入学新生 |

图 6-28　例 6.27 结果集

查询结果

SQL | 已提取 50 行, 用时 0.008 秒

| | SNUM | CNUM | GRADE |
|---|---|---|---|
| 1 | 1506101 | 080106 | 54 |
| 2 | 1506101 | 080104 | 60 |
| 3 | 1506101 | 080102 | 66 |
| 4 | 1506101 | 080101 | 60 |
| 5 | 1506102 | 080106 | 66 |
| 6 | 1506102 | 080104 | 70 |
| 7 | 1506102 | 080102 | 68 |
| 8 | 1506102 | 080101 | 70 |
| 9 | 1506103 | 080106 | 60 |
| 10 | 1506103 | 080104 | 88 |
| 11 | 1506103 | 080102 | 89 |

图 6-29　例 6.28 结果集

课程号 Cnum 有效。

### 6.1.7　使用 ROWNUM 限制查询结果数量

SELECT 返回所有匹配的行，有可能是表中所有的行，如仅需要返回第 1 行或前几行，则可以使用 ROWNUM 关键字来限制。

**【例 6.29】** 显示课程表的前 6 行。

SQL 语句如下：

```
SELECT *
FROM course
WHERE ROWNUM<7;
```

查询结果集如图 6-30 所示。

由结果可以看到，显示结果从第 1 行开始，“行数”为小于 7 行，因此返回的结果为表中的前 6 行记录。

注意：使用 ROWNUM 时，只支持=、<、<=和!=符号，不支持>、>=和 BETWEEN…AND 符号；使用“=”时，只能“=1”；使用“!=”时，如“!=7”表示行数为 6。

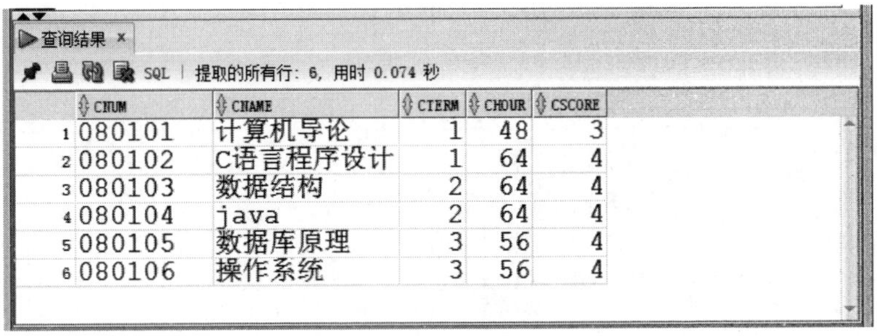

查询结果 ×

SQL | 提取的所有行: 6, 用时 0.074 秒

| | CNUM | CNAME | CTERM | CHOUR | CSCORE |
|---|---|---|---|---|---|
| 1 | 080101 | 计算机导论 | 1 | 48 | 3 |
| 2 | 080102 | C语言程序设计 | 1 | 64 | 4 |
| 3 | 080103 | 数据结构 | 2 | 64 | 4 |
| 4 | 080104 | java | 2 | 64 | 4 |
| 5 | 080105 | 数据库原理 | 3 | 56 | 4 |
| 6 | 080106 | 操作系统 | 3 | 56 | 4 |

图 6-30　例 6.29 结果集

## 6.2　连接查询

连接是关系数据模型的主要特点。连接查询是关系数据库中最主要的查询，主要包括内连接和外连接等。通过连接运算符可以实现多个表的查询。在关系数据库中，表建立时各数值之间的关系不必确定，常把一个实体的所有信息存放在一个表中。当查询数据时，通过连接操作查询出存放于多个表中的不同实体的信息。当两个或多个表中存在相同意义的字段时，可以通过这些字段对不同的表进行连接查询。

SQL 中的连接有两种形式：一种是符合 SQL 标准连接谓词的表示形式；另一种是 Oracle 扩展的使用关键词 JOIN 的表示形式。

### 6.2.1　连接谓词引导的连接

可以在 SELECT 语句的 WHERE 子句中使用比较运算符给出连接条件对表进行连接，将这种表示形式称为连接谓词表示形式。

**【例 6.30】** 查询每个学生的情况以及选修的课程情况。

SQL 语句如下：

```
SELECT student. * ,SC. *
FROM student,SC
WHERE student.Snum = SC.Snum;
```

查询结果集如图 6-31 所示。

例 6.30 中，将学生表 student 和选课表 SC 按照学号相同的条件进行连接，并将结果输出。在结果集中，学号是两个表的共同列，出现了两次。在实际查询时，只输出一次即可。

连接谓词中的比较运算符可以是<、<=、=、>、>=、!=和<>，当比较运算符为“=”时，称为等值连接。若在目标列中去除相同的字段名，则称为自然连接。在大多数的连接查询中，自然连接的结果往往是具有实际意义的，因此也是应用最多的连接查询。

**【例 6.31】** 查询选修课程成绩在 90 分以上的学生学号、姓名、课程号、课程名及成绩。

SQL 语句如下：

```
SELECT student.Snum,Sname,course.Cnum,Cname,grade
FROM student,SC,course
```

```
WHERE student.Snum = SC.Snum and SC.Cnum = course.Cnum and grade>= 90;
```

查询结果集如图 6-32 所示。



查询结果 ×

SQL | 已提取 50 行, 用时 0.01 秒

| | SNUM | SNAME | SSEX | SBIRTH | SDEPT | SNOTE | SNUM_1 | CNUM | GRADE |
|---|---|---|---|---|---|---|---|---|---|
| 1 | 1506101 | 王金龙 | 男 | 14-2月 -98 | 计算机系 | 入学新生 | 1506101 | 080101 | 60 |
| 2 | 1506102 | 路远才 | 男 | 17-3月 -99 | 计算机系 | 入学新生 | 1506102 | 080101 | 70 |
| 3 | 1506103 | 李琳琳 | 女 | 17-8月 -00 | 计算机系 | 入学新生 | 1506103 | 080101 | 88 |
| 4 | 1506104 | 刘丰 | 男 | 09-9月 -98 | 计算机系 | 入学新生 | 1506104 | 080101 | 90 |
| 5 | 1506105 | 徐峥 | 男 | 13-9月 -01 | 计算机系 | 入学新生 | 1506105 | 080101 | 94 |
| 6 | 1506106 | 白小梅 | 女 | 03-12月-96 | 计算机系 | 入学新生 | 1506106 | 080101 | 90 |
| 7 | 1506107 | 焦燕 | 男 | 08-11月-01 | 计算机系 | 入学新生 | 1506107 | 080101 | 67 |
| 8 | 1506108 | 王程程 | 女 | 02-2月 -98 | 计算机系 | 入学新生 | 1506108 | 080101 | 74 |
| 9 | 1506109 | 王斌 | 男 | 29-10月-94 | 计算机系 | 入学新生 | 1506109 | 080101 | 66 |
| 10 | 1507101 | 王志远 | 男 | 25-3月 -98 | 软件工程系 | 入学新生 | 1507101 | 080101 | 70 |
| 11 | 1507102 | 陈晓楠 | 男 | 02-1月 -99 | 软件工程系 | 入学新生 | 1507102 | 080101 | 82 |
| 12 | 1507103 | 张盛英 | 男 | 16-8月 -99 | 软件工程系 | 入学新生 | 1507103 | 080101 | 77 |
| 13 | 1507104 | 吴志宁 | 男 | 12-11月-94 | 软件工程系 | 入学新生 | 1507104 | 080101 | 76 |

图 6-31　例 6.30 结果集

查询结果 ×

SQL | 提取的所有行: 19, 用时 0.078 秒

| | SNUM | SNAME | CNUM | CNAME | GRADE |
|---|---|---|---|---|---|
| 1 | 1506104 | 刘丰 | 080101 | 计算机导论 | 90 |
| 2 | 1506104 | 刘丰 | 080104 | java | 90 |
| 3 | 1506105 | 徐峥 | 080101 | 计算机导论 | 94 |
| 4 | 1506105 | 徐峥 | 080104 | java | 94 |
| 5 | 1506106 | 白小梅 | 080101 | 计算机导论 | 90 |
| 6 | 1506106 | 白小梅 | 080106 | 操作系统 | 90 |
| 7 | 1506107 | 焦燕 | 080106 | 操作系统 | 94 |
| 8 | 1507103 | 张盛英 | 080103 | 数据结构 | 90 |
| 9 | 1507104 | 吴志宁 | 080103 | 数据结构 | 98 |
| 10 | 1507105 | 赵玲玲 | 080103 | 数据结构 | 100 |
| 11 | 1507105 | 赵玲玲 | 080105 | 数据库原理 | 90 |
| 12 | 1507106 | 孔令祥 | 080101 | 计算机导论 | 90 |
| 13 | 1507106 | 孔令祥 | 080105 | 数据库原理 | 98 |

图 6-32　例 6.31 结果集

例 6.31 中，查询数据来自 3 个表。这种对两个以上的表进行的连接称为多表连接。多表连接需要利用多个连接条件。如例 6.31 中通过“student.Snum = SC.Snum”连接 student 和 SC 表，通过“SC.Cnum=course.Cnum”连接 SC 和 course 表，从而完成 3 个表的连接。在 SELECT 子句中如果出现了多个表中的共同列，需要给出具体的表名来标识使用哪个表中的某个列，表名和列名之间用“.”连接；否则，会产生歧义。而对于没有重复信息的列，如 grade 列，则可以直接给出列名。

## 6.2.2 JOIN 关键字指定的连接

PL/SQL 扩展了以 JOIN 关键字指定连接的表示方式，增强了表的连接运算能力。连接表的语法格式如下：

```
<表名><JOIN 类型><表名>ON<条件表达式>
```

其中，“表名”为需要连接的表；“JOIN 类型”表示连接类型；ON 用于指定连接条件。连接

类型包括内连接(INNER JOIN)、外连接(OUTER JOIN)和交叉连接(CROSS JOIN)3 种。

**1. 内连接**

内连接按照 ON 所指定的连接条件合并两个表,返回满足条件的行。内连接类似于自然连接。

**【例 6.32】** 查询每个学生的情况以及选修的课程情况。

SQL 语句如下:

```
SELECT student. * ,SC. *
FROM student INNER JOIN SC
ON student.Snum = SC.Snum;
```

查询结果集同例 6.30 一致,如图 6-31 所示。

内连接是系统默认的,故可以省去 INNER 关键词,使用内连接后仍可以使用 WHERE 子句指定条件。

**【例 6.33】** 查询计算机系每个学生的情况以及选修的课程情况。

SQL 语句如下:

```
SELECT student. * ,SC. *
FROM student JOIN SC
ON student.Snum = SC.Snum
WHERE student.Sdept = '计算机系';
```

查询结果集如图 6-33 所示。

查询结果 ×

SQL | 提取的所有行: 40, 用时 0.055 秒

| | SNUM | SNAME | SSEX | SBIRTH | SDEPT | SNOTE | SNUM_1 | CNUM | GRADE |
|---|---|---|---|---|---|---|---|---|---|
| 1 | 1506101 | 王金龙 | 男 | 14-2月 -98 | 计算机系 | 入学新生 | 1506101 | 080101 | 60 |
| 2 | 1506102 | 路远才 | 男 | 17-3月 -99 | 计算机系 | 入学新生 | 1506102 | 080101 | 70 |
| 3 | 1506103 | 李琳琳 | 女 | 17-8月 -00 | 计算机系 | 入学新生 | 1506103 | 080101 | 88 |
| 4 | 1506104 | 刘丰 | 男 | 09-9月 -98 | 计算机系 | 入学新生 | 1506104 | 080101 | 90 |
| 5 | 1506105 | 徐峥 | 男 | 13-9月 -01 | 计算机系 | 入学新生 | 1506105 | 080101 | 94 |
| 6 | 1506106 | 白小梅 | 女 | 03-12月-96 | 计算机系 | 入学新生 | 1506106 | 080101 | 90 |
| 7 | 1506107 | 焦燕 | 男 | 08-11月-01 | 计算机系 | 入学新生 | 1506107 | 080101 | 67 |
| 8 | 1506108 | 王程程 | 女 | 02-2月 -98 | 计算机系 | 入学新生 | 1506108 | 080101 | 74 |
| 9 | 1506109 | 王斌 | 男 | 29-10月-94 | 计算机系 | 入学新生 | 1506109 | 080101 | 66 |
| 10 | 1506101 | 王金龙 | 男 | 14-2月 -98 | 计算机系 | 入学新生 | 1506101 | 080102 | 66 |
| 11 | 1506102 | 路远才 | 男 | 17-3月 -99 | 计算机系 | 入学新生 | 1506102 | 080102 | 68 |
| 12 | 1506103 | 李琳琳 | 女 | 17-8月 -00 | 计算机系 | 入学新生 | 1506103 | 080102 | 89 |
| 13 | 1506104 | 刘丰 | 男 | 09-9月 -98 | 计算机系 | 入学新生 | 1506104 | 080102 | 83 |

图 6-33 例 6.33 结果集

例 6.33 中,WHERE 条件也可以放在 ON 子句中,即“ON student.Snum=SC.Snum AND student.Sdept='计算机系'”。

---

*注意:在多表查询中,ON 子句不能连接两个连接条件。即一个 ON 子句只能带有一个连接条件。*

---

**【例 6.34】** 查找选修了“计算机导论”课程且成绩在 80 分以上的学生学号、姓名、课程号、课程名及成绩。

SQL 语句如下：

```
SELECT student.Snum,Sname,course.Cnum,Cname,grade
FROM student JOIN SC JOIN course
ON SC.Cnum = course.Cnum
ON student.Snum = SC.Snum
WHERE cname = '计算机导论' AND grade>= 80;
```

查询结果集如图 6-34 所示。

查询结果 ×

SQL | 提取的所有行：14，用时 0.023 秒

| | SNUM | SNAME | CNUM | CNAME | GRADE |
|---|---|---|---|---|---|
| 1 | 1506103 | 李琳琳 | 080101 | 计算机导论 | 88 |
| 2 | 1506104 | 刘丰 | 080101 | 计算机导论 | 90 |
| 3 | 1506105 | 徐峥 | 080101 | 计算机导论 | 94 |
| 4 | 1506106 | 白小梅 | 080101 | 计算机导论 | 90 |
| 5 | 1507102 | 陈晓楠 | 080101 | 计算机导论 | 82 |
| 6 | 1507106 | 孔令祥 | 080101 | 计算机导论 | 90 |
| 7 | 1507107 | 苏明玉 | 080101 | 计算机导论 | 98 |
| 8 | 1507108 | 朱迪 | 080101 | 计算机导论 | 100 |
| 9 | 1508102 | 谢梅 | 080101 | 计算机导论 | 80 |
| 10 | 1508106 | 黄素珍 | 080101 | 计算机导论 | 89 |
| 11 | 1508107 | 董莹莹 | 080101 | 计算机导论 | 83 |
| 12 | 1508108 | 罗光军 | 080101 | 计算机导论 | 84 |
| 13 | 1508109 | 王猛 | 080101 | 计算机导论 | 85 |

图 6-34　例 6.34 结果集

例 6.34 使用 JOIN 关键字连接了 3 个表，实现了多表查询。需要注意的是，采用了两个 ON 条件来连接，而且两个 ON 条件的顺序是不能颠倒的。在解析时，首先通过第 1 个 ON 条件连接后两个表，然后将此结果根据第 2 个连接条件与第 1 个表进行连接。

**【例 6.35】** 查找不同课程成绩相同的学生学号、课程号和成绩。

SQL 语句如下：

```
SELECT a.Snum,a.Cnum,a.grade
FROM SC a JOIN SC b
ON a.grade = b.grade AND a.Snum = b.Snum AND a.Cnum! = b.Cnum;
```

查询结果集如图 6-35 所示。

例 6.35 中，将一个表与它自身进行连接，称为自连接。若要在一个表中查找具有相同列值的行，就可以使用自连接。使用自连接时需要为表指定别名，且对所有列的引用都要用别名限定。

**2. 外连接**

外连接的关键字为 OUTER JOIN。外连接的结果不仅包含满足连接条件的行，还包括相应表中的所有行。外连接包括如下 3 种类型。

(1) 左外连接(LEFT OUTER JOIN)：结果集中除了包括满足连接条件的行外，还包括左表的所有行。对于左表中的数据行，如果右表中没有满足连接条件的数据，则右表中相应的列用 NULL 填充。

(2) 右外连接(RIGHT OUTER JOIN)：结果集中除了包括满足连接条件的行外，还包

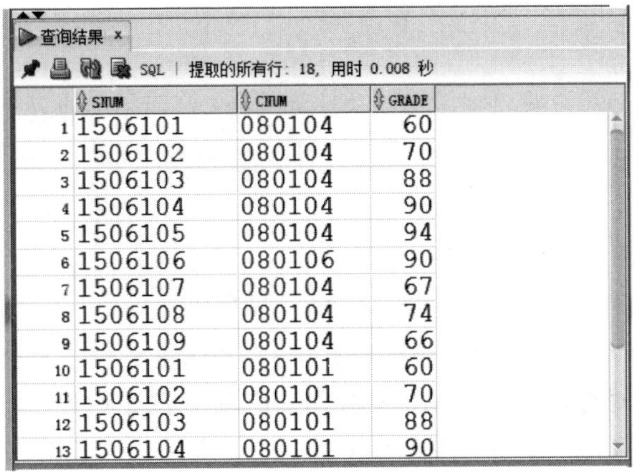

查询结果 ×

SQL | 提取的所有行: 18, 用时 0.008 秒

| | SNUM | CNUM | GRADE |
|---|---|---|---|
| 1 | 1506101 | 080104 | 60 |
| 2 | 1506102 | 080104 | 70 |
| 3 | 1506103 | 080104 | 88 |
| 4 | 1506104 | 080104 | 90 |
| 5 | 1506105 | 080104 | 94 |
| 6 | 1506106 | 080106 | 90 |
| 7 | 1506107 | 080104 | 67 |
| 8 | 1506108 | 080104 | 74 |
| 9 | 1506109 | 080104 | 66 |
| 10 | 1506101 | 080101 | 60 |
| 11 | 1506102 | 080101 | 70 |
| 12 | 1506103 | 080101 | 88 |
| 13 | 1506104 | 080101 | 90 |

图 6-35　例 6.35 结果集

括右表的所有行。对于右表中的数据行，如果左表中没有满足连接条件的数据，则左表中相应的列用 NULL 填充。

(3) 完全外连接(FULL OUTER JOIN)：结果集中除了包括满足连接条件的行外，还包括两个表的所有行。对于两表中的数据行，没有满足连接条件的数据相对应时，采用 NULL 填充。

以上 3 种连接中的 OUTER 关键字均可省略。

**【例 6.36】** 查找所有学生情况及他们选修的课程号，包括未选修任何课的学生。

SQL 语句如下：

```
SELECT student. * ,SC.Cnum
FROM student LEFT JOIN SC
ON student.Snum = SC.Snum;
```

例 6.36 执行时，若有学生未选任何课程，则结果集中相应行的课程号字段值为 NULL。

**【例 6.37】** 查找被选修了的课程的选修情况和所有开设的课程名。

SQL 语句如下：

```
SELECT SC. * ,Cname
FROM SC RIGHT JOIN course
ON SC.Cnum = course.Cnum;
```

**3. 交叉连接**

交叉连接实际上是将两个表进行笛卡儿积运算，结果集是由第 1 个表的每行与第 2 个表的每行连接后形成的表，因此结果表的行数等于两个表行数之积。

**【例 6.38】** 列出学生所有可能的选课情况。

```
SELECT student. * ,course. *
FROM student CROSS JOIN course;
```

### 6.2.3 合并结果集

使用UNION子句可以将两个或多个SELECT查询的结果合并为一个结果集，其语法格式如下：

```
<SELECT 查询语句 1>
    UNION [ALL] <SELECT 查询语句 2>
     [UNION [ALL] <SELECT 查询语句 3>…
```

关键字ALL表示合并的结果中包括所有行，不去除重复行。不使用ALL关键字则在合并的结果中去除重复行。含有UNION的SELECT查询也称为联合查询。使用UNION组合两个查询的结果集的两条基本规则如下。

（1）所有查询中的列数和列的顺序必须相同。

（2）数据类型必须兼容。

**【例6.39】** 查找学生学号为“1506101”和“1508101”的学生信息。

SQL语句如下：

```
SELECT *
FROM student
WHERE Snum = '1506101'
UNION ALL
SELECT *
FROM student
WHERE Snum = '1508101';
```

查询结果集如图6-36所示。

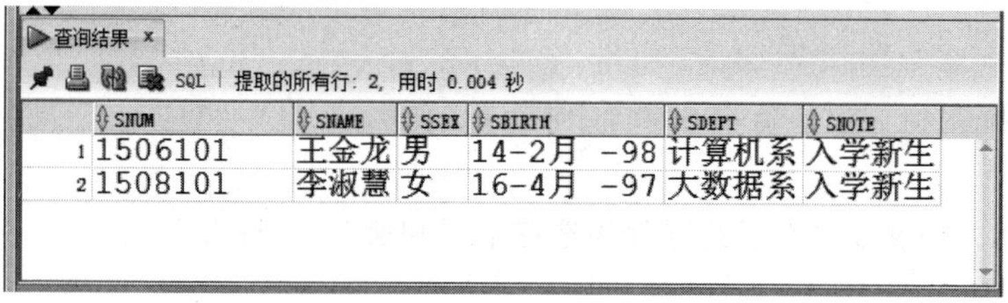

查询结果 ×

SQL | 提取的所有行：2，用时 0.004 秒

| | SNUM | SNAME | SSEX | SBIRTH | SDEPT | SNOTE |
|---|---|---|---|---|---|---|
| 1 | 1506101 | 王金龙 | 男 | 14-2月 -98 | 计算机系 | 入学新生 |
| 2 | 1508101 | 李淑慧 | 女 | 16-4月 -97 | 大数据系 | 入学新生 |

图6-36 例6.39结果集

UNION操作常用于归并操作，如归并月报表形成年报表、归并各部门数据等。UNION还可以与GROUP BY及ORDER BY一起使用，用来对合并结果集进行分组或排序。

## 6.3 子 查 询

在查询条件中，可以使用另一个查询的结果作为查询条件的一部分，如判定列值是否与某个查询结果集中的值相等。这种将一个查询结果集作为另一个查询条件一部分的查询称为子查询。这个特征从Oracle 4.1版本开始引入，在SELECT子句中先计算子查询，然后根据其结果判断、筛选外层查询。子查询中常用的操作符有ANY(SOME)、ALL、IN、

EXISTS。子查询可以添加到 SELECT、INSERT、UPDATE 和 DELETE 中，而且可以进行多层嵌套。子查询中也可以使用比较运算符，如<、<=、>、>=、!=等。

### 6.3.1 IN 子查询

IN 子查询常用于进行一个给定值是否在子查询结果集中的判断，格式如下：

```
表达式 [NOT] IN (<子查询>)
```

当表达式与子查询的结果表中的某个值相等时，IN 谓词返回 TRUE，否则返回 FALSE；若使用了 NOT，则返回的值刚好相反。

**【例 6.40】** 查询选修了课程号为“080104”的课程的学生信息。

SQL 语句如下：

```
SELECT *
FROM student
WHERE Snum IN
  (SELECT Snum
   FROM SC
   WHERE Cnum = '080104');
```

查询结果集如图 6-37 所示。

查询结果 ×

SQL | 提取的所有行：10，用时 0.021 秒

| | SNUM | SNAME | SSEX | SBIRTH | SDEPT | SNOTE |
|---|---|---|---|---|---|---|
| 1 | 1506101 | 王金龙 | 男 | 14-2月 -98 | 计算机系 | 入学新生 |
| 2 | 1506102 | 路远才 | 男 | 17-3月 -99 | 计算机系 | 入学新生 |
| 3 | 1506103 | 李琳琳 | 女 | 17-8月 -00 | 计算机系 | 入学新生 |
| 4 | 1506104 | 刘丰 | 男 | 09-9月 -98 | 计算机系 | 入学新生 |
| 5 | 1506105 | 徐峥 | 男 | 13-9月 -01 | 计算机系 | 入学新生 |
| 6 | 1506106 | 白小梅 | 女 | 03-12月-96 | 计算机系 | 入学新生 |
| 7 | 1506107 | 焦燕 | 男 | 08-11月-01 | 计算机系 | 入学新生 |
| 8 | 1506108 | 王程程 | 女 | 02-2月 -98 | 计算机系 | 入学新生 |
| 9 | 1506109 | 王斌 | 男 | 29-10月-94 | 计算机系 | 入学新生 |
| 10 | 1506110 | 李仲怀 | 男 | 25-6月 -97 | 计算机系 | 入学新生 |

图 6-37 例 6.40 结果集

在执行包含子查询的 SELECT 查询时，系统先执行子查询，产生一个结果集，再执行外层查询。如例 6.40 中，先执行的子查询如下：

```
SELECT Snum
FROM SC
WHERE Cnum = '080104';
```

得到一个含有学号列的结果集，再执行外查询。若 student 表中某行的学号列等于子查询结果集中的任一个值，则该行就被选择在最终的结果集中。

例 6.40 中的查询也可以使用连接查询实现。SQL 代码如下：

```
SELECT student.Snum
```

```
FROM student, SC
WHERE student.Snum = SC.Snum AND Cnum = '080104';
```



虽然子查询和连接查询都实现了查询的目的,但是它们是有区别的。连接可以合并两个或多个表的数据,而带子查询的 SELECT 语句的结果只能来自一个表,子查询的结果是用来作为选择结果数据时进行参照的。有的查询可以使用子查询,也可以使用连接表达。通常,使用子查询表达时可以将一个复杂的查询分解为一系列的逻辑步骤,使条理更清晰;而使用连接查询表达时,有执行速度快的优点。因此,如果两种方式都可以实现的查询,应尽量使用连接查询。

**【例 6.41】** 查找未选修"离散数学"的学生的情况。

SQL 语句如下:

```
SELECT Snum, Sname, Sdept
FROM student
WHERE Snum NOT IN
        (SELECT Snum
        FROM SC
        WHERE Cnum IN
            (SELECT Cnum
            FROM course
            WHERE Cname = '离散数学'
            )
        );
```

查询结果集如图 6-38 所示。

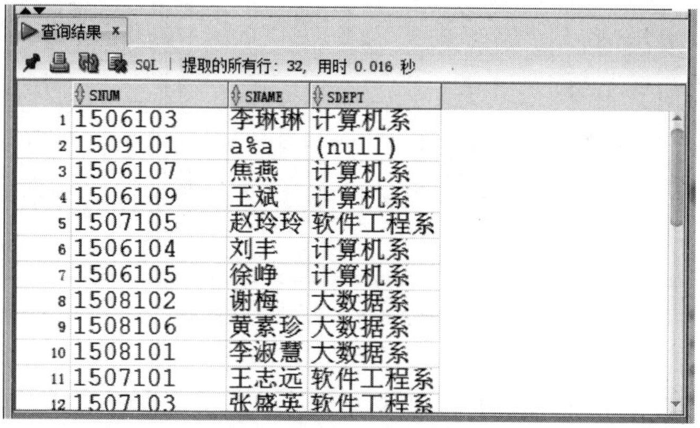

查询结果 ×

SQL | 提取的所有行: 32, 用时 0.016 秒

| | SNUM | SNAME | SDEPT |
|---|---|---|---|
| 1 | 1506103 | 李琳琳 | 计算机系 |
| 2 | 1509101 | a%a | (null) |
| 3 | 1506107 | 焦燕 | 计算机系 |
| 4 | 1506109 | 王斌 | 计算机系 |
| 5 | 1507105 | 赵玲玲 | 软件工程系 |
| 6 | 1506104 | 刘丰 | 计算机系 |
| 7 | 1506105 | 徐峥 | 计算机系 |
| 8 | 1508102 | 谢梅 | 大数据系 |
| 9 | 1508106 | 黄素珍 | 大数据系 |
| 10 | 1508101 | 李淑慧 | 大数据系 |
| 11 | 1507101 | 王志远 | 软件工程系 |
| 12 | 1507103 | 张盛英 | 软件工程系 |

图 6-38 例 6.41 结果集

## 6.3.2 比较子查询

比较子查询可以认为是 IN 子查询的扩展,它使表达式的值与子查询的结果进行比较运算,格式如下:

```
表达式 {<|<=|=|>|>=|!=|<>} {ALL|SOME|ANY} (子查询)
```

ALL、SOME 和 ANY 是对比较运算的限制,表示的含义如表 6-2 所示。

**表 6-2　比较子查询**

| 形　式 | 等同形式 | 含　义 |
|---|---|---|
| <ALL（子查询） | <MIN() | 小于子查询中的所有值 |
| >ALL（子查询） | >MAX() | 大于子查询中的所有值 |
| <ANY（子查询） | <MAX() | 小于子查询中的任意值 |
| >ANY(子查询) | >MIN() | 大于子查询中的任意值 |

ALL 表示指定表达式要与子查询中的每个值进行比较，当表达式与每个值都满足比较的关系时，才返回 TRUE；否则返回 FALSE。SOME 与 ANY 的含义类似，表示表达式只要与子查询结果集中的某个值满足比较的关系时，就返回 TRUE；否则返回 FALSE。

**【例 6.42】** 查找比所有"软件工程系"学生年龄都大的学生。

SQL 语句如下：

```
SELECT Snum, Sname, Sdept
FROM student
WHERE Sbirth > ALL
  (SELECT Sbirth
  FROM student
  WHERE Sdept = '软件工程系');
```

查询结果集如图 6-39 所示。

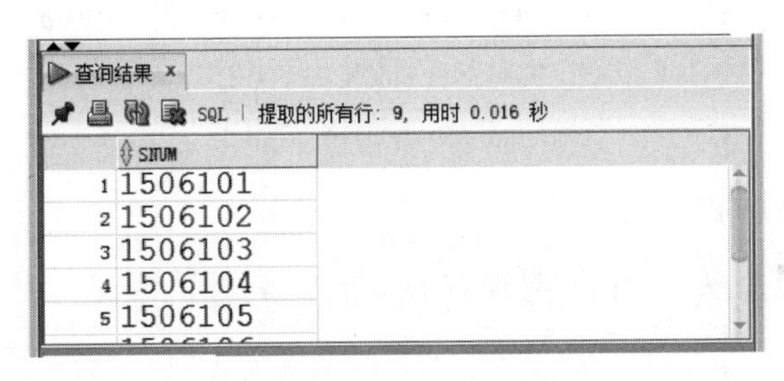


图 6-39　例 6.42 结果集

例 6.42 中，查询大于所有软件工程系学生年龄的学生信息，等同于大于软件工程系最大年龄的学生信息，代码如下：

```
SELECT Snum, Sname, Sdept
FROM student
WHERE Sbirth>
  (SELECT MAX(Sbirth)
  FROM student
  WHERE Sdept = '软件工程系');
```

**【例 6.43】** 查询课程号"080101"的成绩不低于课程号"080102"的最低成绩的学生的学号。

SQL 语句如下：

```
SELECT Snum
FROM SC
```

```
WHERE Cnum = '080101' AND grade>= ANY
    (SELECT grade
    FROM SC
    WHERE Cnum = '080102'
);
```

查询结果集如图 6-40 所示。

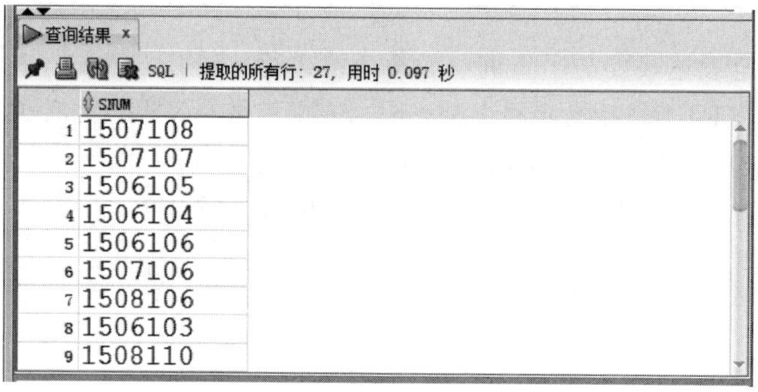

查询结果 ×

SQL | 提取的所有行: 27, 用时 0.097 秒

| | SNUM |
|---|---|
| 1 | 1507108 |
| 2 | 1507107 |
| 3 | 1506105 |
| 4 | 1506104 |
| 5 | 1506106 |
| 6 | 1507106 |
| 7 | 1508106 |
| 8 | 1506103 |
| 9 | 1508110 |

图 6-40 例 6.43 结果集

### 6.3.3 EXISTS 子查询

EXISTS 谓词用于测试子查询的结果是否为空表，若子查询的结果集不为空，则 EXISTS 返回 TRUE；否则返回 FALSE。EXISTS 还可与 NOT 结合使用，即 NOT EXISTS，其返回值与 EXIST 刚好相反。其语法格式如下：

```
[NOT] EXISTS (子查询 )
```

**【例 6.44】** 查找选修“080104”号课程的学生学号。

SQL 语句如下：

```
SELECT Snum
FROM student
WHERE EXISTS
    (SELECT *
    FROM SC
    WHERE Snum = student.Snum AND Cnum = '080104'
    );
```

查询结果集如图 6-41 所示。

例 6.44 在子查询的条件中使用了限定形式的列名引用 student.Snum，表示这里的学号列出自 student 表。本例与前面子查询例子的不同点是：前面的例子中，内层查询只处理一次，得到一个结果集，再依次处理外层查询；而本例的内层查询要处理多次，因为内层查询与 student.Snum 有关，外层查询中 student 表的不同行有不同的学号值。这类子查询称为相关子查询，因为子查询的条件依赖于外层查询中的某些值。其处理过程是：首先查找外层查询中 student 表的第 1 行，根据该行的学号列值来处理内层查询，若结果不为空，则 WHERE 条件为真，就把该行的学号值取出作为结果集的一行；然后再找 student 表的第

查询结果 ×
SQL | 提取的所有行: 10, 用时 0.006 秒

|  | SNUM |
|---|---|
| 1 | 1506101 |
| 2 | 1506102 |
| 3 | 1506103 |
| 4 | 1506104 |
| 5 | 1506105 |
| 6 | 1506106 |
| 7 | 1506107 |
| 8 | 1506108 |
| 9 | 1506109 |

图 6-41　例 6.44 结果集

2,3,…行；重复上述处理过程直到 student 表的所有行被查找完为止。

**【例 6.45】** 查找与“1506101”号学生所选课程一致的同学的学号。

SQL 语句如下：

```
SELECT DISTINCT Snum
FROM SC SC1
WHERE NOT EXISTS
       (SELECT *
        FROM SC SC2
        WHERE SC2.Snum = '1506101' AND NOT EXISTS
                  (SELECT *
                   FROM SC SC3
                   WHERE SC3.Snum = SC1.Snum and SC3.Cnum = SC2.Cnum)
         );
```

查询结果集如图 6-42 所示。

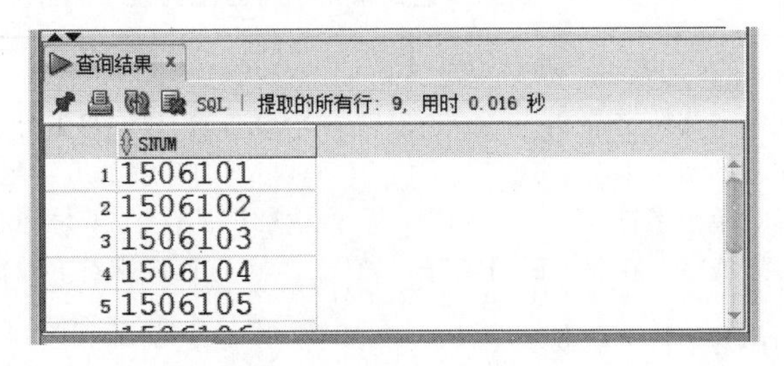


图 6-42　例 6.45 结果集

## 6.3.4　查询对象

查询对象是指以一个查询的结果集为数据源进行的查询，也是 SELECT 嵌套查询的一种。

**【例 6.46】** 在 student 表中查找 1996 年 1 月 1 日以前出生的学生的姓名和专业。

SQL 语句如下：

```
SELECT Sname
FROM (SELECT *
```

```
FROM student
WHERE Sbirth<TO_DATE('19960101','YYYYMMDD'));
```



查询结果集如图 6-43 所示。

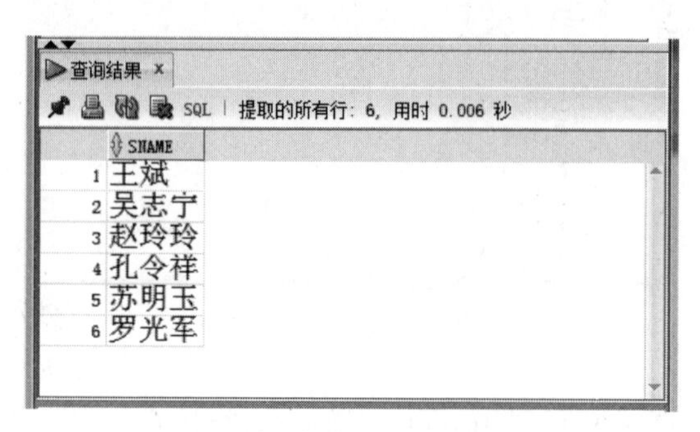


图 6-43 例 6.46 结果集

## 6.4 使用正则表达式查询

正则表达式通常用来检索或替换那些符合某个模式的文本内容，根据指定的匹配模式匹配文本中符合要求的特殊字符串。例如，从一个文本文件中提取电话号码，查找一篇文章中重复的单词或者替换用户输入的某些敏感词语等，这些地方都可以使用正则表达式。正则表达式强大且灵活，可以应用于复杂的查询。

Oracle 使用 REGEXP_LIKE()函数指定正则表达式的字符匹配模式，表 6-3 列出了该函数中常用字符匹配列表。

表 6-3 正则表达式常用字符匹配列表

| 选 项 | 说 明 | 举 例 |
|---|---|---|
| ^ | 匹配文本的开始字符 | '^b'匹配以字母 b 开头的字符串 |
| $ | 匹配文本的结束字符 | 'ab$'匹配以 ab 结尾的字符串 |
| . | 匹配任意单个字符 | 'a.b'匹配以 ab 之间有一个字符的字符串 |
| * | 匹配零个或多个在它前面的字符 | 'a*b'匹配字符 b 前面有任意个字符 a |
| + | 匹配前面的字符 1 次或多次 | 'ab+'匹配字符以 a 开头后面紧跟至少一个 b |
| <字符串> | 匹配包含指定字符串的文本 | <ab>匹配字符包含 ab 字符串 |
| [字符集合] | 匹配字符集合中的任何一个字符 | [ab]匹配 a 或 b |
| [^] | 匹配不在括号中的任何字符 | [^ab]匹配任何不包含 a、b 的字符串 |
| 字符串{n} | 匹配前面的字符串至少 n 次 | b{2}匹配两个或更多的 b |
| 字符串{n,m} | 匹配前面的字符串至少 n 次，至多 m 次 | b{2,4}匹配 2～4 个 b |

创建表 like_tmp，表中存在 1 列 name(VARCHAR2(10)类型)，保存若干字符串，用于本节的查询。

**1. 查询以特定字符或字符串开头的记录**

字符“^”匹配以特定字符或者字符串开头的文本。

**【例 6.47】** 在 like_tmp 表中,查询 name 字段以字母“b”开头的记录。

SQL 语句如下:

```
SELECT *
FROM like_tmp
WHERE REGEXP_LIKE(name,'^b');
```

查询结果集如图 6-44 所示。

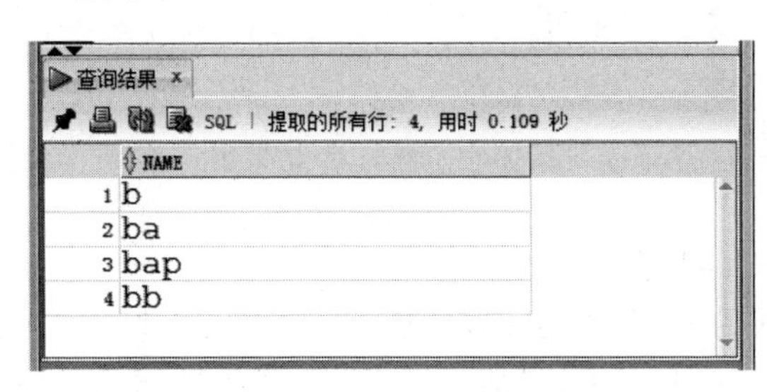


图 6-44 例 6.47 结果集

**2. 查询以特定字符或字符串结尾的记录**

字符“$”匹配以特定字符或字符串结尾的文本。

**【例 6.48】** 在 like_tmp 表中,查询 name 字段以字母“ry”结尾的记录。

SQL 语句如下:

```
SELECT *
FROM like_tmp
WHERE REGEXP_LIKE(name,'ry$');
```

查询结果集如图 6-45 所示。

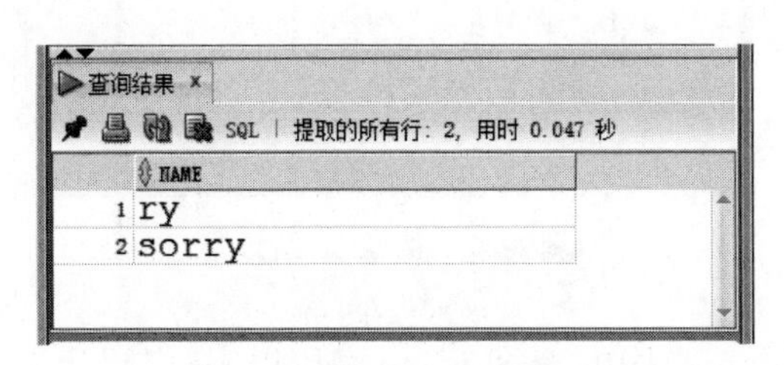


图 6-45 例 6.48 结果集

需要注意的是,如果字段 name 是 CHAR(10)类型,则字符的结尾会用空格补齐到 10 个字符长度,因此,相应字符串变成以空格结尾。

**3. 用符号“.”来替代字符串中的任意一个字符**

字符“.”匹配任意一个字符。

**【例 6.49】** 在 like_tmp 表中,查询 name 字段包含字母“a”与“b”且两个字母之间只有一个字符的记录。

SQL 语句如下:

```
SELECT *
FROM like_tmp
```

```
WHERE REGEXP_LIKE(name,'a.b');
```

查询结果集如图 6-46 所示。

图 6-46　例 6.49 结果集

**4. 使用“ * ”和“＋”匹配多个字符**

星号“ * ”匹配前面的字符任意多次,包括 0 次。加号“＋”匹配前面的字符至少一次。

**【例 6.50】** 在 like_tmp 表中,查询 name 字段以字母“a”开头,且“a”后面出现字母“b”任意次的记录。

SQL 语句如下:

```
SELECT *
FROM like_tmp
WHERE REGEXP_LIKE(name,'^ab*');
```

查询结果集如图 6-47 所示。

图 6-47　例 6.50 结果集

**【例 6.51】** 在 like_tmp 表中,查询 name 字段以字母“a”开头,且“a”后面出现字母“a”至少一次的记录。

SQL 语句如下:

```
SELECT *
FROM like_tmp
WHERE REGEXP_LIKE(name,'^aa+');
```

查询结果集如图 6-48 所示。

**5. 匹配指定字符串**

正则表达式可以匹配指定字符串,只要这个字符串在查询文本中即可,如要匹配多个字符串,则多个字符串之间使用分隔符“|”隔开。

**【例 6.52】** 在 like_tmp 表中,查询 name 字段包含字符串“ba”或者“ry”的记录。

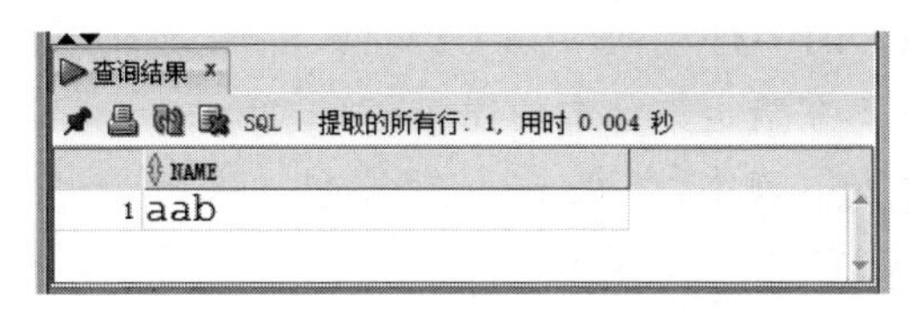


图 6-48　例 6.51 结果集

SQL 语句如下：

```
SELECT *
FROM like_tmp
WHERE REGEXP_LIKE(name,'ba|ry');
```

查询结果集如图 6-49 所示。

图 6-49　例 6.52 结果集

**6. 匹配指定字符中的任意一个**

方括号“[]”指定一个字符集合，只匹配其中任何一个字符，即为所查找的文本。

**【例 6.53】** 在 like_tmp 表中，查询 name 字段包含字符“o”或“t”的记录。

SQL 语句如下：

```
SELECT *
FROM like_tmp
WHERE REGEXP_LIKE(name,'[ot]');
```

查询结果集如图 6-50 所示。

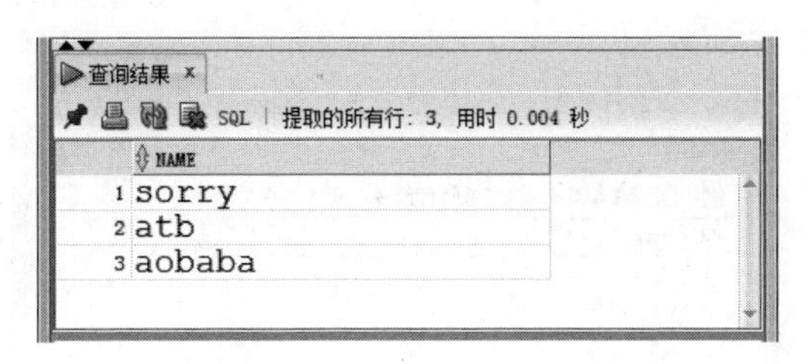


图 6-50　例 6.53 结果集

也可以采用集合区间的形式，如“[a-z]”表示集合区间为 a～z 的字母，“0-9”表示集合区间为所有数字。

### 7. 匹配指定字符以外的字符

“[^字符集合]”匹配不在指定集合中的任何字符。

**【例 6.54】** 在 like_tmp 表中，查询 name 字段包含字符 a～e、数字 1 和 2 以外的字符的记录。

SQL 语句如下：

```
SELECT *
FROM like_tmp
WHERE REGEXP_LIKE(name,'[^a-e1-2]');
```

查询结果集如图 6-51 所示。

图 6-51　例 6.54 结果集

### 8. 使用{n}或者{n,m}来指定字符串连续出现的次数

“字符串{n}”表示至少匹配 n 次前面的字符；“字符串{n,m}”表示匹配前面的字符串不少于 n 次，不多于 m 次。

**【例 6.55】** 在 like_tmp 表中，查询 name 字段出现字母“ba”至少 1 次，最多 4 次的记录。

SQL 语句如下：

```
SELECT *
FROM like_tmp
WHERE REGEXP_LIKE(name,'ba{1,4}');
```

查询结果集如图 6-52 所示。

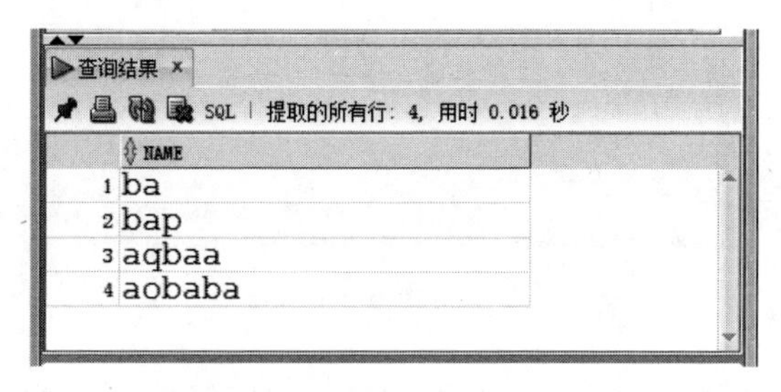


图 6-52　例 6.55 结果集

## 6.5 含替换变量的查询

在日常工作中，有些查询的许多条件不能事先确定，只能在执行时才能根据实际情况来确定，这就客观上要求在查询语句中提供可替换的变量，用来临时存储有关的数据。根据查询条件的复杂程度，Oracle 常使用两种类型的替换变量。

### 6.5.1 & 替换变量

在 SELECT 语句中，如果某个变量前面使用了"&"符号，那么表示该变量是一个替换变量。在执行 SELECT 语句时，系统会提示用户为该变量提供一个具体的值。

**【例 6.56】** 查询某系部学生的情况。

SQL 语句如下：

```
SELECT *
FROM student
WHERE Sdept = &dept;
```

例 6.56 中的 SQL 语句执行后，出现如图 6-53 所示的提示对话框，输入"'计算机系'"，单击"确定"按钮，得到的执行结果如图 6-54 所示。

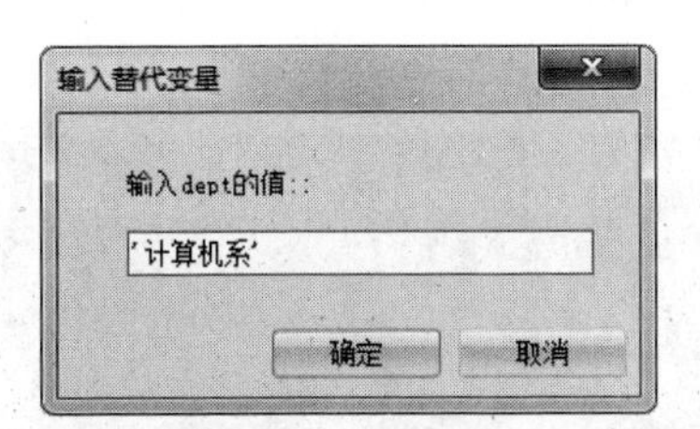


图 6-53 例 6.56 的提示对话框

查询结果

SQL | 提取的所有行: 10, 用时 0.006 秒

| | SNUM | SNAME | SSEX | SBIRTH | SDEPT | SNOTE |
|---|---|---|---|---|---|---|
| 1 | 1506101 | 王金龙 | 男 | 14-2月 -98 | 计算机系 | 入学新生 |
| 2 | 1506102 | 路远才 | 男 | 17-3月 -99 | 计算机系 | 入学新生 |
| 3 | 1506103 | 李琳琳 | 女 | 17-8月 -00 | 计算机系 | 入学新生 |
| 4 | 1506104 | 刘丰 | 男 | 09-9月 -98 | 计算机系 | 入学新生 |
| 5 | 1506105 | 徐峥 | 男 | 13-9月 -01 | 计算机系 | 入学新生 |
| 6 | 1506106 | 白小梅 | 女 | 03-12月-96 | 计算机系 | 入学新生 |
| 7 | 1506107 | 焦燕 | 男 | 08-11月-01 | 计算机系 | 入学新生 |
| 8 | 1506108 | 王程程 | 女 | 02-2月 -98 | 计算机系 | 入学新生 |
| 9 | 1506109 | 王斌 | 男 | 29-10月-94 | 计算机系 | 入学新生 |
| 10 | 1506110 | 李仲怀 | 男 | 25-6月 -97 | 计算机系 | 入学新生 |

图 6-54 例 6.56 结果集

例 6.56 中，WHERE 子句中使用了一个变量 &dept。该变量前面加上了"&"符号，因此是替换变量。当执行 SELECT 语句时，SQL Developer 会提示用户为该变量赋值。首先，输入"'计算机系'"；然后，字符串"'计算机系'"会替换到变量所在的位置；最后，执行该

SELECT 语句。

---

注意：替换变量是字符类型或日期类型的数据时，输入值必须用单引号括起来。为了在输入数据时不输入单引号，也可以在 SELECT 语句中把变量用单引号括起来。则例 6.56 的 SQL 代码可以变为

```
SELECT *
FROM student
WHERE Sdept = '&dept';
```

---

为了在 SQL * Plus 执行变量替换之前，显示如何执行替换的值，可以使用 SET VERIFY 命令。

**【例 6.57】** 查找计算机系学生的姓名。

SQL 代码如下：

```
SET VERIFY ON
SELECT *
FROM student
WHERE Sdept = '&dept';
```

执行过程与结果如图 6-55 所示。

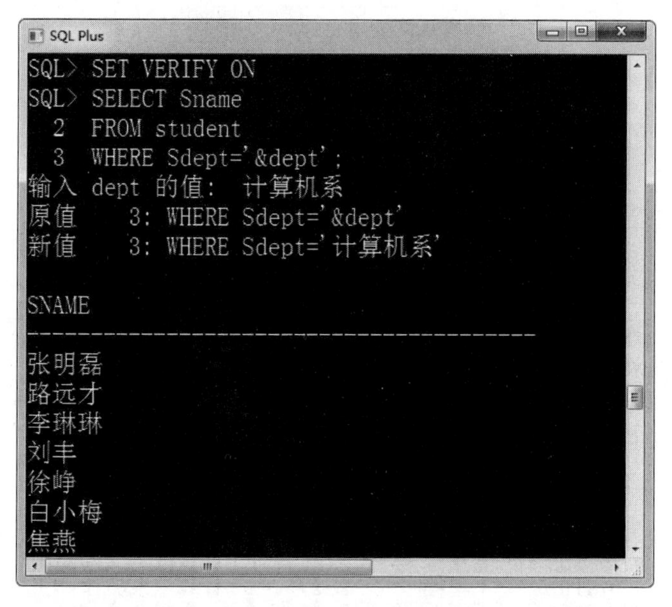


图 6-55 例 6.57 结果集

替换变量不仅可以用在 WHERE 子句中，而且还可以用在下列情况中。

(1) ORDER BY 子句。

(2) 列表达式。

(3) 表名。

(4) 整个 SELECT 语句。

【例 6.58】 查找选修了“数据结构”课程的学生学号、姓名、课程名及成绩。

SQL 代码如下：

```
SELECT student.Snum,&name,&kcm,&column
FROM student,course,SC
WHERE student.Snum = SC.Snum AND &condition AND Cname = &kcm
ORDER BY & column;
```

执行过程及结果如图 6-56 所示。

(a) 输入name的值　　(b) 输入kcm的值

(c) 输入column的值　　(d) 输入condition的值

(e) 输入kcm值　　(f) 输入column的值

| | SNUM | SNAME | '数据结构' | GRADE |
|---|---|---|---|---|
| 1 | 1507110 | 郭梦兰 | 数据结构 | 54 |
| 2 | 1507107 | 苏明玉 | 数据结构 | 64 |
| 3 | 1507108 | 朱迪 | 数据结构 | 67 |
| 4 | 1507106 | 孔令祥 | 数据结构 | 70 |
| 5 | 1507102 | 陈晓楠 | 数据结构 | 74 |
| 6 | 1507101 | 王志远 | 数据结构 | 76 |
| 7 | 1507109 | 周广慧 | 数据结构 | 80 |
| 8 | 1507103 | 张盛英 | 数据结构 | 90 |
| 9 | 1507104 | 吴志宁 | 数据结构 | 98 |
| 10 | 1507105 | 赵玲玲 | 数据结构 | 100 |

(g) 结果集

图 6-56　例 6.58 执行过程和结果集

### 6.5.2 && 替换变量

在 SELECT 语句中，有时希望重复使用某个变量，但又不希望系统重复提示输入该值，如例 6.58 中包含了一个变量 &column，它出现了两次。如果只是使用"&"符号来定义替换变量，那么系统会提示用户输入两次该变量。例 6.58 为该变量提供了相同的值"grade"，但如果在输入变量 &column 时，两次的输入不同，则系统会将它们分别作为两个不同的变量解释。为了避免为同一个变量提供两个不同的值，且使系统为同一个变量值提示一次信息，可以使用"&&"替换变量。

**【例 6.59】** 查询选修课程超过两门且成绩在 75 分以上的学生的学号。

SQL 代码如下：

```
SELECT &&column
FROM SC
WHERE grade>= 75
GROUP BY &column
HAVING COUNT( * )>2;
```

执行过程及结果如图 6-57 所示。

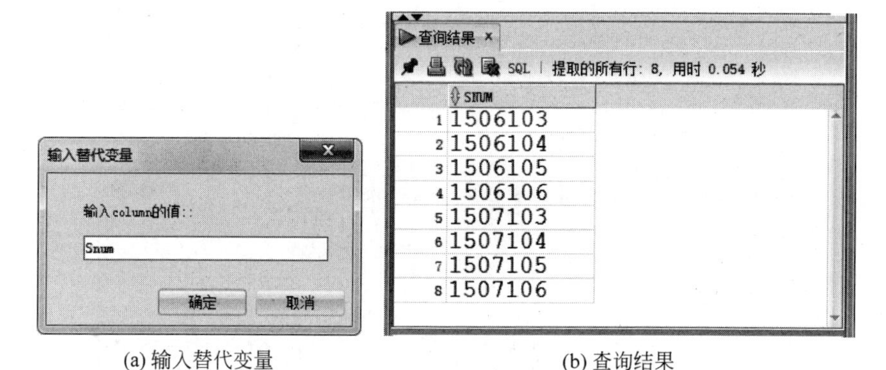


(a) 输入替代变量　　(b) 查询结果

图 6-57　例 6.59 结果集

例 6.59 中，两个 column 变量的值通过一次输入得到。

## 6.6 本章小结

SELECT 查询操作是数据库中最常用的操作。单表查询是基于一个表的简单查询，通过 WHERE 子句可以指定基于比较、逻辑运算的查询条件；使用集合函数完成数据集的统计；使用 GROUP BY 和 HAVING 子句可以完成分组运算；使用 ORDER BY 子句可以完成排序运算。连接查询和子查询是基于多表的复杂查询，完成多个表的数据融合。连接查询包括内连接、外连接以及交叉连接。子查询将内层查询结果集作为外层查询条件的一部分，增强了查询的逻辑性，可以实现逻辑复杂的查询。Oracle 还提供了使用正则表达式和含替换变量的查询。通过本章的学习，读者应能熟练应用 SELECT 语句完成应用中的各种查询需求。

# 习 题 6

根据第 5 章习题 5 中的汽车销售数据库,完成如下题目。

1. 查询汽车表中所有的汽车信息。

2. 查询汽车表中所有的汽车品牌,取消重复值。

3. 查询所有汽车的汽车编号,汽车品牌,及出厂年份,并以“汽车编号,汽车品牌,出厂年份”为数据集相应列命名。

4. 查询顾客编号为“G1001”的顾客信息。

5. 查询汽车价格在 12 万~17 万(包括 12 万和 17 万)之间的销售记录。

6. 查询出厂日期不在 2019 年的汽车信息。

7. 查询姓王的顾客的信息。

8. 查询出厂日期为空的汽车信息。

9. 统计各个汽车品牌的汽车型号数量,并输出型号数量大于 4 个的信息。

10. 统计现有汽车销售的最高价格、最低价格以及平均价格。

11. 将现有汽车销售记录按汽车价格从高到低排序,并显示前 10 行记录。

12. 查询汽车销售记录,显示销售编号、顾客编号、顾客姓名、汽车编号、汽车品牌、汽车价格信息。

13. 显示所有汽车的销售记录,包括未销售的汽车信息。

14. 显示“大众”品牌的汽车的销售记录,显示销售编号、汽车编号、汽车品牌、汽车价格信息。

15. 显示汽车价格高于所有“大众”品牌汽车的汽车价格的销售记录,显示销售编号、汽车编号、汽车品牌、汽车价格信息。

16. 将汽车品牌作为替换变量查询某品牌汽车的销售信息,显示销售编号、汽车编号、汽车品牌、汽车价格信息。

# 第7章 视　图

## 本章学习目标

- 熟悉视图的概念和用途
- 熟练掌握视图的创建和查看
- 熟练掌握视图的修改和更新
- 熟练掌握视图的删除

本章首先介绍视图的概念和用途，然后介绍视图的创建和查看，接着介绍视图的修改以及基于视图的数据的更新，最后介绍视图的删除。

## 7.1 视图概述

视图是从一个或者多个表(视图)中导出的表。例如，对于示例数据库中的信息，不同的部门所关心和操作的数据是不同的。在物理上定义的数据库的结构就是数据表，根据用户观点定义的数据结构就是视图。

视图一经定义便存储在数据库中。视图可以由以下任意一项组成：一个基表的任意子集；两个或两个以上基表的合集；两个或两个以上基表的交集；对一个或多个基表运算的结果集合；另一个视图的子集。对视图的操作和对表的操作一样，可以对其进行查询、插入、更新和删除。当通过视图对看到的数据进行操作时，相应的基本表的数据也要发生变化。同时，若基本表的数据发生变化，则这种变化也可以自动反映到视图中。

视图和表的不同在于：数据表存储实际数据，是实表；而视图是虚表，即视图不存储实际数据，数据库中只存储视图的定义。对视图的数据进行操作时，系统根据视图的定义去操作与之相关联的基表。

使用视图有下列5个优点。

(1) 简化用户的数据查询和处理。有时用户所需要的数据分散在多个表中，定义视图可将它们集中在一起，从而方便用户的数据查询和处理。

(2) 屏蔽数据库的复杂性。用户不必了解数据库复杂的表结构，并且数据库表的更改也不影响用户对数据库的使用。

(3) 简化用户权限的管理。只需授予用户使用视图的权限，而不必指定用户只能使用表的特定列，同时也增加了安全性。

(4) 便于数据共享。各个用户对于自己所需的数据不必都进行定义和存储，可共享数据库中的数据,这样同样的数据只需存储一次。

(5) 可以重新组织数据,以便输出到其他应用程序中。

## 7.2 视图的创建和查看

### 7.2.1 视图的创建

创建视图使用 CREATE OR REPLACE VIEW 语句,基本语法格式如下:

```
CREATE [OR REPLACE] [FORCE | NOFORCE] VIEW [用户方案名.]视图名
        [( 列名 [, …,n] )]
AS
    <SELECT 查询语句>
    [WITH CHECK OPTION[CONSTRAINT<约束名>]]
    [WITH READ ONLY]
```

说明:

(1) CREATE VIEW 表示创建视图。OR REPLACE 表示替换已经创建的视图。如果没有此关键字,则需将已存在的视图删除后才能创建同名的视图。

(2) FORCE 表示强制创建一个视图,无论视图的基表是否存在或拥有者是否有权限,但创建视图的语句语法必须是正确的。NOFORCE 则相反,表示不强制创建一个视图,默认为 NOFORCE。

(3) 用户方案名指定新创建的视图所属的用户方案名,默认为当前登录的账号。

(4) 列名,可以自定义视图包含的列。若使用与源表或视图中相同的列名,则不必给出列名。

(5) SELECT 查询语句表示视图中数据的来源,以表明新创建视图所参照的表或视图。

(6) WITH CHECK OPTION 表示在视图上所进行的修改都要符合 WITH CHECK OPTION 所指定的限制条件,确保数据修改后,仍可通过视图查询到修改的数据。

(7) CONSTRAINT 定义约束名,默认值为 SYS_Cn,n 为整数(唯一)。

(8) WITH READ ONLY 规定视图不能执行删除、插入、更新操作,只能检索数据。

视图的内容就是 SELECT 语句指定的内容。视图可以非常复杂。在下列一些情况下,必须指定列的名称。

① 由算术表达式、系统内置函数或者常量得到的列。

② 共享同一个表名连接得到的列。

③ 希望视图中的列名与基表中的列名不同的时候。

**1. 基于单表的视图**

基于单表的视图是比较简单的视图,视图的数据取自一个源表。

**【例 7.1】** 创建 student_computer 视图,包括计算机系所有学生的学号、姓名。

SQL 语句如下:

```
CREATE OR REPLACE VIEW student_computer
AS
SELECT Snum,Sname
```

```
FROM student
WHERE Sdept = '计算机系';
```

执行后,系统显示"View STUDENT_COMPUTER 已创建。"。

例 7.1 中,视图 student_computer 是基于单表的视图。视图的列名采用基本表中的相应列名。视图建立后,可以像基表一样用于查询。

**2. 基于多表的视图**

可以在两个或两个以上的表上建立视图。

**【例 7.2】** 创建 SC_computer 视图,包括计算机系各学生的学号、姓名、其选修的课程号及成绩。要保证对该视图的修改都要符合"系别名为计算机系"这个条件。

SQL 语句如下:

```
CREATE OR REPLACE VIEW SC_computer
AS
SELECT student.Snum,student.Sname, Cnum, grade
FROM student,SC
WHERE student.Snum = SC.Snum AND Sdept = '计算机系'
WITH CHECK OPTION;
```

执行后,系统显示"View SC_COMPUTER 已创建。"。

**3. 基于视图的视图**

创建视图时,源表可以是基表也可以是视图。

**【例 7.3】** 创建计算机系学生的平均成绩视图 SC_computer_AVG,包括学号(在视图中列名为 num)和平均成绩(在视图中列名为 score_avg)。

SQL 语句如下:

```
CREATE OR REPLACE VIEW SC_computer_AVG(num, score_avg)
AS
SELECT Snum, AVG(grade)
FROM SC_computer
GROUP BY Snum;
```

执行后,系统显示"SC_computer_AVG 已创建。"。

例 7.3 中,由于视图定义的 SELECT 中存在函数列,需要为视图定义列名。

### 7.2.2 视图的查询

视图定义后,可以如同查询基表那样对视图进行查询。

**【例 7.4】** 查询"计算机系"所有学生的学号、姓名。

SQL 语句如下:

```
SELECT *
FROM student_computer;
```

执行结果图 7-1 所示。

**【例 7.5】** 查找计算机专业的学生学号和选修的课程号。

SQL 语句如下:

查询结果 ×

SQL | 提取的所有行: 10, 用时 0.004 秒

| | SNUM | SNAME |
|---|---|---|
| 1 | 1506101 | 王金龙 |
| 2 | 1506102 | 路远才 |
| 3 | 1506103 | 李琳琳 |
| 4 | 1506104 | 刘丰 |
| 5 | 1506105 | 徐峥 |
| 6 | 1506106 | 白小梅 |
| 7 | 1506107 | 焦燕 |
| 8 | 1506108 | 王程程 |
| 9 | 1506109 | 王斌 |
| 10 | 1506110 | 李仲怀 |

图 7-1　例 7.4 执行结果

```
SELECT Snum, Cnum
FROM SC_computer
```

执行结果图 7-2 所示。

查询结果 ×

SQL | 提取的所有行: 40, 用时 0.096 秒

| | SNUM | CNUM |
|---|---|---|
| 1 | 1506101 | 080101 |
| 2 | 1506101 | 080102 |
| 3 | 1506101 | 080104 |
| 4 | 1506101 | 080106 |
| 5 | 1506102 | 080101 |
| 6 | 1506102 | 080102 |
| 7 | 1506102 | 080104 |
| 8 | 1506102 | 080106 |
| 9 | 1506103 | 080101 |
| 10 | 1506103 | 080102 |
| 11 | 1506103 | 080104 |

图 7-2　例 7.5 执行结果

**【例 7.6】** 查找计算机系平均成绩在 80 分以上(包括 80 分)的学生的学号和平均成绩。

SQL 语句如下：

```
SELECT *
FROM SC_computer_AVG
WHERE score_avg>= 80;
```

执行结果如图 7-3 所示。

### 7.2.3　视图的查看

视图的查看是查看数据库中已存在的视图的定义,可以使用 DESCRIBE 来查看视图。DESCRIBE 一般情况下可以简写为 DESC。

**【例 7.7】** 查看视图 SC_computer 的定义。

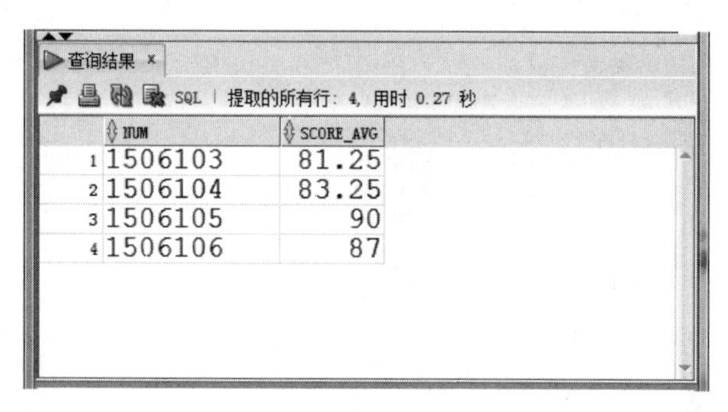


图 7-3　例 7.6 执行结果

SQL 语句如下：

```
DESCRIBE SC_computer;
```

执行结果如图 7-4 所示。

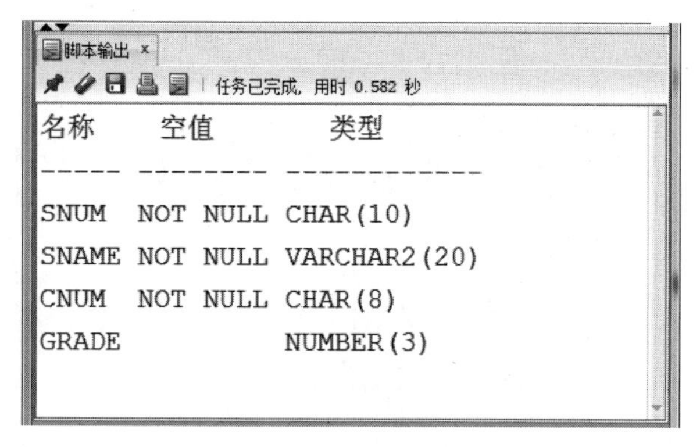


图 7-4　例 7.7 执行结果

# 7.3　视图的修改和更新

## 7.3.1　视图的修改

视图的修改是指修改数据库中存在的视图的定义，当基本表的某些字段发生变化时，可以通过修改视图来保持其与基本表的一致性。修改视图定义使用 CREATE OR REPLACE VIEW 语句。

**【例 7.8】**　修改视图 SC_computer，为视图指定列名，学号、姓名、课程号、课程名、成绩。

SQL 语句如下：

1）查看 SC_computer 原定义

```
DESC SC_computer;
```

执行结果如图 7-4 所示。

2）修改视图

```
CREATE OR REPLACE VIEW SC_computer(学号,姓名,课程号,课程名,成绩)
AS
SELECT student.Snum, Sname, SC.Cnum, Cname, grade
FROM student,SC,course
WHERE student.Snum = SC.Snum AND SC.Cnum = course.Cnum AND Sdept = '计算机系'
WITH CHECK OPTION;
```

3）查看 SC_computer 新定义

```
DESC SC_computer;
```

执行结果如图 7-5 所示。

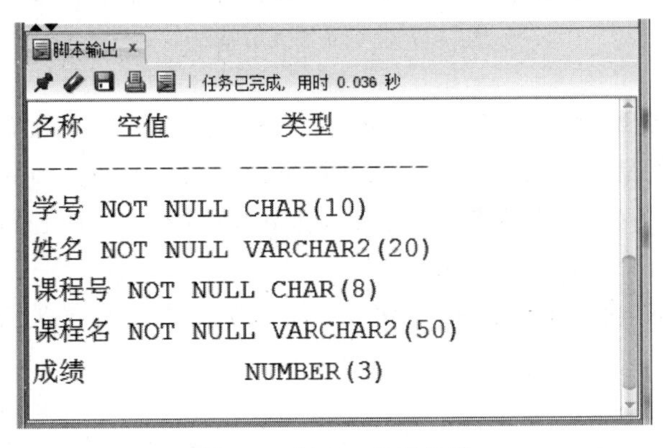


```
名称   空值       类型
--- -------- ------------
学号 NOT NULL CHAR(10)
姓名 NOT NULL VARCHAR2(20)
课程号 NOT NULL CHAR(8)
课程名 NOT NULL VARCHAR2(50)
成绩          NUMBER(3)
```

图 7-5　例 7.8 执行结果

### 7.3.2　视图的更新

视图的更新是指通过视图来插入、更新、删除表中的数据。由于视图中没有数据，通过视图的更新都要转到基本表上来实现。但并不是所有的视图都可以更新，只有对满足可更新条件的视图才能进行更新。

通过视图更新基表数据，必须满足以下条件。

(1) 没有使用连接函数、集合运算函数和组函数。

(2) 创建视图的 SELECT 语句中没有聚合函数且没有 GROUP BY、CONNECT BY、START WITH 子句及 DISTINCT 关键字。

(3) 创建视图的 SELECT 语句中不包含从基表列通过计算所得的列。

(4) 创建视图没有包含只读属性。

**1. 插入数据**

使用 INSERT 语句通过视图向基本表插入数据。

**【例 7.9】** 向 student_computer 视图插入一条记录，学号：1506120；姓名：王洛飞。

SQL 语句如下：

```
INSERT INTO student_computer
VALUES('1506120','王洛飞');
```

执行结果如图 7-6 所示。

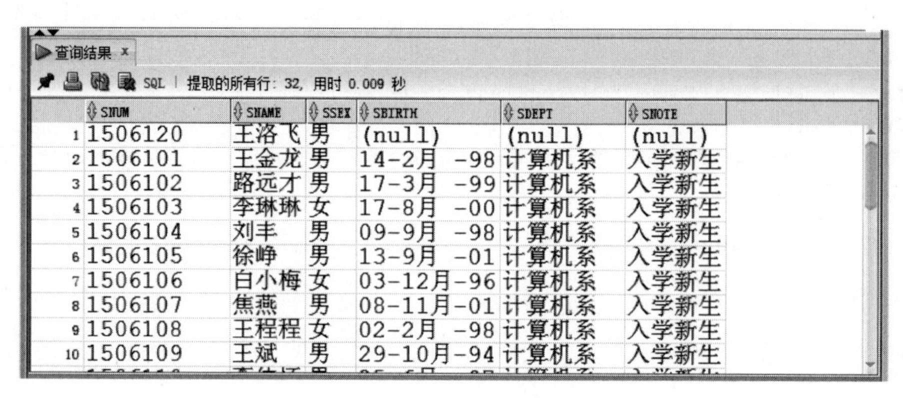

查询结果

SQL | 提取的所有行: 32, 用时 0.009 秒

| | SNUM | SNAME | SSEX | SBIRTH | SDEPT | SNOTE |
|---|---|---|---|---|---|---|
| 1 | 1506120 | 王洛飞 | 男 | (null) | (null) | (null) |
| 2 | 1506101 | 王金龙 | 男 | 14-2月 -98 | 计算机系 | 入学新生 |
| 3 | 1506102 | 路远才 | 男 | 17-3月 -99 | 计算机系 | 入学新生 |
| 4 | 1506103 | 李琳琳 | 女 | 17-8月 -00 | 计算机系 | 入学新生 |
| 5 | 1506104 | 刘丰 | 男 | 09-9月 -98 | 计算机系 | 入学新生 |
| 6 | 1506105 | 徐峥 | 男 | 13-9月 -01 | 计算机系 | 入学新生 |
| 7 | 1506106 | 白小梅 | 女 | 03-12月-96 | 计算机系 | 入学新生 |
| 8 | 1506107 | 焦燕 | 男 | 08-11月-01 | 计算机系 | 入学新生 |
| 9 | 1506108 | 王程程 | 女 | 02-2月 -98 | 计算机系 | 入学新生 |
| 10 | 1506109 | 王斌 | 男 | 29-10月-94 | 计算机系 | 入学新生 |

图 7-6　例 7.9 插入数据结果

由图 7.6 可知，此数据插入基本表 student 中。通过视图插入数据时，视图中不存在的字段在基本表中必须是可以为空或者存在默认值的字段；否则会插入失败。例 7.9 中，未提供的数据采用默认值或空值填充。由于系别“Sdept”为空，故通过视图 student_computer 将得不到此数据。

另外，当视图所依赖的基本表有多个时，不能向该视图插入数据，因为这样操作将会影响到多个表。

**2. 修改数据**

使用 UPDATE 语句可以通过视图修改基本表的数据。

**【例 7.10】** 修改 student_computer 视图中的数据，将学号为“1506101”的学生的姓名修改为“王金飞”。

SQL 语句如下：

```
UPDATE student_computer
SET Sname = '王金飞'
WHERE Snum = '1506101';
```

通过视图的数据修改只能涉及视图包含的列和数据。上述操作相当于：

```
UPDATE student
SET Sname = '王金飞'
WHERE Snum = '1506101' AND Sdept = '计算机系';
```

**【例 7.11】** 修改 SC_computer 视图，将学号为“1506106”的学生的“080101”号课程成绩改为 90。

SQL 语句如下：

```
UPDATE SC_computer
SET 成绩 = 90
WHERE 学号 = '1506106' AND 课程号 = '080101';
```

例 7.11 中，视图 SC_computer 依赖于 student 和 SC 两个基本表，对 SC_computer 视图的一次修改只能改变学号、姓名(源于 student 表)或者学号、课程号和成绩(源于 SC 表)。还要注意，修改时也要符合基本表的约束。

**3. 删除数据**

使用 DELETE 语句可以通过视图删除基本表的数据。但要注意，对于依赖于多个基本表的视图，不能使用 DELETE 语句。例如，不能通过对 SC_computer 视图执行 DELETE 语句而删除与之相关的基本表 student 和 SC 的数据。

**【例 7.12】** 基于 SC 表建立课程号“080101”的成绩信息视图，删除其中成绩不及格的同学的成绩。

SQL 语句如下。

建立视图：

```
CREATE OR REPLACE VIEW SC_080101
AS
SELECT *
FROM SC
WHERE Cnum = '080101';
```

删除数据：

```
DELETE SC_080101
WHERE grade<60
```

## 7.4 视图的删除

使用 DROP VIEW 命令可以删除视图。其语法格式如下：

```
DROP VIEW[用户方案名.]视图名
```

**【例 7.13】** 删除视图 student_computer。

SQL 语句如下：

```
DROP VIEW student_computer;
```

执行后系统显示“VIEW STUDENT_COMPUTER 已删除。”。

## 7.5 本章小结

视图是从一个或者多个表(视图)中导出的表，它是虚表。Oracle 中，使用 CREATE OR REPLACE VIEW 命令来创建或修改视图，使用 DROP VIEW 来删除视图。用户可以如同操作基本表一样对视图进行查询、插入、更新和删除操作，但是基于多个表(或视图)的视图的数据操作可能会受到更多的限制。通过本章的学习，读者应能掌握对视图的基本操作。

## 习题 7

1. 创建视图 V_car，定义“大众”品牌汽车的信息，包括汽车编号、汽车品牌、汽车型号、出厂日期，并设定检查约束。

2. 创建视图 V_sale,定义“大众”品牌汽车的销售信息,包括汽车编号、汽车品牌、汽车型号、顾客编号、汽车价格。

3. 向视图 V_car 中插入一条信息,汽车编号为“Q2001”,汽车品牌为“大众”,汽车型号为“迈腾”,出厂日期为“2019 年 10 月 1 日”。

4. 查询视图 V_sale 中,汽车价格大于 15 万的信息。

5. 删除视图 V_car。

# 第 8 章　PL/SQL 编程

### 本章学习目标

- 熟练掌握 PL/SQL 的基本结构和编程规范
- 掌握 PL/SQL 的变量定义和数据类型
- 熟练掌握 PL/SQL 的程序结构
- 熟练掌握 PL/SQL 的异常处理
- 了解 PL/SQL 中 DML 和 DDL 语言的使用
- 掌握函数的定义和操作

本章首先介绍 PL/SQL 编程的基本结构、编程规范、常量变量的定义以及常用数据类型；然后介绍 PL/SQL 编程的主要程序结构，包括条件控制结构和循环控制结构；接着介绍 PL/SQL 编程的异常处理结构；最后介绍自定义函数的创建、修改和删除管理。

## 8.1　PL/SQL 概述

### 8.1.1　什么是 PL/SQL

PL/SQL 是一种程序语言，叫作过程化 SQL 语言（Procedual Language/SQL，PL/SQL）。PL/SQL 是 Oracle 对标准数据库语言 SQL 的过程化扩充，它将数据库技术和过程化程序联系起来，是一种应用开发语言，可使用循环、分支结构来处理数据，将 SQL 的数据操作功能与过程化语言数据处理功能结合起来。

PL/SQL 的使用，使 SQL 成为一种高级程序设计语言，支持高级语言的块操作、条件判断、循环结构、嵌套等，与数据库核心的数据类型集成，使 SQL 的程序设计效率更高。

PL/SQL 具有以下特点。

(1) 支持事务控制和 SQL 数据操作命令。

(2) 支持 SQL 的所有数据类型，并且在此基础上扩展了新的数据类型，也支持 SQL 的函数和运算符。

(3) PL/SQL 可以存储在 Oracle 服务器中，提高程序的运行性能。

(4) 服务器上的 PL/SQL 程序可以使用权限进行控制。

(5) 具有良好的可移植性，可以移植到另一个 Oracle 数据库中。

(6) 支持异常处理，可以对程序中的错误进行自动处理，使程序能够在遇到错误时不会被中断。

(7) 减少网络的交互,有助于提高程序性能。

### 8.1.2 PL/SQL 基本结构

PL/SQL 程序的基本单位是块,一个基本的 PL/SQL 块由声明部分、执行部分和异常处理部分三部分组成,格式如下所示。

```
[DECLARE]: 声明开始关键字
          /* 这里是声明部分,包括 PL/SQL 中的变量、常量以及类型等的声明 */
BEGIN: 执行部分开始关键字
          /* 这里是执行部分,是整个 PL/SQL 块的主体部分,该部分必须存在,可以是 SQL 语句或
           者程序流程控制语句 */
[EXCEPTION]: 异常开始关键词
          /* 这里是异常处理部分,当出现异常时程序流程可以进入此部分 */
END;:执行结束标志
```

其中,声明部分以 DECLARE 作为开始标志,主要声明在可执行部分中调用的所有变量、常量、游标和用户自定义的异常处理;执行部分以 BEGIN 作为开始标志,主要包括对数据库进行操作的 SQL 语句,以及对语句块进行组织、控制的 PL/SQL 命令;异常处理部分以 EXCEPTION 为开始标志,主要包括在执行过程中出错或出现非正常现象时所做的相应处理。其中,执行部分是必须的,其他两部分是可选的。

**【例 8.1】** 一个简单的 PL/SQL 程序,只包含执行部分的内容。

SQL 语句如下:

```
BEGIN
  DBMS_OUTPUT.PUT_LINE('一个简单的 PL/SQL 程序。');
END;
```

执行结果如图 8-1 所示。

例 8.1 中,输出字符串"一个简单的 PL/SQL 程序。"。其中,DBMS_OUTPUT. PUT_LINE()是系统提供的输出函数,用来输出字符串。如果看不到输出的语句,可以运行"SET SERVEROUTPUT ON;"命令,打开输出功能。

PL/SQL 程序可以在 SQL Plus 和 SQL Developer 工具中运行。图 8-1 显示了两种环境下的例 8.1 的运行结果。在 SQL Plus 中通过输入"/"来运行 PL/SQL 程序块。为了编辑方便,后续的讲解中,本书使用 SQL Developer 工具。

**【例 8.2】** PL/SQL 程序,包含声明和执行两部分。

SQL 语句如下:

```
DECLARE
  result number;
BEGIN
  result: = 10 + 3 * 4 + 40;
  DBMS_OUTPUT.PUT_LINE('result:'||result);
END;
```

执行结果如图 8-2 所示。

例 8.2 包括声明和执行两部分。首先在声明部分声明了一个变量 result,然后对变量

进行计算赋值，最后输出该变量的值。

```
管理员: 命令提示符 - sqlplus system/Mm123456@orcl
SQL> SET SERVEROUTPUT ON;
SQL> BEGIN
  2     DBMS_OUTPUT.PUT_LINE('一个简单的PL/SQL程序。');
  3  END;
  4  /
一个简单的PL/SQL程序。

PL/SQL 过程已成功完成。

SQL>
```

(a) 例8.1在SQL Plus中执行结果

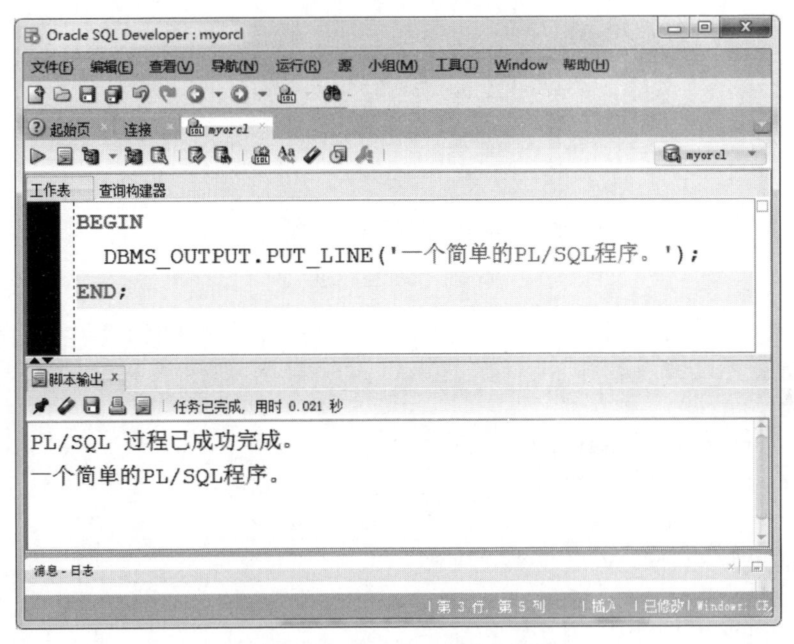


(b) 例8.1在SQL Developer中的执行结果

图 8-1　例 8.1 执行结果

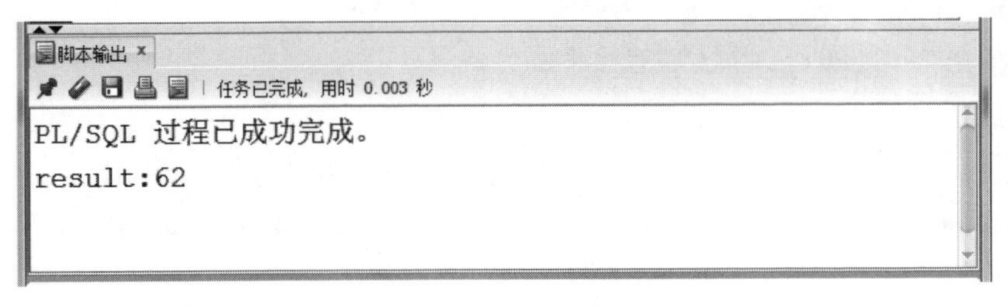


图 8-2　例 8.2 执行结果

【例 8.3】 PL/SQL 程序，包括声明、执行和异常处理部分。

SQL 语句如下：

```
DECLARE
  vnum student.Snum%type;
  vname student.Sname%type;
BEGIN
  SELECT Snum,Sname into vnum,vname
  FROM student
  WHERE Snum = '&num';
  DBMS_OUTPUT.PUT_LINE('学号:'||vnum);
  DBMS_OUTPUT.PUT_LINE('姓名:'||vname);
EXCEPTION
  WHEN NO_DATA_FOUND THEN
  DBMS_OUTPUT.PUT_LINE('没有此学生。');
END;
```

执行结果如图 8-3 所示。

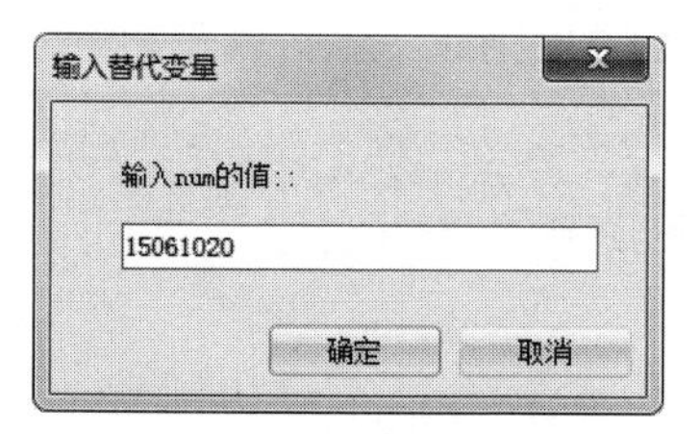


(a) 输入替代变量的值

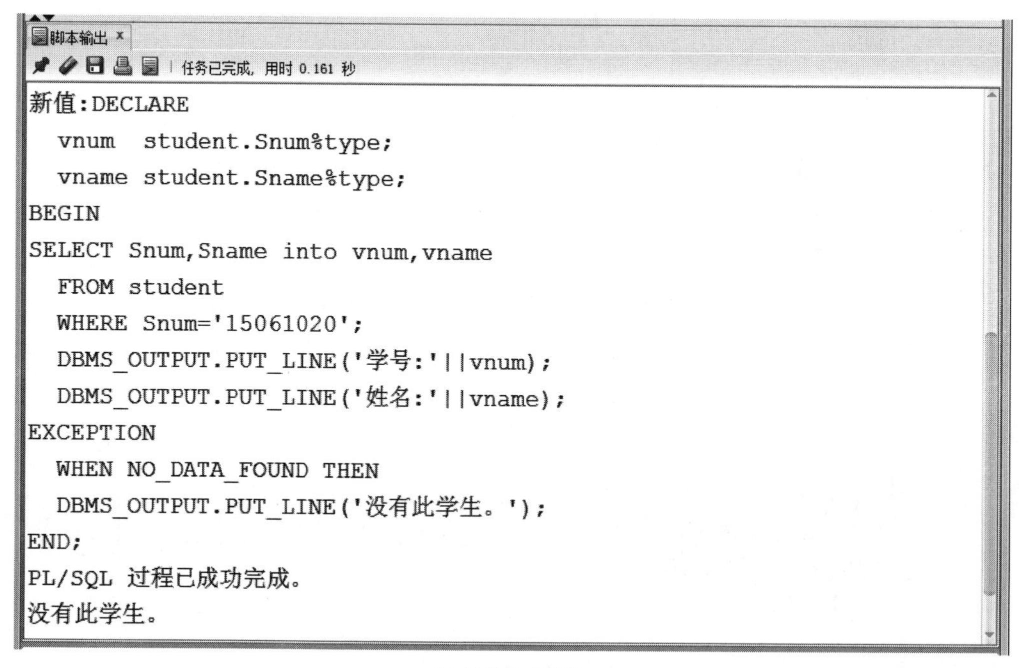


(b) 显示异常信息

图 8-3 例 8.3 执行结果

例 8.3 是从 student 表中选出指定学号的学生学号和姓名信息，并输出。如果没有查到此学生，则会引发异常。此时程序会根据异常处理部分的内容进行操作，显示异常信息“没有此学生。”。

### 8.1.3 PL/SQL 的编程规范

通过了解 PL/SQL 的编程规范，读者可以写出高质量的程序，从而增加程序的可读性。PL/SQL 的编程规范如下所示。

**1. PL/SQL 中允许出现的字符集**

(1) 所有的大写和小写英文字母。

(2) 数字 0～9。

(3) 符号()、＋、－、* 、/、<、>、＝、!、～、; 、: 、. 、'、@、%、, 、"、# 、^、&、_、{、}、?、[、]。

(4) 空格、回车符和制表符。

**2. PL/SQL 中必须遵守的要求**

(1) 标识符不区分大小写，所有的名称在存储时都被自动修改为大写。

(2) 标识符中只能出现字母、数字和下画线，并且以字母开头。

(3) 不能使用保留字。若与保留字同名，则必须使用双引号括起来。

(4) 标识符最多 30 个字符。

(5) 语句使用分号结束。SQL 语句可以是多行的，但分号表示该语句的结束。一行中可以有多条 SQL 语句，它们之间以分号分隔。

(6) 语句的关键字、标识符、字段的名称和表的名称都需要空格的分割。

(7) 字符类型和日期类型需要使用单引号括起来。

**3. PL/SQL 中的注释**

Oracle 提供了如下两种注释方法。

(1) 单行注释：使用“--”(两个减号)，可以注释后面的语句。

(2) 多行注释：使用“/ * … * /”，可以注释掉这两部分包含的部分。

**4. PL/SQL 中的编写风格**

为了提高代码的可读性，PL/SQL 中可以注意以下编写风格。

(1) 关键字(BEGIN、EXCEPTION、END、IF THEN ELSE、LOOP、END LOOP)、数据类型(VARCHAR2、NUMBER)、内部函数(LEAST、SUBSTR)和用户定义的子程序，使用大写。变量名以及 SQL 中的列名和表名，使用小写。

(2) 在等号或比较操作符的左右各留一个空格。

(3) 主要代码段之间用空行隔开。

(4) 结构词(DECLARE、BEGIN、EXCEPTION、END、IF THEN ELSE、LOOP、END LOOP)居左排列。

(5) 把同一结构的不同逻辑部分分开写在独立的行，即使这个结构很短。例如，IF 和 THEN 被放在同一行，而 ELSE 和 END IF 则放在独立的行。

# 8.2 PL/SQL 变量和数据类型

## 8.2.1 常量和变量

常量和变量在 PL/SQL 的编程中经常被用到。通过变量,可以把需要的参数传递进来,经过处理后,还可以把值传递出去,最终返回给用户。

**1. 常量**

常量是固化在程序代码中的信息,常量的值从定义开始就是固定的。常量主要用于为程序提供固定和精确的值,包括数值和字符串,如数字、逻辑值真(TRUE)、逻辑值假(FALSE)等都是常量。

常量的语法格式如下:

```
常量名 CONSTANT 数据类型[NOT NULL] {: = |DEFAULT} 常量值;
```

其中,CONSTANT 是声明常量的关键词;NOT NULL 表示常量值为非空;{:=|DEFAULT}表示常量必须显式地为其赋值。

**2. 变量**

变量在程序运行过程中,其值是可以改变的。变量是存储信息的单元,它对应于某个内存空间,变量用于存储特定数据类型的数据,用变量名代表其存储空间。程序能在变量中存储值和取出值。

变量的语法格式如下:

```
变量名 数据类型[[NOT NULL] {: = |DEFAULT} 变量值或表达式]];
```

变量名必须是一个合法的标识符,变量命名规则如下所示。

(1) 必须以字母开头。

(2) 其后跟可选的一个或多个字母、数字或特殊字符 $ 、# 或_。

(3) 长度不超过 30 个字符。

(4) 变量名中不能有空格。

**3. 变量的赋值**

给变量赋值有直接给变量赋值和通过 SQL SELECT INTO 或 FETCH INTO 给变量赋值两种方式。

1) 直接给变量赋值

```
a: = 200;
b: = a * 20;
```

2) 通过 SQL SELECT INTO 或 FETCH INTO 给变量赋值

```
SELECT Snum,Sname into vnum,vname
FROM student
WHERE Snum = '&num';
```

**【例 8.4】** 在程序中使用常量和变量示例。

SQL 语句如下:

```
DECLARE
  vnum VARCHAR(10);
  vname VARCHAR(20);
  v_ceshi CONSTANT VARCHAR(20): = '这是测试!';
BEGIN
  SELECT Snum, Sname into vnum, vname
  FROM student
  WHERE snum = '1506101';

  DBMS_OUTPUT.PUT_LINE('学号:'||vnum);
  DBMS_OUTPUT.PUT_LINE('姓名:'||vname);
  DBMS_OUTPUT.PUT_LINE('常量 v_ceshi:'||vname);
END;
```

执行结果如图 8-4 所示。

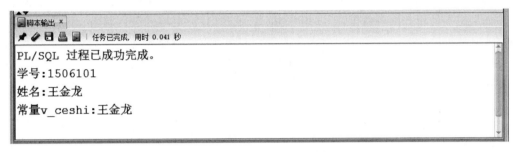


图 8-4　例 8.4 执行结果

## 8.2.2　数据类型

PL/SQL 支持常用的标量数据类型和复合数据类型。

**1. 标量数据类型**

标量数据类型是开发者最常用的一种变量类型，它本身是一个单一的值，不包含任何的类型组合。标量类型主要包含数值类型、字符类型、布尔类型和日期类型；还有一种比较特殊的声明变量类型的方式，就是利用"%TYPE"属性。

1）基本数据类型

PL/SQL 支持 Oracle 提供的基本数据类型，包括数值类型（NUMBER、PLS_INTEGER、BINARY_INTGER、SIMPLE_INTEGER 等）、字符类型（CHAR、VARCHAR2、NCHAR、NVARCHAR2、LONG 等）、布尔类型、日期类型（DATE、TIMESTAMP）。

2）使用"%TYPE"属性

"%TYPE"属性利用已经存在的变量的数据类型来定义新变量的数据类型。它提供了变量和数据表中列的数据类型的对应，在声明一个包含数据表某列值的变量时非常有用。例如，在 student 表中包含 Sname 列，为了声明一个变量 v_name 与 Sname 列具有相同的数据类型，声明时可使用"%TYPE"属性。例如，"v_name student. Sname%TYPE;"定义了一个变量 v_name 与 student 表的 Sname 列具有相同的数据类型。

使用"%TYPE"声明具有以下两个优点。

(1) 不必知道数据表 Sname 列确切的数据类型。同时,"%TYPE"可以完全兼容在数据表中提取的数据,而不至于出现数据溢出或不符的情况。

(2) 如果改变了数据表 Sname 列的数据库定义,v_name 的数据类型在运行时会自动进行修改。

**2. 复合数据类型**

复合数据类型是指每个变量包含多个元素,可以存储多个值。这种变量类型同标量数据类型使用方式稍有差异,复合数据类型需要先定义,然后才能声明该类型的变量。最常用的复合数据类型是记录类型。

记录类型包含一个或多个成员,而每个成员的类型可以不同,成员可以是标量类型,也可以是引用其他变量的类型(如使用"%TYPE")。记录类型比较适合处理查询语句中有多个列的情况,最常用的就是在调用某张表中的一行记录时,利用记录类型变量存储这行记录。如果想要使用其中的数据,可以用"变量名.成员名称"的格式进行调用。记录类型的声明方式有两种。

(1) 第 1 种方式是采用"IS RECORD"关键词来定义记录类型。

定义格式如下:

```
TYPE stu_rec IS RECORD
(v_num student.Snum % TYPE,
V_name student.Sname % TYPE);
```

其中,"TYPE""IS RECORD"是关键词,表示定义记录类型;"stu_rec"是定义的记录类型的名称;"v_num""v_name"是成员变量,表示本记录类型有两个成员。需要注意的是,stu_rec 是记录类型,不是变量。要使用此类型,需要声明变量。

**【例 8.5】** 在程序中使用记录类型示例。

SQL 语句如下:

```
DECLARE
  TYPE stu_rec IS RECORD
  ( vnum student.Snum % TYPE,
    vname student.Sname % TYPE);
  v_stu stu_rec;
BEGIN
  SELECT Snum, Sname into v_stu
  FROM student
  WHERE Snum = '1506101';

  DBMS_OUTPUT.PUT_LINE('学号:'||v_stu.vnum);
  DBMS_OUTPUT.PUT_LINE('姓名:'||v_stu.vname);
END;
```

执行结果如图 8-5 所示。

在例 8.5 中,声明变量"v_stu"是"stu_rec"记录类型,通过"v_stu.vnum""v_stu.vname"使用其成员。

(2) 第 2 种方式是采用数据表行属性"%ROWTYPE"来声明记录类型变量。这种声明

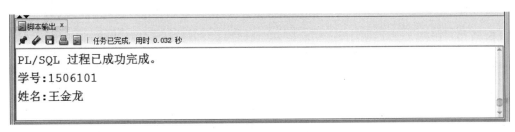


图 8-5　例 8.5 执行结果

方式可以直接引用表中的行作为变量类型,其同“%TYPE”类似,可以避免因表中字段的数据类型而导致 PL/SQL 块出错的问题。

**【例 8.6】** 在程序中使用“%ROWTYPE”记录类型示例。

SQL 语句如下:

```
DECLARE
     v_stu student % ROWTYPE;
BEGIN
    SELECT  *  into v_stu
    FROM student
    WHERE Snum = '1506101';

    DBMS_OUTPUT.PUT_LINE('学号:'||v_stu.Snum);
    DBMS_OUTPUT.PUT_LINE('姓名:'||v_stu.Sname);
END;
```

执行结果如图 8-6 所示。

脚本输出
任务已完成, 用时 0.052 秒
学号:1506101
姓名:王金龙

图 8-6　例 8.6 执行结果

在例 8.6 中,定义了“v_stu”记录类型,它具有与 student 表的行结构相同的数据类型,其成员变量名称和数据类型同 student 表中的各列定义。通过使用句点连接其中的属性,如“v_stu.Snum”“v_stu.Sname”。

**3. 数据类型转换**

PL/SQL 可以进行数据类型之间的转换。常见的数据类型之间的转换函数如下。

(1) TO_CHAR:将 NUMBER 和 DATE 类型转换成 VARCHAR2 类型。

(2) TO_DATE:将 CHAR 转换成 DATE 类型。

(3) TO_NUMBER:将 CHAR 转换成 NUMBER 类型。

此外,PL/SQL 还会自动地转换各种类型,如例 8.7 所示。

**【例 8.7】** 自动数据类型转换示例。

SQL 语句如下:

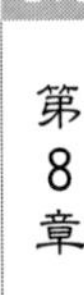

```
DECLARE
    v_sum varchar2(10);
BEGIN
    SELECT COUNT( * ) INTO v_sum
    FROM student;

    DBMS_OUTPUT.PUT_LINE('学生人数为:'||v_sum);
END;
```

执行结果如图 8-7 所示。

脚本输出 ×
任务已完成，用时 0.011 秒
PL/SQL 过程已成功完成。
学生人数为:32

图 8-7　例 8.7 执行结果

PL/SQL 可以在某些类型之间自动转换，但是使用转换函数可以增强程序的可读性，是一个较好的习惯。对于例 8.7，可以使用 TO_CHAR 转换函数将 NUMBER 类型进行转换，具体代码如下：

```
DECLARE
  v_sum varchar2(10);
BEGIN
  SELECT TO_CHAR(COUNT( * )) INTO v_sum
  FROM student;
  DBMS_OUTPUT.PUT_LINE('学生人数为:'||TO_CHAR(v_sum));
END;
```

## 8.3　PL/SQL 程序结构

### 8.3.1　基本处理流程

PL/SQL 是面向过程的编程语言，通过逻辑控制语句，可以实现不同的目的。对数据结构的处理流程，称为基本处理流程。在 PL/SQL 中，基本的处理流程包括 3 种结构，即顺序结构、选择结构和循环结构。

(1) 顺序结构是 PL/SQL 程序中最基本的结构，根据语句出现的先后顺序依次执行。

(2) 选择结构按照给定的逻辑条件来决定执行顺序，有单向选择、双向选择和多向选择之分，但程序在执行过程中都只执行其中一条分支。

(3) 循环结构指根据代码的逻辑条件来判断是否重复执行某一段程序。

一般而言，PL/SQL 程序总体是按照顺序结构执行的，而在顺序结构中可以包含选择结构和循环结构。

### 8.3.2 IF 条件控制语句

条件控制语句是一种选择结构,就是对语句中不同条件的值进行判断,进而根据不同的条件执行不同的语句。条件判断语句主要包括 IF…结构、IF…ELSE…结构和 IF…ELSEIF…结构。

**1. IF…结构**

IF…结构是最常见的条件选择结构,每种编程语言都有一种或多种形式的 IF 语句,在编程中是经常被用到的。

IF…结构的语法结构如下:

```
IF 条件表达式 THEN
  语句;
END IF;
```

如果“条件表达式”的返回结果为 TRUE,则执行 IF 语句对应的“语句”;如果“条件表达式”的返回结果为 FALSE,则继续执行“END IF”后的语句。

**【例 8.8】** 查询学号为“1506101”的学生选修课程的门数。

SQL 语句如下:

```
DECLARE
    v_sum number(3);
BEGIN
    SELECT COUNT( * ) INTO v_sum
    FROM SC
    WHERE Snum = '1506101';
    IF v_sum< >0 THEN
      DBMS_OUTPUT.PUT_LINE ('1506101 同学共选了:' || TO_CHAR(v_sum)||'门课程。');
    END IF;
END;
```

执行结构如图 8-8 所示。

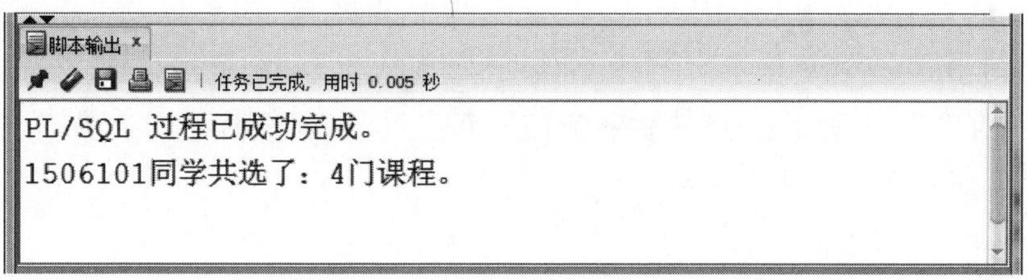

```
脚本输出 ×
任务已完成,用时 0.005 秒
PL/SQL 过程已成功完成。
1506101同学共选了:4门课程。
```

图 8-8 例 8.8 执行结果

**2. IF…ELSE…结构**

IF…ELSE…结构通常用于一个条件需要两个程序分支来执行的情况。IF…ELSE…结构的语法结构如下:

```
IF 条件表达式 THEN
  语句 1;
ELSE
```

```
  语句 2;
END IF;
```

如果“条件表达式”的返回结果为 TRUE,则执行 IF 语句对应的“语句 1”；如果“条件表达式”的返回结果为 FALSE,则执行 ELSE 语句对应的“语句 2”。

**【例 8.9】** 如果“数据库原理”课程的平均成绩高于 75 分,则显示“平均成绩大于 75”；否则显示“平均成绩小于等于 75”。

SQL 语句如下：

```
DECLARE
    v_avg number(4,2);
BEGIN
    SELECT AVG(grade) INTO v_avg
    FROM student,course, SC
    WHERE student.Snum = SC.Snum AND SC.Cnum = course.Cnum
            AND course.Cname = '数据库原理';
    IF v_avg>75 THEN
        DBMS_OUTPUT.PUT_LINE ('平均成绩大于 75');
    ELSE
        DBMS_OUTPUT.PUT_LINE ('平均成绩小于等于 75');
    END IF;
END;
```

执行结果如图 8-9 所示。

```
脚本输出 ×
任务已完成, 用时 0.136 秒
PL/SQL 过程已成功完成。
平均成绩大于75
```

图 8-9　例 8.9 执行结果

### 3. IF…ELSEIF…结构

IF…ELSEIF…结构提供了多个 IF 条件选择,当程序执行到该部分时,会对每个条件进行判断,一旦条件为 TRUE,就会执行对应的语句,然后继续判断下一个条件,直到所有条件判断完成。其语法格式如下：

```
IF 条件表达式 1 THEN
  语句 1;
ELSIF 条件表达式 2 THEN
  语句 2;
…
[ELSE 语句 n]
END IF;
```

如果“条件表达式 1”的返回结果为 TRUE,则执行 IF 语句对应的“语句 1”；如果“条件表达式 2”的返回结果为 FALSE,则执行“ELSEIF”后面的判断语句。

**【例 8.10】** 求“数据库原理”课程的平均成绩,并判断输出其等级。

SQL 语句如下：

```
DECLARE
    v_avg number(4,2);
BEGIN
    SELECT AVG(grade) INTO v_avg
    FROM student,course, SC
    WHERE student.Snum = SC.Snum AND SC.Cnum = course.Cnum
          AND course.cname = '数据库原理';
    IF v_avg>= 90 THEN
        DBMS_OUTPUT.PUT_LINE ('平均成绩优秀!');
    ELSIF v_avg>= 80 THEN
        DBMS_OUTPUT.PUT_LINE ('平均成绩良好!');
    ELSIF v_avg>= 70 THEN
        DBMS_OUTPUT.PUT_LINE ('平均成绩中等!');
    ELSIF v_avg>= 60 THEN
        DBMS_OUTPUT.PUT_LINE ('平均成绩及格!');
    ELSE
        DBMS_OUTPUT.PUT_LINE ('平均成绩不及格!');
    END IF;
END;
```

执行结果如图 8-10 所示。

脚本输出 ×
任务已完成，用时 0.066 秒
PL/SQL 过程已成功完成。
平均成绩中等!

图 8-10　例 8.10 执行结果

#### 4. 嵌套使用 IF 语句

IF 语句可以嵌套使用，使得判断的条件更加精确。

**【例 8.11】** 求"数据库原理"课程的平均成绩，并判断输出其等级。如果没学生选此课，则输出"尚无学生选择此课!"。

SQL 语句如下：

```
DECLARE
    v_avg number(4,2);
  v_sum number;
BEGIN
    SELECT AVG(grade), COUNT( * ) INTO v_avg, v_sum
    FROM student,course, SC
    WHERE student.Snum = SC.Snum AND SC.Cnum = course.Cnum
          AND course.cname = '数据库原理';
    IF v_sum >0 THEN
      IF v_avg>= 90 THEN
        DBMS_OUTPUT.PUT_LINE ('平均成绩优秀!');
```

```
            ELSIF v_avg>= 80 THEN
             DBMS_OUTPUT.PUT_LINE ('平均成绩良好!');
            ELSIF v_avg>= 70 THEN
             DBMS_OUTPUT.PUT_LINE ('平均成绩中等!');
            ELSIF v_avg>= 60 THEN
             DBMS_OUTPUT.PUT_LINE ('平均成绩及格!');
            ELSE
             DBMS_OUTPUT.PUT_LINE ('平均成绩不及格!');
            END IF;
        ELSE
          DBMS_OUTPUT.PUT_LINE ('尚无学生选择此课!');
        END IF;
END;
```

执行结果如图 8-11 所示。

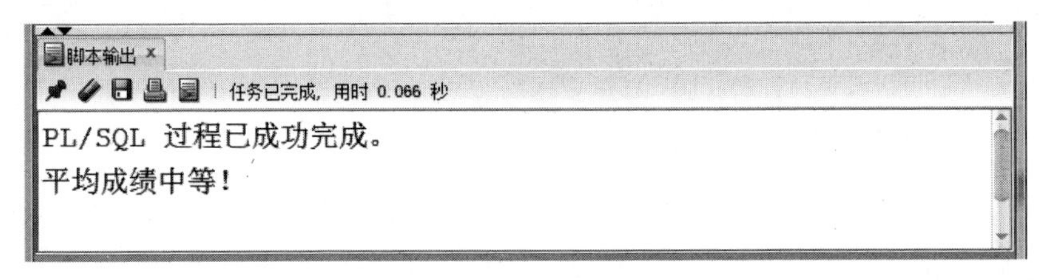


图 8-11　例 8.11 执行结果

例 8.11 使用了 IF…ELSE 结构,在 IF 部分嵌套了 IF…ELSIF 结构。在外层 IF 语句中判断有无选课人员；在内层嵌套的结构中判断平均成绩的等级。

虽然 IF 嵌套语句的使用可以帮助用户完成更加复杂的逻辑,但不建议过多地使用该类型语句,其原因主要有如下所示两点。

(1) 过多的嵌套使用会影响其执行效率。

(2) 过多的嵌套使用会影响其阅读效果,如果允许,应尽量把其改为单一的 IF 条件语句。

## 8.3.3　CASE 条件控制语句

CASE 语句根据不同的条件选择对应的语句执行。CASE 语句分为两种：简单的 CASE 语句和搜索式 CASE 语句。

**1. 简单的 CASE 语句**

简单的 CASE 语句给出一个表达式,并把表达式结果同提供的几个可预见的结果做比较,如果比较成功,则执行对应的语句。该类型的语法格式如下：

```
[<<标签名>>]
CASE 表达式
  WHEN 值 1 THEN
        语句 1;
 [WHEN 值 2 THEN
        语句 2;]
```

```
...
  [ELSE 语句 n;]
END CASE [标签名];
```

其中,“<<标签名>>”是一个标签,可以选择性添加,提高可读性;“表达式”通常是一个变量;“值 1”等是“表达式”对应的结果,如果相同,则执行对应的“语句 1”;“[ELSE 语句 n;]”表示当所有的 WHEN 条件都不能对应“表达式”的值时,就会执行 ELSE 的语句。

**【例 8.12】** 简单 CASE 语句应用示例。根据用户输入的编号,判断课程名。

SQL 语句如下:

```
DECLARE
    v_num char(10);
    v_Result varchar2(16);
BEGIN
    v_num: = '&num';
    CASE v_num          /* 判断 v_num 的值,并给出结果 */
        WHEN '101' THEN v_Result: = '计算机基础';
        WHEN '102' THEN v_Result: = '程序设计语言';
        WHEN '206' THEN v_Result: = '离散数学';
        WHEN '208' THEN v_Result: = '数据结构';
        ELSE
            v_Result: = 'Nothing';
    END CASE;
    DBMS_OUTPUT.PUT_LINE (v_result);
END;
```

执行结果如图 8-12 所示。

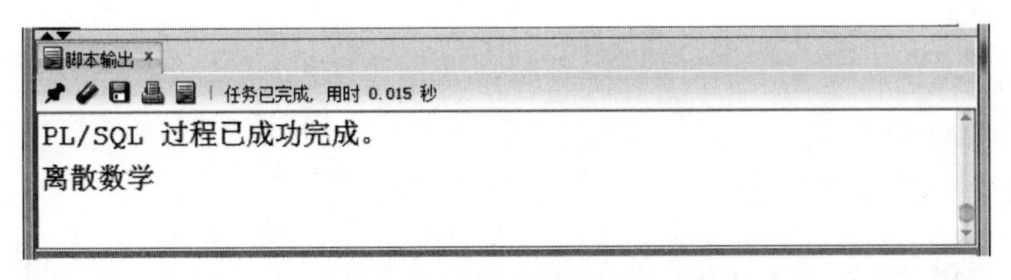


图 8-12 例 8.12 执行结果

**2. 搜索式 CASE 语句**

搜索式 CASE 语句会依次检索 WHEN 条件表达式的布尔值是否为 TRUE,一旦为 TRUE,那么它所在的 WHEN 子句会被执行,后面的布尔表达式将不再考虑;如果所有的布尔表达式都不为 TRUE,则程序会转到 ELSE 子句;如果没有 ELSE 子句,则系统会给出异常。其语法格式如下:

```
[<<标签名>>]
CASE
  WHEN 布尔表达式 1 THEN
    语句 1;
  [WHEN 布尔表达式 2 THEN
```

```
      语句 2;]
  ...
    [ELSE 语句 n;]
  END CASE [标签名];
```



**【例 8.13】** 搜索式 CASE 语句应用示例。计算"1506101"同学所有课程的平均成绩，并进行等级判断。

SQL 语句如下：

```
DECLARE
  v_grade number;
BEGIN
  SELECT AVG(grade) INTO v_grade
  FROM SC
  WHERE Snum = '1506101';

  CASE
    WHEN v_grade>= 90 and v_grade<100 THEN
      DBMS_OUTPUT.PUT_LINE('平均成绩优秀!');
    WHEN v_grade<90 and v_grade>= 80 THEN
      DBMS_OUTPUT.PUT_LINE('平均成绩良好!');
    WHEN v_grade<80 and v_grade>= 70 THEN
      DBMS_OUTPUT.PUT_LINE('平均成绩中等!');
    WHEN v_grade<70 and v_grade>= 60 THEN
      DBMS_OUTPUT.PUT_LINE('平均成绩及格!');
    WHEN v_grade<60 and v_grade>= 0 THEN
      DBMS_OUTPUT.PUT_LINE('平均成绩不及格!');
    ELSE
      DBMS_OUTPUT.PUT_LINE('平均成绩计算错误!');
  END CASE;
END;
```

执行结果如图 8-13 所示。

```
脚本输出 ×
任务已完成，用时 0.036 秒
PL/SQL 过程已成功完成。
平均成绩及格!
```

图 8-13　例 8.13 执行结果

### 8.3.4 LOOP 循环控制语句

LOOP 循环控制语句可以重复执行指定的语句块。LOOP 语句有 4 种形式：基本 LOOP、WHILE…LOOP、FOR…LOOP 以及 CURSOR FOR LOOP。本节主要介绍前 3 种形式，CURSOR FOR LOOP 将在第 9 章的游标部分进行学习。

### 1. 基本 LOOP

基本 LOOP 形式属于 LOOP 循环控制语句中最基本的结构，会不断重复地执行 LOOP 和 END LOOP 之间的语句序列。由于它没有包含中断循环的条件，所以通常情况下都是和其他的条件控制语句一起使用，如利用 EXIT、GOTO、异常等中断循环。基本 LOOP 语句语法结构如下：

```
LOOP
    循环体;                           /* 执行循环体 */
    IF 条件表达式 THEN                /* 测试是否符合退出条件 */
        EXIT [<<标签名>>] ;           /* 满足退出条件，退出循环 */
    END IF;
END LOOP;
[<<标签名>>]
```

或

```
LOOP
    循环体;                           /* 执行循环体 */
    EXIT [<<标签名>>] WHEN 条件表达式 /* 测试是否符合退出条件 */
END LOOP;
[<<标签名>>]
```

基本 LOOP 语句需要和条件控制语句一起使用，否则会出现死循环的情况，直到内存溢出时抛出异常才能终止循环。可以使用“EXIT＋条件控制”来结束循环，包含两种形式：“IF…EXIT”和“EXIT…WHEN”。例 8.14 分别展示了其用法，需要注意的是，EXIT 语句必须在循环体内。

**【例 8.14】** 求 10 的阶乘。

SQL 语句如下：

```
DECLARE
    n number: = 1;
    count1 number: = 2;
BEGIN
    LOOP
        n: = n * count1;
        count1: = count1 + 1;
        IF count1>10 THEN
            EXIT;
        END IF;
    END LOOP;
    DBMS_OUTPUT.PUT_LINE (to_char(n));
END;
```

或

```
DECLARE
    n number: = 1;
    count1 number: = 2;
BEGIN
```

```
    LOOP
        n: = n * count1;
        count1: = count1 + 1;
        EXIT WHEN count1 = 11;
    END LOOP;
    DBMS_OUTPUT.PUT_LINE (to_char(n));
END;
```

执行结果如图 8-14 所示。

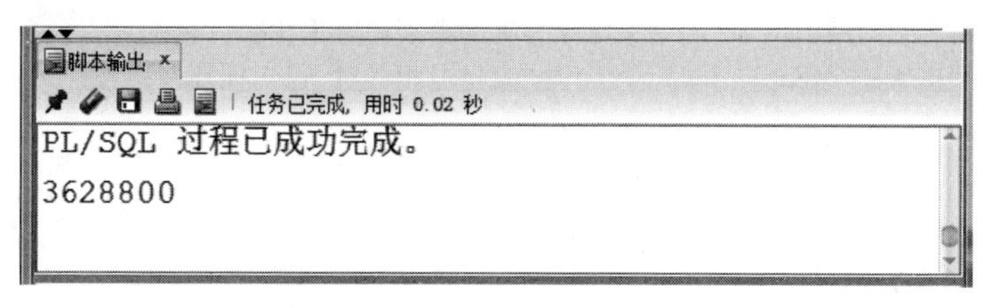


图 8-14 例 8.14 执行结果

**2. WHILE…LOOP**

WHILE…LOOP 结构的语句本身可以终止 LOOP 循环，当 WHILE 后面的条件表达式为 TRUE 时，LOOP 和 END LOOP 之间的循环体将执行一次，然后重新判断 WHILE 后面的表达式是否为 TRUE。如果其后的表达式为 FALSE，将结束循环语句。其语法结构如下：

```
WHILE 条件表达式                    /* 测试是否符合退出条件 */
    LOOP
        循环体;                     /* 执行循环体 */
    END LOOP;
```

**【例 8.15】** 用 WHILE-LOOP-END 循环结构求 10 的阶乘。

SQL 语句如下：

```
DECLARE
    n number: = 1;
    count1 number: = 2;
BEGIN
    WHILE count1< = 10
     LOOP
         n: = n * count1;
         count1: = count1 + 1;
     END LOOP;
    DBMS_OUTPUT.PUT_LINE (to_char(n));
END;
```

执行结果如图 8-15 所示。

**3. FOR…LOOP**

FOR…LOOP 语句循环遍历指定范围内的整数，该范围被 FOR 和 LOOP 关键词封闭。当第 1 次进入循环时，其循环范围会被确定，并且以后不会再次计算。每循环一次，其循环次数将会增加 1。其语法结构如下：

```
FOR 计数变量 IN 变量初值..变量终值    /* 定义跟踪循环的变量 */
    LOOP
        循环体                        /* 执行循环体 */
    END LOOP;
```

图 8-15　例 8.15 执行结果

**【例 8.16】** 用 FOR-IN-LOOP-END 循环结构求 10 的阶乘。

SQL 语句如下：

```
DECLARE
    n NUMBER: = 1;
    count1 NUMBER;
BEGIN
    FOR count1 IN 2..10
        LOOP
            n: = n * count1;
        END LOOP;
    DBMS_OUTPUT.PUT_LINE (to_char(n));
END;
```

执行结果如图 8-16 所示。

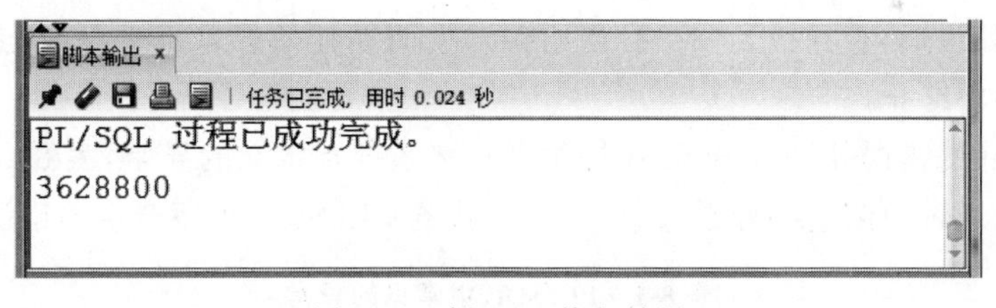


图 8-16　例 8.16 执行结果

# 8.4 异常处理

PL/SQL 语句执行过程中，可能会出现各种原因使得语句不能正常执行，从而造成重大错误或使得整个系统崩溃。PL/SQL 提供了“异常(EXCEPTION)”这一处理错误的方法来防止此类情况发生。在代码运行过程中无论何时发生预期的错误，PL/SQL 都能控制程序自动转向执行异常处理部分。

## 8.4.1 预定义异常

预定义异常是由运行系统定义的。例如，出现被 0 除，PL/SQL 就会产生一个预定义的

ZERO_DIVIDE 异常。

**【例 8.17】** ZERO_DIVIDE 异常。使用系统预定义的异常处理后，程序运行时系统就不会提示出现错误，程序也不会异常终止。

SQL 语句如下：

```
DECLARE
    v_number number(2): = 10;
    v_zero number(2): = 0;
    v_result number(5);
BEGIN
    v_result: = v_number/v_zero;        /* 用 v_number 除以 v_zero,即 10/0,从而产生了被零除的
                                          错误 */
    EXCEPTION
        WHEN ZERO_DIVIDE THEN
            DBMS_OUTPUT.PUT_LINE('DIVIDE ZERO');
END;
```

输出结果如下：

```
DIVIDE ZERO
```

当遇到预先定义的错误时，错误被当前块的异常部分相应的"WHEN-THEN"语句捕捉，跟在 WHEN 子句后的 THEN 语句的代码将被执行。THEN 语句被执行后，控制运行到达紧跟着当前块的 END 语句的行。如果错误陷阱代码只是退出内部嵌套的块，程序将继续执行跟在内部块 END 语句后的外部块的第 1 行。应用程序异常部分的嵌套块是一种控制程序流的方法。

如果在当前块中没有 WHEN 子句，并且 BEGIN/END 块是嵌套的，程序将继续在外部块中寻找错误处理柄，直到找到一个。当错误发生而在任何异常部分没有与之联系的错误处理柄时，程序将终止。

除了被零除的错误外，PL/SQL 还提供了很多系统预定义的异常，表 8-1 列出了常见的 PL/SQL 异常，通过检测这些异常，用户可以查找到 PL/SQL 程序产生的错误。

**表 8-1 PL/SQL 中常见的异常**

| 异　常 | 说　明 |
|---|---|
| no_data_found | 如果一个 SELECT 语句试图基于其条件检索数据，此异常表示不存在满足条件的数据行 |
| too_many_rows | 由于隐式游标每次只能检索一行数据，使用隐式游标时，这个异常会检测到有多行数据存在 |
| dup_val_no_index | 如果某索引中已有某键码值，还要在该索引中创建该键码值的索引项时，出现此异常 |
| value_error | 此异常表示指定目标域的长度小于待放入其中的数据的长度 |
| case_not_found | 在 CASE 语句中发现不匹配的 WHEN 语句 |

**【例 8.18】** 转换的错误处理。

SQL 语句如下：

```
DECLARE
    v_number number(5);
    v_result char(5):= '2w';
BEGIN
    v_number:= to_number(v_result);
    EXCEPTION
        WHEN VALUE_ERROR THEN
            DBMS_OUTPUT.PUT_LINE('CONVERT TYPE ERROR');
END;
```

**【例 8.19】** 联合的错误处理。

SQL 语句如下：

```
DECLARE
    v_result student.Sname%TYPE;
BEGIN
    SELECT Sname INTO v_result
    FROM student
    WHERE Sname= '王林';
    DBMS_OUTPUT.PUT_LINE('The student name is '|| v_result);
    EXCEPTION
        WHEN TOO_MANY_ROWS THEN
             DBMS_OUTPUT.PUT_LINE('There has TOO_MANY_ROWS error');
        WHEN NO_DATA_FOUND THEN
             DBMS_OUTPUT.PUT_LINE('There has NO_DATA_FOUND error');
END;
```

执行结果如图 8-17 所示。

图 8-17 例 8.19 执行结果

## 8.4.2 用户定义异常

用户可以通过自定义异常来处理错误的发生，调用异常处理需要使用 RAISE 语句。每个异常处理部分都由 WHEN 子句和相应的执行语句组成。其语法格式如下：

```
EXCEPTION
 WHEN 异常名 1 THEN
    语句块 1;
 WHEN 异常名 2 THEN
    语句块 2;
 [WHEN OTHERS THEN
    语句块 3;]
END;
```

【例 8.20】 自定义异常处理。

SQL 语句如下：

```
DECLARE
    e_overnumber EXCEPTION;              /＊定义异常处理变量＊/
    v_xs_number number(9);
    v_max_xs_number number(9):=20;
BEGIN
    SELECT COUNT(＊) INTO v_xs_number
    FROM student;
    IF v_max_xs_number<v_xs_number THEN
        RAISE e_overnumber;
    END IF;
    EXCEPTION
        WHEN e_overnumber THEN
            DBMS_OUTPUT.PUT_LINE('Current Xs Number is: '||v_xs_number || 'max allowed is: '||
             v_max_xs_number);
END;
```

执行结果如图 8-18 所示。

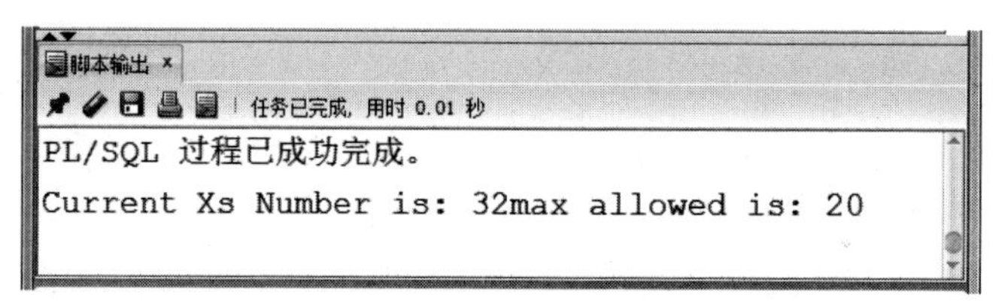


图 8-18 例 8.20 执行结果

用户定义异常可以同时使用多个 WHEN 子句捕捉几个异常情况，而且可以结合系统预定义的异常处理来操作。此外，单个 WHEN 子句允许处理多个异常，也就是说如下的形式是合法的。

```
EXCEPTION
    WHEN 异常 1 OR 异常 3 THEN
    …                                     /＊出现异常 1 或者异常 3 执行某些语句＊/
    WHEN 异常 2 THEN
    …                                     /＊出现异常 2 执行某些语句＊/
END;
```

在例 8.20 中，当出现异常 1 或者异常 3 时，处理的方法是一样的，这种情况是允许的。但是，一个异常不允许由多个 WHEN 子句来处理，如下的形式是不合法的。

```
EXCEPTION
    WHEN 异常 1
    …                                     /＊出现异常 1 执行某些语句＊/
    WHEN 异常 2 THEN
    …                                     /＊出现异常 2 执行某些语句＊/
    WHEN 异常 1 OR 异常 3 THEN
    …                                     /＊出现异常 1 或者异常 3 执行某些语句＊/
END;
```

【例 8.21】 使用 OTHERS 异常。

SQL 语句如下：

```
DECLARE
    v_result number; -- 定义类型错误
BEGIN
    SELECT Sname INTO v_result
    FROM student
    WHERE Snum = '1506101';
    DBMS_OUTPUT.PUT_LINE('The student name is'||v_result);
    EXCEPTION
        WHEN TOO_MANY_ROWS THEN
            DBMS_OUTPUT.PUT_LINE('There has TOO_MANY_ROWS error ');
        WHEN NO_DATA_FOUND THEN
            DBMS_OUTPUT.PUT_LINE('There has NO_DATA_FOUND error');
        WHEN OTHERS THEN
            DBMS_OUTPUT.PUT_LINE('Unkown error ');
END;
```

执行结果如图 8-19 所示。

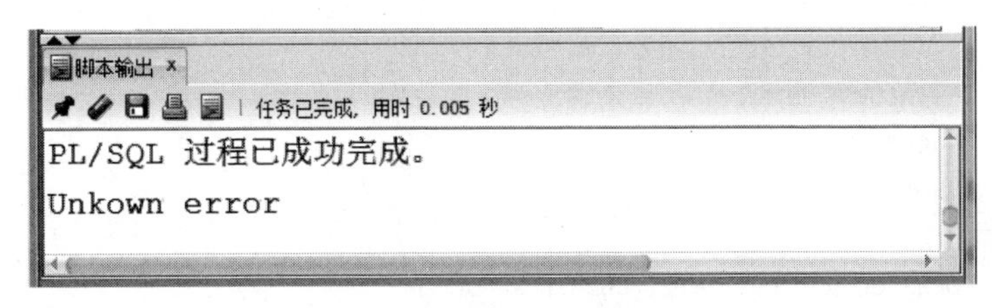


图 8-19 例 8.21 执行结果

OTHERS 异常处理可以借助于两个函数来说明捕捉到的异常类型，这两个函数为 SQLCODE 和 SQLERRM，其中，SQLCODE 函数是用来说明当前错误的代码，如果是用户自定义的异常，将返回代码“1”；SQLERRM 函数返回的是当前错误的信息。为了说明这两个函数的使用，可以将例 8.21 中的 WHEN OTHERS 子句的执行语句换成如下语句。

```
DBMS_OUTPUT.PUT_LINE('THE SQLCODE IS:'||SQLCODE);
DBMS_OUTPUT.PUT_LINE('THE SQLERRM IS:'||SQLERRM);
```

## 8.5 PL/SQL 中使用 DML 和 DDL 语言

PL/SQL 中除了可以执行查询语句外，还支持执行 DML 语言和 DDL 语言。结构控制语句和 DML 操作相结合能帮助用户完成很多复杂的业务。

### 8.5.1 DML 语言的使用

由于 PL/SQL 对标准 SQL 的兼容，PL/SQL 中允许使用 SQL 命令，但有些命令在使用方法上会有所改变。DML 语句在 PL/SQL 中的使用方法和单独执行 DML 操作没有区别，而 SQL 和 DDL 的使用方式都有所改变。

【例 8.22】 INSERT 语句示例。

要求查看某学号学生是否存在，如果不存在，则插入此学生信息。

SQL 语句如下：

```
DECLARE
    DECLARE
    v_result varchar2(20);
    v_bol BOOLEAN: = TRUE;
BEGIN
    SELECT Sname INTO v_result
    FROM student
    WHERE Snum = '1506121';
    DBMS_OUTPUT.PUT_LINE('The student name is'||v_result);
    EXCEPTION
        WHEN TOO_MANY_ROWS THEN
             DBMS_OUTPUT.PUT_LINE('存在该学号学生数据。');
        WHEN NO_DATA_FOUND THEN
            IF V_BOL THEN
              DBMS_OUTPUT.PUT_LINE('没有对应数据,插入新数据:(1506121,王建霖)。');
              INSERT INTO student(Snum,Sname)
              VALUES('1506121','王建霖');
              COMMIT;
            END IF;
        WHEN OTHERS THEN
            DBMS_OUTPUT.PUT_LINE('Unkown error ');
    END;
```

执行结果如图 8-20 所示。从结果上看，新的记录已存入表中，说明在 PL/SQL 和条件控制语句中执行 DML 操作没有问题，而且查询和 DML 操作是在 PL/SQL 中最常用的操作方式。

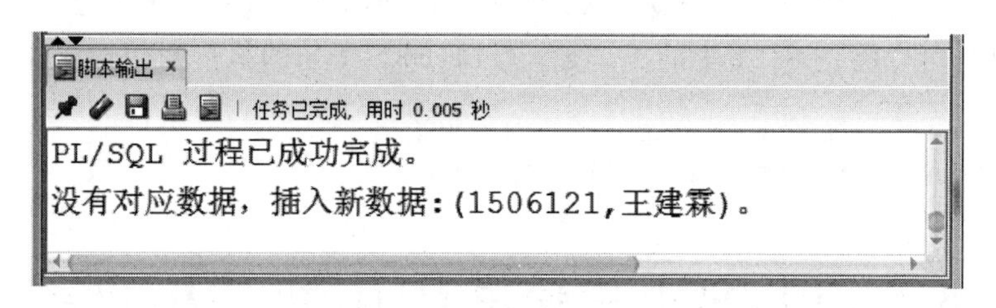


图 8-20 例 8.22 执行结果

### 8.5.2 DDL 语言的使用

PL/SQL 中对 DDL 语言的使用方法和 DML 有所差异。DDL 语句需要一条“EXECUTE IMMEDIATE”命令来执行，利用它可以执行动态的 SQL 语句。也就是说，利用它不仅可以执行 DDL 语句，也可以执行 DML 语句。该命令替代了 DBMS_SQL 包，其性能也有所提高，但是依然不建议 PL/SQL 程序中使用该命令。

【例 8.23】 DDL 操作示例。

要求在 PL/SQL 块中动态创建表 TAB_TEST,其表结构如表 8-2 所示。

表 8-2　TAB_TEST 结构

| 字段名 | 数据类型 | 备注 |
|---|---|---|
| TNUM | VARCHAR2(10) | 学号 |
| TNAME | VARCHAR2(30) | 姓名 |

SQL 语句如下:

```
DECLARE
    pc_createStr varchar2(200);
BEGIN
    pc_createStr: = 'CREATE TABLE TAB_TEST
                 (TNUM VARCHAR2(10),
                  TNAME VARCHAR2(30)
                  )';
    EXECUTE IMMEDIATE pc_createStr;
END;
```

执行结果如图 8-21 所示。

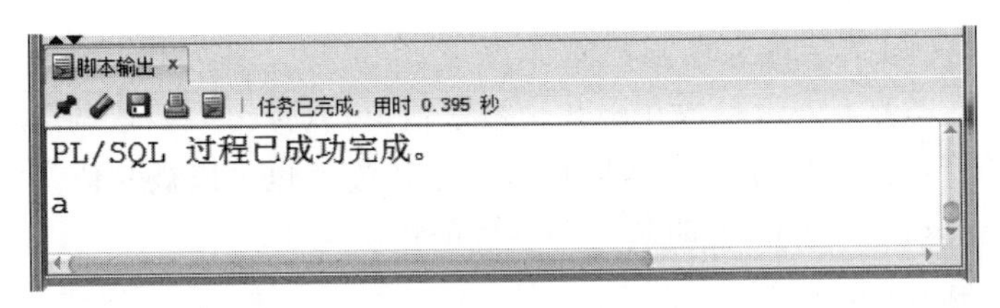


图 8-21　例 8.23 执行结果

通常情况下,利用 EXECUTE IMMEDIATE 命令执行 DDL 语句会用在存储过程中,这样可以更好地实现代码可移植性。

# 8.6　自定义函数

函数由 PL/SQL 定义,可以操作各种数据项目,完成计算,并返回计算的结果值。利用函数可以把赋值的计算过程封装起来,避免所有的开发人员面对复杂的算法。Oracle 提供了丰富的系统内置函数,包括数学函数、字符串函数、日期和时间函数、转换函数以及系统信息函数等。除此以外,Oracle 还支持自定义函数。自定义函数是用户自己定义,存储在数据库中的代码块,可以把值返回到调用程序。

## 8.6.1　函数的创建

函数主要由以下几个部分组成。

(1) 输入部分。函数允许有输入的参数,调用函数时需要给这些参数赋值。

(2) 逻辑计算部分。函数内部将完成对各项数据项目的计算,它可以进行很简单的算术表达式运算,也可以调用多个 SQL 内置函数或其他自定义函数进行运算。

(3) 输出部分。函数要求必须有返回值。

在 Oracle 中,创建用户自定义函数使用 CREATE FUNCTION 语句。其语法结构如下：

```
CREATE [OR REPLACE] FUNCTION 函数名     /* 函数名称 */
(
    <参数名 1><参数类型><数据类型>,    /* 参数定义部分 */
    <参数名 2><参数类型><数据类型>,
    <参数名 3><参数类型><数据类型>,
    …
)
    RETURN<返回值类型>                 /* 定义返回值类型 */
    {IS | AS}
    [声明变量]
    BEGIN
        <函数体>;                      /* 函数体部分 */
        [RETURN (<返回表达式>);]       /* 返回语句 */
    END [<函数名>];
```

**1. 参数类型说明**

函数参数有以下 3 种参数类型。

(1) IN 参数类型：表示输入给函数的参数。

(2) OUT 参数类型：表示参数在函数中被赋值,可以传出给函数调用程序。

(3) IN OUT 参数类型：表示参数既可以用来传递值也可以被赋值。

下面给出一个函数的例子,说明其 3 种参数的用法。

**【例 8.24】** 函数参数示例。

SQL 语句如下：

```
CREATE OR REPLACE FUNCTION explain_parameter
(
    in_pmt IN char,
    out_pmt OUT char,
    in_out_pmt IN OUT char
)
RETURN char
AS
    return_char char;
BEGIN
    <函数语句序列>
    RETURN(return_char);
END [explain_parameter];
```

函数语句序列及其可能出现的情况如下所示。

(1) in_pmt:='hello';

该语句是错误的,因为 IN 类型的参数只能作为形参来传递值,不能在函数体中赋值。

(2) return_char:=in_pmt;

该语句语法正确。因为 IN 类型参数本身就是用来传递值的,而 return_char 是作为返回值变量。通过 IN 类型参数将 in_pmt 赋值给 return_char。

(3) out_pmt:='hello';

该语句正确。因为 out_pmt 作为 OUT 类型参数，在函数体内被赋值是允许的。

(4) return_char:=out_pmt;

该语句不正确。因为 OUT 类型参数不能传递值。

(5) in_out_pmt:='world';

该语句正确。因为 IN OUT 参数可以在函数体中被赋值。

(6) return_char:=in_out_pmt;

该语句正确。因为 IN OUT 类型参数既能传递值，也可以赋值。

**2. 函数的创建**

下面给出几个示例来说明函数的创建。

**【例 8.25】** 创建函数，计算某门课程全体学生的平均成绩。

SQL 语句如下：

```
CREATE OR REPLACE FUNCTION average (vnum IN char)
RETURN number
AS
    avger number;                           /* 定义返回值变量 */
BEGIN
    SELECT AVG(grade) INTO avger
    FROM SC
    WHERE cnum = vnum
    GROUP BY cnum;
    RETURN(avger);
END;
```

执行结果如图 8-22 所示。

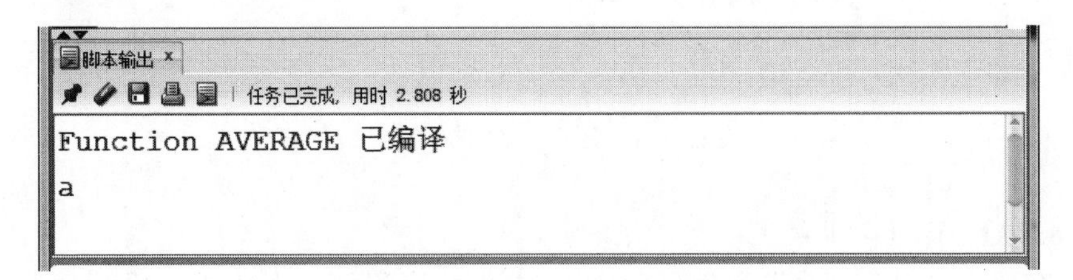


图 8-22　例 8.25 执行结果

例 8.25 中创建了 average()函数，用来计算某门课程全体学生的平均成绩。在 SQL 中执行函数脚本，如果执行成功，那么该函数就可以正常使用了。

自定义函数同 SQL 的系统内置函数一样，它作为表达式的一部分，可以在语句中使用，也可以在 PL/SQL 块中使用。但是，它不可以像存储过程一样独立运行。

**【例 8.26】** 调用函数示例。

(1) 查询 SC 表中每门课程的平均成绩。

SQL 语句如下：

```
SELECT distinct cnum,average(cnum)
```

```
FROM SC;
```

执行结果如图 8-23 所示。

| | CNUM | AVERAGE(CNUM) |
|---|---|---|
| 1 | 080104 | 74.7 |
| 2 | 080101 | 78.44827586206896551724137931034482758621 |
| 3 | 080105 | 79.8 |
| 4 | 080106 | 74.42307692307692307692307692307692307692 |
| 5 | 080102 | 78.1 |
| 6 | 080109 | 75 |
| 7 | 080103 | 77.3 |

图 8-23　例 8.26(1)执行结果

(2) 查询“080101”课程的平均成绩。

SQL 语句如下：

```
DECLARE
  v_avg number(4,2);
BEGIN
  v_avg: = average('080101');
  DBMS_OUTPUT.PUT_LINE('080101 课程的平均成绩为:'||v_avg);
END;
```

执行结果如图 8-24 所示。

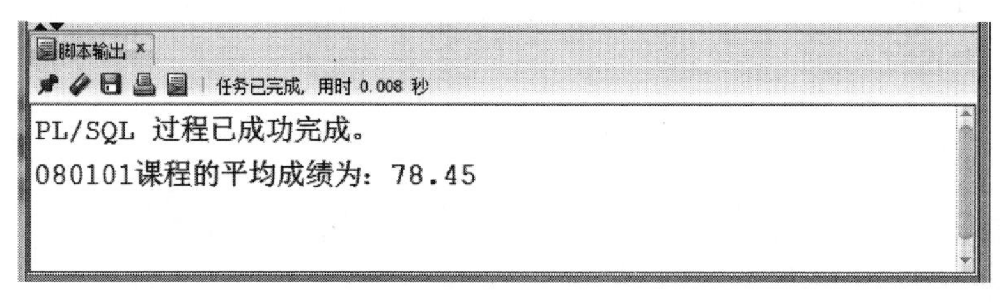


图 8-24　例 8.26(2)执行结果

**【例 8.27】** IN OUT 类型参数示例。

函数有两个参数分别是课程编号和成绩，求出该课程编号下比指定成绩高的学生的平均成绩，并返回该范围内人数最少的课程编号。

SQL 语句如下：

```
CREATE OR REPLACE FUNCTION avg_grade(vnum IN char, vgrade IN OUT number)
RETURN number
AS
    vsum number;                              /* 定义返回值变量,学生的数量 */
BEGIN
    SELECT AVG(grade),COUNT(grade) INTO vgrade,vsum
    FROM SC
    WHERE cnum = vnum and grade>vgrade;
    RETURN(vsum);
```

```
EXCEPTION
  WHEN NO_DATA_FOUND THEN
    DBMS_OUTPUT.PUT_LINE('没有对应的数据!');
  WHEN TOO_MANY_ROWS THEN
    DBMS_OUTPUT.PUT_LINE('对应数据太多,请确认!');
END;
```

函数执行成功后,在PL/SQL块内调用,只有这样才能获取OUT类型参数的值,否则只能得到利用RETURN返回的值。

**【例8.28】** 调用函数。

SQL语句如下:

```
DECLARE
    v_num char(10):='080101';          /*定义课程号变量并赋初值*/
    v_grade number:=75;                /*定义指定成绩变量并赋初值*/
    v_grade0 number;
    v_sum number;                      /*定义变量存储满足条件的学生数量*/
BEGIN
    v_grade0:=v_grade;                 /*存储v_grade的初值*/
    v_sum:=avg_grade(v_num,v_grade);
    DBMS_OUTPUT.PUT_LINE('课程号'||v_num||'中,');
    DBMS_OUTPUT.PUT_LINE('高于'||v_grade0||'分的平均成绩为:'||v_grade);
    DBMS_OUTPUT.PUT_LINE('高于'||v_grade0||'的人数为:'||v_sum);
END;
```

执行结果如图8-25所示。

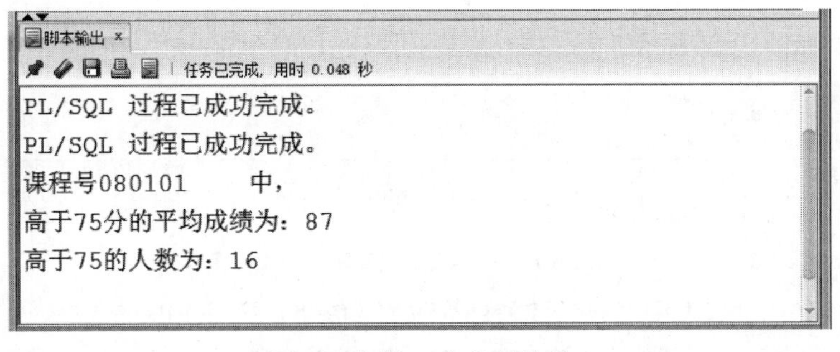


图8-25 例8.28执行结果

由图8.25可以看到,v_grade作为IN OUT类型的参数,其值在执行函数前后发生了变化。

## 8.6.2 函数的查看

函数一旦创建成功,就会存储在Oracle服务器中,随时可以被调用,也可以查看其脚本。对于当前用户所在模式,用户可以在数据字典USER_PROCEDURES中查看其属性,在USER_SOURCE中查看其源码。这两个数据字典属于视图,利用这两个视图不仅可以查看函数的相关信息,也可以查看存储过程的相关信息。除此之外,也可以在数据字典DBA_PROCEDURES和DBA_SOURCE中查看同样的信息。

**【例 8.29】** 查看函数名称。

SQL 语句如下：

```
SELECT OBJECT_NAME, OBJECT_ID, OBJECT_TYPE
FROM USER_PROCEDURES
WHERE OBJECT_TYPE = 'FUNCTION';
```

执行结果如图 8-26 所示。

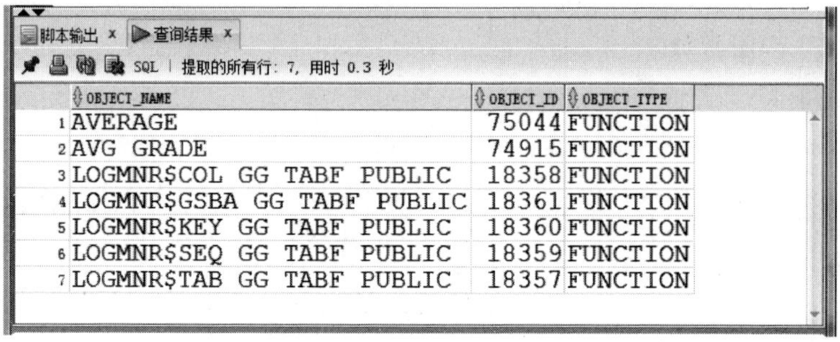

脚本输出 × 查询结果 ×

SQL | 提取的所有行: 7, 用时 0.3 秒

| | OBJECT_NAME | OBJECT_ID | OBJECT_TYPE |
|---|---|---|---|
| 1 | AVERAGE | 75044 | FUNCTION |
| 2 | AVG GRADE | 74915 | FUNCTION |
| 3 | LOGMNR$COL GG TABF PUBLIC | 18358 | FUNCTION |
| 4 | LOGMNR$GSBA GG TABF PUBLIC | 18361 | FUNCTION |
| 5 | LOGMNR$KEY GG TABF PUBLIC | 18360 | FUNCTION |
| 6 | LOGMNR$SEQ GG TABF PUBLIC | 18359 | FUNCTION |
| 7 | LOGMNR$TAB GG TABF PUBLIC | 18357 | FUNCTION |

图 8-26 例 8.29 执行结果

**【例 8.30】** 查看函数的源码。

SQL 语句如下：

```
SELECT NAME, LINE, TEXT
FROM USER_SOURCE
WHERE NAME = 'AVG_GRADE';
```

执行结果如图 8-27 所示。

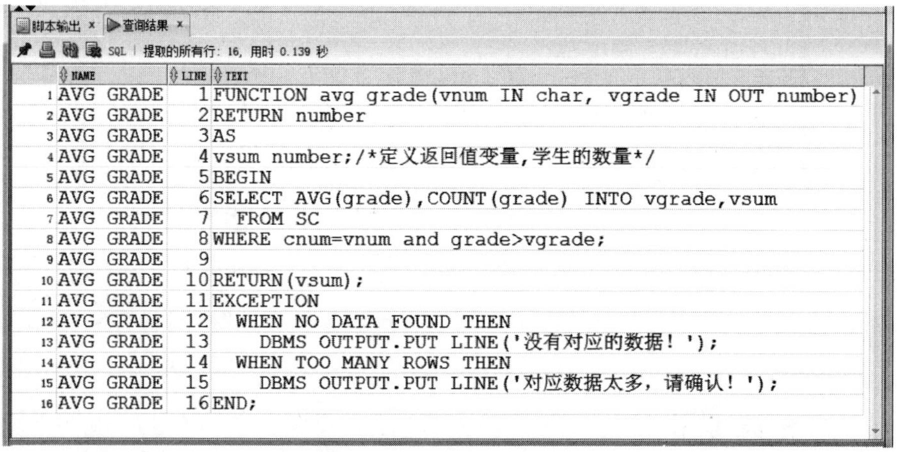

脚本输出 × 查询结果 ×

SQL | 提取的所有行: 16, 用时 0.139 秒

| | NAME | LINE | TEXT |
|---|---|---|---|
| 1 | AVG GRADE | 1 | FUNCTION avg grade(vnum IN char, vgrade IN OUT number) |
| 2 | AVG GRADE | 2 | RETURN number |
| 3 | AVG GRADE | 3 | AS |
| 4 | AVG GRADE | 4 | vsum number;/*定义返回值变量,学生的数量*/ |
| 5 | AVG GRADE | 5 | BEGIN |
| 6 | AVG GRADE | 6 | SELECT AVG(grade),COUNT(grade) INTO vgrade,vsum |
| 7 | AVG GRADE | 7 | FROM SC |
| 8 | AVG GRADE | 8 | WHERE cnum=vnum and grade>vgrade; |
| 9 | AVG GRADE | 9 | |
| 10 | AVG GRADE | 10 | RETURN(vsum); |
| 11 | AVG GRADE | 11 | EXCEPTION |
| 12 | AVG GRADE | 12 | WHEN NO DATA FOUND THEN |
| 13 | AVG GRADE | 13 | DBMS OUTPUT.PUT LINE('没有对应的数据！'); |
| 14 | AVG GRADE | 14 | WHEN TOO MANY ROWS THEN |
| 15 | AVG GRADE | 15 | DBMS OUTPUT.PUT LINE('对应数据太多，请确认！'); |
| 16 | AVG GRADE | 16 | END; |

图 8-27 例 8.30 执行结果

### 8.6.3 修改、删除函数

当业务发生变化，函数需要修改时，可以利用 CREATE OR REPLACE 命令重建函数，从而达到修改函数的目的。当不再使用某函数时，可以用 DROP 命令将其从内存中删除。

语法格式如下：

```
DROP FUNCTION [用户方案名.]<函数名>
```

**【例 8.31】** 删除函数示例。

删除 average()函数。

SQL 语句如下：

```
DROP FUNCTION average;
```

执行结果如图 8-28 所示。

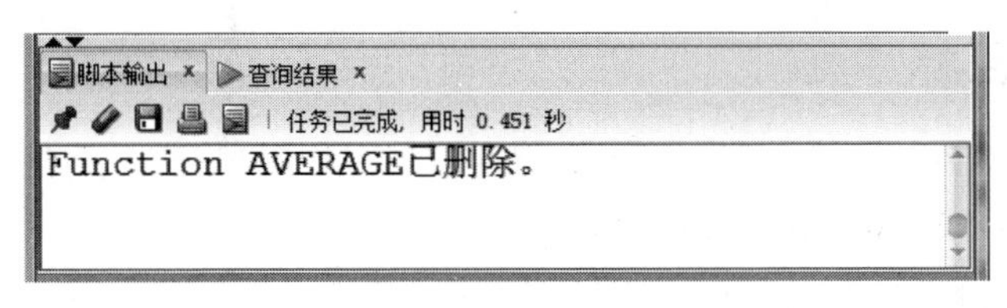


图 8-28 例 8.31 执行结果

## 8.7 本 章 小 结

PL/SQL 是 Oracle 对标准数据库语言 SQL 的过程化扩充，它将数据库技术和过程化程序联系起来，从而可以处理复杂的逻辑。PL/SQL 程序块由三部分组成：声明部分、执行部分和异常处理部分。在声明部分可以定义程序块中使用的常量、变量、标量数据类型以及复合数据类型等。在执行部分可以支持块操作、条件判断、循环结构、嵌套等。在异常处理部分，可以通过预定义异常和用户定义异常来处理程序中可预期的错误。使用 PL/SQL 还可以定义自定义函数，增强了 Oracle 数据库的功能。通过本章的学习，读者应能熟练掌握 PL/SQL 的程序结构以及自定义函数的使用。

## 习 题 8

1. 编写 PL/SQL 程序块，使用“%TYPE”属性定义变量，查询显示顾客编号为“G1001”的顾客的编号、姓名信息。

2. 编写 PL/SQL 程序块，使用“%ROWTYPE”属性定义变量，查询显示顾客编号为“G1001”的顾客的所有信息。

3. 编写 PL/SQL 程序块，定义记录类型变量，查询显示顾客编号为“G1001”的顾客的所有信息。

4. 编写 PL/SQL 程序块，输出九九乘法表。

5. 定义函数 sum_car()，计算某汽车品牌的型号数量。要求将汽车品牌作为 IN 类型参数，型号数量作为返回参数。

6. 编写 PL/SQL 程序块，计算“大众”“宝马”两个品牌的汽车型号数量，并比较大小，按照降序输出其信息。可以使用 sum_car()函数。

# 第9章 游标、存储过程和触发器

## 本章学习目标

- 了解游标的概念
- 熟练掌握显示游标、隐式游标的使用
- 了解存储过程的概念
- 熟练掌握存储过程的定义和管理
- 了解触发器的概念及分类
- 熟练掌握触发器的定义和管理

本章首先介绍游标的概念,显示游标、隐式游标的定义及使用,重点学习游标与循环的结合使用;然后介绍存储过程的概念,存储过程的创建、使用和管理的方法;最后介绍触发器的概念及分类,触发器的创建和管理方法。

## 9.1 游 标

### 9.1.1 游标的概念

游标是 Oracle 的一种数据访问机制,它提供了用户对一个结果集进行逐行处理的能力。用户可以对结果集中的每行进行单独处理,从而降低系统开销和潜在的阻隔情况,用户也可以使用这些数据生成 SQL 代码并立即执行或输出。

游标实际上是一个指针,它在一段 Oracle 存放数据查询结果集或数据操作结果集的内存中,这个指针可以指向结果集中的任何一条记录。在查看或处理结果集中的数据时,游标可以提供在结果集中向前或向后浏览数据的能力。当要对结果集进行逐行单独处理时,必须声明一个指向该结果集的游标变量。游标默认指向的是结果集的首行记录。

默认情况下,游标可以返回当前执行的行记录,且只能返回一行记录。如果想要返回多行,需要不断地滚动游标,把需要的数据查询一遍。使用游标的优点如下所示。

(1) 允许程序对由 SELECT 语句返回的结果集中的每行执行相同或不同的操作,而不是对整个集合执行同一操作。

(2) 提供对基于游标位置表中的行进行删除和更新的能力。

(3) 游标作为数据库管理系统和应用程序设计之间的桥梁,将两种处理方式连接起来。

Oracle 中游标分为静态游标和 REF 游标两类。静态游标分为显式游标和隐式游标两种类型。

(1) 显式游标：在使用之前必须有明确的游标声明和定义，这样的游标定义会关联数据查询语句，通常会返回一行或多行数据。打开游标后，用户可以利用游标的位置对结果集进行检索，使之返回单一的行记录，用户可以操作此记录。关闭游标后，就不能再对结果集进行任何操作了。显式游标需要用户自己写代码完成，一切由用户控制。

(2) 隐式游标：隐式游标和显式游标不同，它被数据库自动管理，此游标用户无法控制，但能得到它的属性信息。

### 9.1.2 显式游标

显式游标在PL/SQL编程中有着重要的作用。通过显式游标，用户可以操作返回的数据从而实现复杂的功能。使用显式游标通常包括四步：声明游标(DECLARE)、打开游标(OPEN)、读取游标中的数据(FETCH)和关闭游标(CLOSE)。

**1. 声明游标**

使用游标前，要声明游标。声明游标，是将一个游标与一个SELECT语句的结果集相关联。声明游标的语法格式如下：

```
CURSOR 游标名 IS
  SELECT 语句;
```

**【例9.1】** 声明游标STU_CUR1，使之关联计算机系的学生。

SQL语句如下：

```
CURSOR STU_CUR1
IS
  SELECT Snum, Sname
  FROM student
  WHERE Sdept = '计算机系';
```

例9.1中，定义了游标STU_CUR1，SELECT语句表示计算机系学生，包括学号、姓名。

**2. 打开游标**

声明游标后，要使用游标从中提取数据，就必须先打开游标。在PL/SQL中，使用OPEN语句打开游标，其语法格式如下：

```
OPEN 游标名;
```

打开游标后，可以使用系统变量"%ROWCOUNT"返回最近一次提取到数据行的序列号。在打开游标之后、提取数据之前，访问"%ROWCOUNT"时，"%ROWCOUNTF"值返回0。

**【例9.2】** 定义游标STU_CUR1，然后打开游标，输出其当前行的序列号。

SQL语句如下：

```
DECLARE
  CURSOR STU_CUR1
   IS
     SELECT Snum, Sname
       FROM student
```

```
        WHERE Sdept = '计算机系';
BEGIN
        OPEN STU_CUR1;
        DBMS_OUTPUT.PUT_LINE(STU_CUR1 % ROWCOUNT);
END;
```

执行结果如图 9-1 所示。

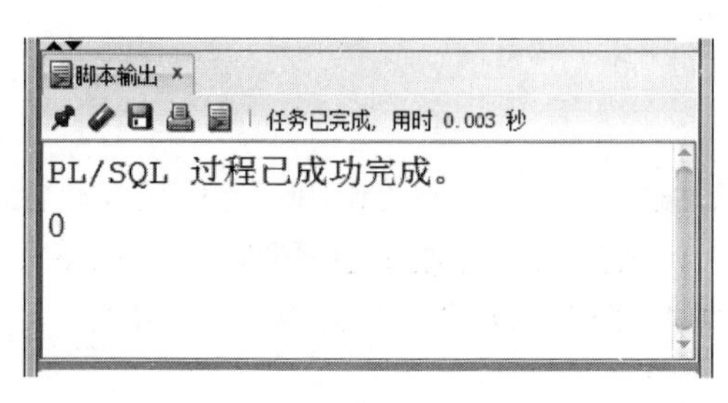


图 9-1　例 9.2 执行结果

**3. 读取游标中的数据**

游标打开后，使用 FETCH 语句从中读取数据。FETCH 语句的格式如下：

```
FETCH 游标名[INTO 变量名 1, …,变量名 n]
```

FETCH 命令可以读取游标中的某一行数据，将读取的数据放到变量里。如果想读取多个记录，需要和循环语句一起使用，直到某个条件不符合要求而退出。使用 FETCH 时，游标属性“%ROWCOUNT”会不断累加。

**4. 关闭游标**

游标使用完后，要及时关闭。关闭游标使用 CLOSE 语句，其语法格式如下：

```
CLOSE 游标名;
```

**【例 9.3】** 使用游标 STU_CUR1 示例。

SQL 语句如下：

```
DECLARE
     CURSOR STU_CUR1                          /* 定义游标 */
         IS
          SELECT Snum, Sname
              FROM student
              WHERE Sdept = '计算机系' and ROWNUM = 1;
     vnum student.Snum % type;                /* 定义变量 */
     vname student.Sname % type;
    BEGIN
         OPEN STU_CUR1;                       /* 打开游标 */
         FETCH STU_CUR1 INTO vnum, vname;     /* 读取数据 */
         DBMS_OUTPUT.PUT_LINE('序号'||':学号 姓名');
         DBMS_OUTPUT.PUT_LINE(STU_CUR1 % ROWCOUNT||':'||vnum||' '||vname);
         CLOSE STU_CUR1;                      /* 关闭游标 */
END;
```

执行结果如图 9-2 所示。

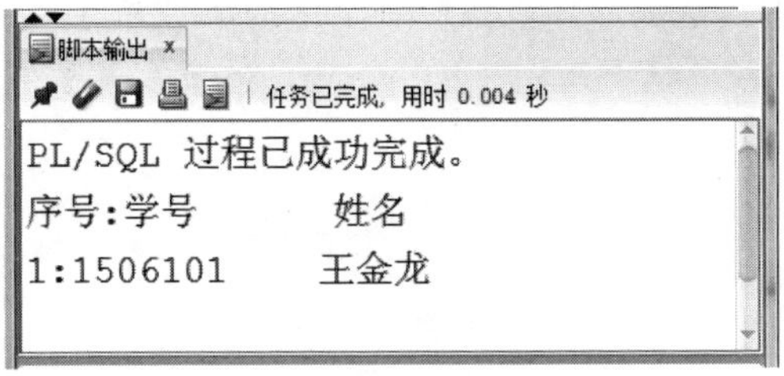

脚本输出 ×

任务已完成,用时 0.004 秒

PL/SQL 过程已成功完成。

序号:学号　　　姓名

1:1506101　　王金龙

图 9-2　例 9.3 执行结果

总之,在使用显式游标时,必须编写如下四部分代码。

(1) 在 PL/SQL 块的 DECLARE 部分中定义游标。

(2) 在 PL/SQL 块的开始部分 BEGIN 后打开游标。

(3) 读取游标到一个或多个变量中,在接收游标的 FETCH 语句中,接收变量的数目、数据类型必须与游标 SELECT 列表中的表列数目一致并兼容。

(4) 使用完后要关闭游标。

### 9.1.3　游标与循环

使用游标批量处理数据时,常与循环结构结合使用。

**1. 显式游标的属性**

游标与循环结构结合使用时,需要做必要的条件判断,常用的游标属性如下所示。

(1) %FOUND 和%NOTFOUND: 检验游标成功与否。%FOUND 属性表示当前游标是否指向有效的一行,根据其返回值 TRUE 或 FALSE 检查是否应结束游标的使用。如果游标按照其选择条件从数据库中查询出一行数据,则返回成功。该测试必须在游标关闭前执行。%NOTFOUND 属性的功能和%FOUND 相同,但返回值正好和%FOUND 的返回值相反。

(2) %ROWCOUNT: 存储游标最近一次提取的数据的序列号。循环执行游标读取数据操作时,最近一次提取到数据行的序列号保存在系统变量%ROWCOUNT 中。

(3) %ISOPEN: 检查游标是否打开。如果试图打开一个已打开的游标或关闭一个已关闭的游标,将会出现错误。因此,用户在打开或关闭游标前,若不清楚其状态,应该用%ISOPEN 进行检查。根据其返回值为 TRUE 或 FALSE,采取相应的动作。

SQL 语句如下:

```
IF STU_CUR1 % ISOPEN THEN
   STU_CUR1 INTO vnum, vname;                /* 游标已打开,可以操作 */
ELSE
   OPEN STU_CUR1;                            /* 游标没有打开,先打开游标 */
END IF;
```

**2. 显式游标与 LOOP 语句**

如果用户想使用显式游标提取多条记录,就需要一个遍历结果集的方法,这就是 LOOP 语句的作用。

**【例 9.4】** 通过 LOOP 语句遍历游标。

使用游标 STU_CUR1，输出计算机系所有学生的学号和姓名。

SQL 语句如下：

```
DECLARE
  CURSOR STU_CUR1                         /*定义游标*/
    IS
     SELECT Snum, Sname
        FROM student
        WHERE Sdept = '计算机系';
  vnum student.Snum%type;                 /*定义变量*/
  vname student.Sname%type;
BEGIN
    OPEN STU_CUR1;                        /*打开游标*/
    FETCH STU_CUR1 INTO vnum,vname;       /*读取数据*/
    DBMS_OUTPUT.PUT_LINE('序号'||':学号 姓名');
    while STU_CUR1%FOUND                  /*循环处理数据*/
    LOOP
        DBMS_OUTPUT.PUT_LINE(STU_CUR1%ROWCOUNT||':'||vnum||' '||vname);
        FETCH STU_CUR1 INTO vnum,vname;   /*读取数据*/
    END LOOP;
    CLOSE STU_CUR1;                       /*关闭游标*/
END;
```

执行结果如图 9-3 所示。

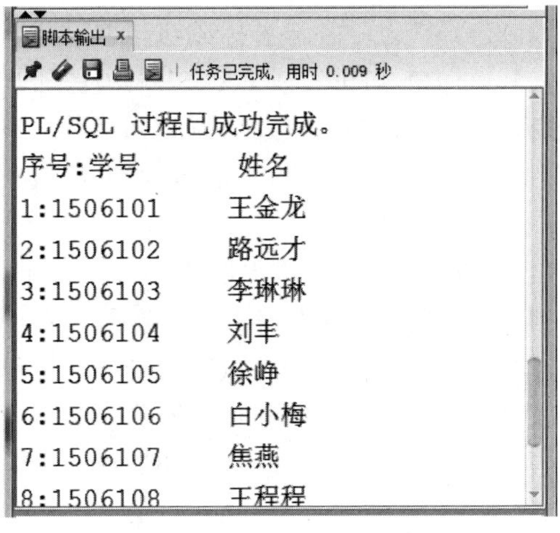


图 9-3 例 9.4 执行结果

例 9.4 中的循环也可以采用下面的形式实现。

SQL 语句如下：

```
LOOP
    DBMS_OUTPUT.PUT_LINE(STU_CUR1%ROWCOUNT||':'||vnum||' '||vname);
    FETCH STU_CUR1 INTO vnum,vname;
    WHEN STU_CUR1%NOTFOUND
        EXIT;
END LOOP;
```

### 3. 使用 CURSOR FOR LOOP 循环

使用 CURSOR FOR LOOP 语句,可以在不声明变量的情况下,提取数据。CURSOR FOR LOOP 循环的语法格式如下:

```
FOR 记录变量 IN 游标名 LOOP
    语句段
END LOOP;
```

**【例 9.5】** 通过 CURSOR FOR LOOP 语句遍历游标。

假设存在表 CX,用来存放需要重修的学生信息,CX 具有与 SC 表相同的结构。

SQL 语句如下:

```
DECLARE
    vsnum SC.SNUM%type;
    vcnum SC.CNUM%type;
    v_cj SC.GRADE%type;
CURSOR kc_cur
IS
    SELECT Snum,Cnum,Grade
    FROM SC
    WHERE Grade<60;
BEGIN
    FOR kc_cur_rec IN kc_cur LOOP
        vsnum:=kc_cur_rec.Snum;
        vcnum:=kc_cur_rec.Cnum;
        v_cj:=kc_cur_rec.Grade;
        IF v_cj<60 THEN
            INSERT INTO CX VALUES(vsnum,vcnum,v_cj);
        END IF;
    END LOOP;
END;
```

查询 CX 表,结果如图 9-4 所示。

查询结果 ×
SQL | 提取的所有行: 5, 用时 0.067 秒

| | SNUM | CNUM | GRADE |
|---|---|---|---|
| 1 | 1507110 | 080103 | 54 |
| 2 | 1506110 | 080104 | 55 |
| 3 | 1506101 | 080106 | 54 |
| 4 | 1507102 | 080106 | 55 |
| 5 | 1508105 | 080106 | 54 |

图 9-4 例 9.5 执行结果

例 9.5 中,kc_cur_rec 是与游标变量 kc_cur 具有相同结构的记录类型的变量,该变量在 FOR 结构中定义并使用。可以使用 kc_cur_rec.Snum 的形式来访问其内部成员变量。

游标的 FOR 循环的优点是用户不需要打开游标、取数据、测试数据的存在(%

FOUND)、关闭游标或定义存放数据的变量。与之前用法的相同之处是在声明部分中的游标定义。当游标被调用时，用 SELECT 语句中的同样一些元素创建一条记录。对于游标检索出的每行记录执行循环内的全部代码，当没有发现数据时，游标自动关闭。

游标的 FOR 循环减少了代码的数量，过程清晰明了，更容易按过程化处理。FOR 循环和游标的结合使得游标的使用更简明。

### 9.1.4 隐式游标

隐式游标是由数据库自动创建和管理的游标，默认名称为 SQL，也称为 SQL 游标。当运行 SELECT 语句时，系统会自动打开一个隐式游标，用户不能控制隐式游标，但是可以使用隐式游标。

**1. 使用隐式游标**

**【例 9.6】** 隐式游标示例。

查询计算机系的一名学生的信息。

SQL 语句如下：

```
DECLARE
  vnum student.Snum % type;
  vname student.Sname % type;
BEGIN
    SELECT Snum, Sname INTO vnum,vname        /* 隐式游标 */
    FROM student
    WHERE Sdept = '计算机系'and ROWNUM = 1;
    DBMS_OUTPUT.PUT_LINE('序号'||':学号 姓名');
    DBMS_OUTPUT.PUT_LINE(SQL % ROWCOUNT||':'||vnum||' '||vname);
END;
```

例 9.6 与例 9.3 执行结果一致。使用隐式游标时必须保证只有一条记录符合要求，因为 SELECT INTO 语句只能返回一条记录。如果返回多条记录，会出现异常。

下面一段代码在存储过程定义中使用了隐式游标的说明。

SQL 语句如下：

```
CREATE OR REPLACE PROCEDURE CX_XM
(in_xh IN char, out_xm OUT varchar2 )
AS
BEGIN
     SELECT XM INTO out_xm               /* 隐式游标必须用 INTO */
     FROM XSB
     WHERE XH = in_xh AND rownum = 1;
     Dbms_output.put_line(out_xm);
END CX_XM;
```

使用隐式游标要注意以下 4 点。

(1) 每个隐式游标必须有一个 INTO。

(2) 和显式游标一样，带有关键字 INTO 接收数据的变量时，数据类型要与列表的一致。

(3) 隐式游标一次仅能返回一行数据，使用时必须检查异常，最常见的异常有“NO_DATA_FOUND”和“TOO_MANY_ROWS”。

(4) 为了确保隐式游标仅返回一行数据，可以使用 ROWNUM=1 来限定，表示返回第一行数据。

**2. 隐式游标的属性**

隐式游标的属性种类和显示游标一样，但是含义有一定的区别，如下所示。

(1) %ISOPEN：Oracle 自行控制该属性，返回永远是 FALSE。

(2) %FOUND 和%NOTFOUND：该属性反映了操作是否影响数据，如果影响数据，%FOUND 返回 TRUE；否则%FOUND 返回 FALSE。%NOTFOUND 则与%FOUND 相反。

(3) %ROWCOUND：该属性反映了操作对数据影响的数量。

**【例 9.7】** 隐式游标%ISOPEN 属性示例。

SQL 语句如下：

```
DECLARE
BEGIN
    DELETE FROM cx
    WHERE Snum like '1506101%';
    IF SQL%ISOPEN THEN
      DBMS_OUTPUT.PUT_LINE('游标打开了!');
    ELSE
      DBMS_OUTPUT.PUT_LINE('游标未打开!');
    END IF;
END;
```

执行结果如图 9-5 所示。

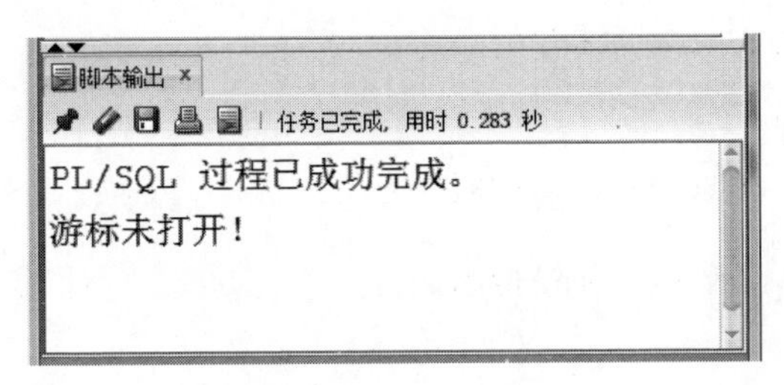


图 9-5 例 9.7 执行结果

**【例 9.8】** 隐式游标%FOUND 属性示例。

SQL 语句如下：

```
DECLARE
BEGIN
    DELETE FROM cx
    WHERE Snum like '1506101%';
    IF SQL%FOUND THEN
      DBMS_OUTPUT.PUT_LINE('%FOUND 为 TRUE!');
    ELSE
      DBMS_OUTPUT.PUT_LINE('%FOUND 为 FALSE!');
```

```
    END IF;

    DELETE FROM cx
    WHERE Snum like '1507102 % ';
    IF SQL % FOUND THEN
      DBMS_OUTPUT.PUT_LINE(' % FOUND 为 TRUE! ');
    ELSE
      DBMS_OUTPUT.PUT_LINE(' % FOUND 为 FALSE! ');
    END IF;
END;
```

当存在删除数据时，结果为“%FOUND 为 TRUE!”；当不存在删除数据时，结果为“%FOUND 为 FALSE!”。可见，%FOUND 属性在 INSERT、UPDATE 和 DELETE 执行过程中，对数据有影响时会返回 TRUE；而 SELECT INTO 语句只要语句返回数据，该属性即为 TRUE。

**【例 9.9】** 隐式游标%ROWCOUNT 属性及异常示例。

SQL 语句如下：

```
DECLARE
  vSnum cx.Snum % type;
  vcnum cx.cnum % type;
BEGIN
  SELECT Snum, Cnum INTO vsnum,vcnum
    FROM cx
    WHERE Snum = '&NUM';
  IF SQL % ISOPEN THEN
    DBMS_OUTPUT.PUT_LINE('游标打开了!');
  ELSE
    DBMS_OUTPUT.PUT_LINE('游标未打开!');
  END IF;
  IF SQL % FOUND THEN
    DBMS_OUTPUT.PUT_LINE(' % FOUND 为 TRUE! ');
  ELSE
    DBMS_OUTPUT.PUT_LINE(' % FOUND 为 FALSE! ');
  END IF;
EXCEPTION
  WHEN TOO_MANY_ROWS THEN
    DBMS_OUTPUT.PUT_LINE('TOO_MANY_ROWS');
    DBMS_OUTPUT.PUT_LINE('SQL % ROWCOUND 的值:'||SQL % ROWCOUNT);
  WHEN NO_DATA_FOUND THEN
    DBMS_OUTPUT.PUT_LINE('NO_DATA_FOUND');
    DBMS_OUTPUT.PUT_LINE('SQL % ROWCOUND 的值:'||SQL % ROWCOUNT);
END;
```

例 9.9 中，当查询的结果集是单条记录时，执行结果如图 9-6 所示；当查询的结果集为空时，执行结果如图 9-7 所示；当查询的结果集为多条记录时，执行结果如图 9-8 所示。

例 9.9 中可以看出，当出现异常情况时，用户可以提前做好处理操作。如果不加处理则脚本会中断操作。可见，合理的异常处理，可以维护脚本运行的稳定性。

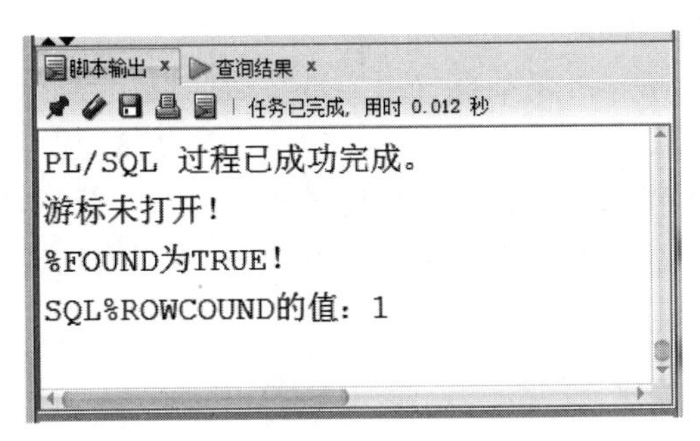


图 9-6　例 9.9 结果集为单条记录的执行结果

图 9-7　例 9.9 结果集为空的执行结果

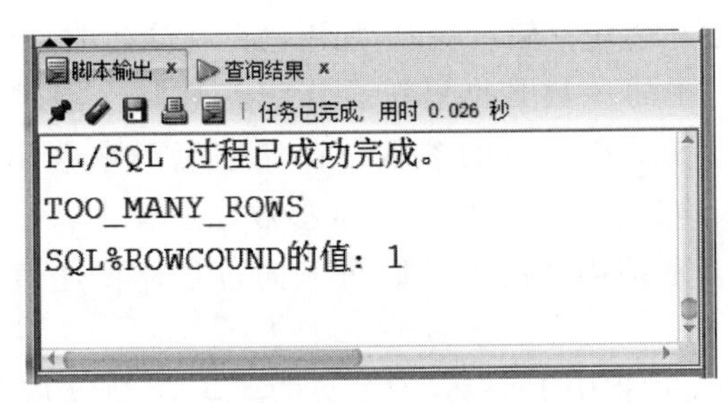


图 9-8　例 9.9 结果集为多条记录的执行结果

## 9.2　存储过程

### 9.2.1　什么是存储过程

在数据转换或查询报表时经常使用存储过程。它的作用是 SQL 语句不可替代的。

存储过程是为了完成特定功能在数据库中定义的 SQL 语句集的子程序。它存放在数据字典中，可以在不同用户和应用程序之间共享，并可以实现程序的优化和重用。存储过程在数据库中经过一次编译后再调用时不需要再次编译，用户可以通过指定存储过程的名字并给出需要的参数来执行它。

相对于直接使用 SQL 语句，使用存储过程的优点如下所示。

(1) 过程在服务器端运行，执行速度快。

(2) 过程执行一次后，代码驻留在库高速缓存，在以后的操作中，只需从其中调用已编译代码执行，提高了系统性能。

（3）确保数据库的安全。可以不授权用户直接访问应用程序中的一些表，也可以授权用户执行访问这些表的过程。非表的授权用户除非通过存储过程，否则就不能访问这些表。



（4）自动完成需要预先执行的任务。存储过程可以在系统启动时自动执行，而不必在系统启动后再进行手工操作，大大方便了用户的使用，可以自动完成一些需要预先执行的任务。

### 9.2.2 创建存储过程

创建存储过程的语句是 CREATE PROCEDURE 语句，基本的语法格式如下：

```
CREATE [OR REPLACE] PROCEDURE [方案名.]存储过程名        /* 定义过程名 */
    [(<参数名><参数模式><数据类型>[DEFAULT<默认值>] [, …,n])]
                                              /* 定义参数类型及属性 */
{ IS | AS }
    [<变量声明>]                               /* 变量声明部分 */
    BEGIN
        <过程体>                                /* PL/SQL 过程体 */
    END [<过程名>][;]
```

说明：

（1）过程名：存储过程名称要符合标识符规则，并且在所属方案中必须是唯一的。关键字 OR REPLACE 表示在创建存储过程时，如果已存在同名的过程，则重新创建。

（2）参数名：存储过程的参数名也要符合标识符规则。创建过程时，可以声明一个或多个参数，执行过程时提供相对应的参数。存储过程的参数模式和函数一样，分为 3 种：IN（表示参数是输入给过程的）、OUT（表示参数在过程中将被赋值，可以传递给过程体的外部）和 IN OUT（表示该类型的参数既可以向过程体传递值，也可以在过程体中被赋值）。

（3）DEFAULT：指定过程中 IN 模式的参数的默认值，默认值必须是常量。

**【例 9.10】** 输出 Hello World。

SQL 语句如下：

```
CREATE OR REPLACE PROCEDURE proc
AS
BEGIN
    DBMS_OUTPUT.PUT_LINE('Hello World!');
END;
```

**【例 9.11】** 计算指定学生的平均分（按学号指定学生）。

SQL 语句如下：

```
CREATE OR REPLACE PROCEDURE AvgGrade
      ( xsnum IN student.Snum%type)
AS
    avggrade number;
BEGIN
    SELECT avg(grade) INTO avggrade
```

```
        FROM SC
        WHERE Snum = xnum;
        DBMS_OUTPUT.PUT_LINE(avggrade);
    END;
```

**【例 9.12】** 计算某专业总学分大于 40 的人数,存储过程使用了一个输入参数和一个输出参数。

SQL 语句如下:

```
CREATE OR REPLACE PROCEDURE count_grade
    ( xcnum IN char, person_num OUT number )
AS
BEGIN
    SELECT COUNT(Snum) INTO person_num
    FROM SC
    WHERE Cnum = xcnum AND grade<60;
END;
```

创建存储过程需要注意以下两点。

(1) 在存储过程的定义中,不能使用下列对象创建语句:CREATE VIEW、CREATE DEFUALT、CREATE RULE、CREATE PROCEDURE、CREATE TRIGGER。

(2) 在存储过程的定义中,不能使用 SELECT 语句直接查询,否则会出现编译错误。

## 9.2.3 调用存储过程

调用存储过程一般使用 EXEC 语句,但在 PL/SQL 块中也可以直接使用存储过程的名称来调用。

使用 EXEC 语句的语法格式如下:

```
[{ EXEC | EXECUTE }]<过程名>[( [<参数名> = ]<实参>| @<实参变量>[,…,n])][;]
```

说明:

(1) EXEC 是 EXECUTE 的缩写。

(2) <参数名>是存储过程中定义的参数名称。在传递参数的实参时,如果指定了变量名,该变量则用于保存 OUT 参数返回的值。如果在定义存储过程时为 IN 参数设置了默认值,则调用过程时可以不为这些参数提供值。

(3) 如果使用"<参数名> = <实参>"的格式,参数名称和实参不必按在过程中定义的顺序提供。但是,如果任何参数使用了此格式,则对后续所有的参数必须使用此格式。

**【例 9.13】** 调用例 9.10 中的存储过程 proc。

SQL 语句如下:

```
SET SERVEROUTPUT ON;
EXEC proc;
```

或

```
BEGIN
```

```
    proc;
END;
```

执行结果如图 9-9 所示。

图 9-9　例 9.13 执行结果

**【例 9.14】** 调用例 9.11 中的存储过程 AvgGrade。

SQL 语句如下：

```
EXEC AvgGrade('1506101');
```

执行结果如图 9-10 所示。

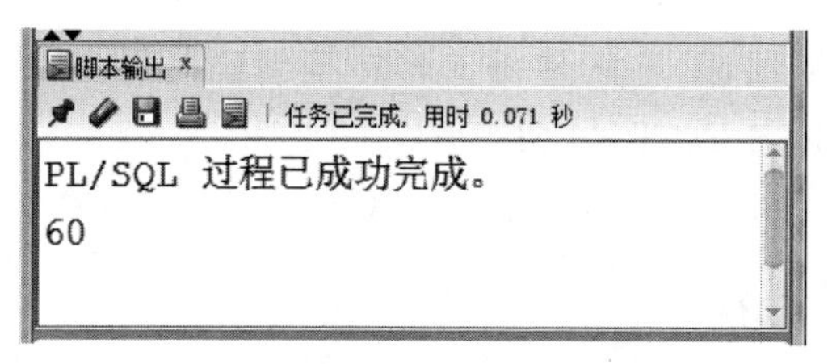


图 9-10　例 9.14 执行结果

**【例 9.15】** 调用例 9.12 中的存储过程 count_grade。

SQL 语句如下：

```
DECLARE
   person_num number;
BEGIN
    count_grade('080103',person_num);
    dbms_output.put_line(person_num);
END;
```

执行结果如图 9-11 所示。

脚本输出
任务已完成，用时 0.01 秒
PL/SQL 过程已成功完成。
1

图 9-11　例 9.15 执行结果

### 9.2.4 查看存储过程

Oracle 中保存了存储过程的状态信息，用户可以在视图 USER_SOURCE 中查看已经存在的存储过程。

**【例 9.16】** 查看存储过程。

SQL 语句如下：

```
SELECT *
FROM USER_SOURCE
WHERE NAME = 'AVGGRADE'
ORDER BY LINE;
```

执行结果如图 9-12 所示。

查询结果 ×

SQL | 提取的所有行: 10, 用时 0.107 秒

| | NAME | TYPE | LINE | TEXT | ORIGIN_CON_ID |
|---|---|---|---|---|---|
| 1 | AVGGRADE | PROCEDURE | 1 | PROCEDURE AvgGrade | 0 |
| 2 | AVGGRADE | PROCEDURE | 2 | ( xnum IN student.Snum%type) | 0 |
| 3 | AVGGRADE | PROCEDURE | 3 | AS | 0 |
| 4 | AVGGRADE | PROCEDURE | 4 | avggrade number; | 0 |
| 5 | AVGGRADE | PROCEDURE | 5 | BEGIN | 0 |
| 6 | AVGGRADE | PROCEDURE | 6 | SELECT avg(grade) INTO avggrade | 0 |
| 7 | AVGGRADE | PROCEDURE | 7 | FROM SC | 0 |
| 8 | AVGGRADE | PROCEDURE | 8 | WHERE Snum=xnum; | 0 |
| 9 | AVGGRADE | PROCEDURE | 9 | DBMS OUTPUT.PUT LINE(avggrade); | 0 |
| 10 | AVGGRADE | PROCEDURE | 10 | END; | 0 |

图 9-12 例 9.16 执行结果

在查看存储过程时，需要把存储过程的名称大写，如果名称是小写，则无法查询到任何内容。如果想要查看所有的存储过程，可以在 ALL_SOURCE 视图中查询。

### 9.2.5 修改、删除存储过程

修改存储过程的定义，可以使用 CREATE OR REPLACE PROCEDURE 命令。修改已有存储过程本质就是使用 CREATE OR REPLEACE PROCEDURE 重新创建一个新的过程，保持名字和原来的相同。

当某个过程不再需要时，应将其删除，以释放其占用的资源。删除存储过程使用 DROP PROCEDURE 命令，语法格式如下：

```
DROP PROCEDURE [方案名.] 存储过程名;
```

**【例 9.17】** 删除数据库中的 AvgGrade 存储过程。

SQL 语句如下：

```
DROP PROCEDURE AvgGrade;
```

# 9.3 触 发 器



## 9.3.1 什么是触发器

触发器是一种特殊的存储过程。与存储过程不同的是，触发器的执行不需要使用EXEC语句调用，也不需要手工启动，只要当一个预定义的事件发生时，就会被Oracle自动触发。触发器可以查询其他表，也可以包含复杂的SQL语句。其主要用于满足复杂的业务规则或要求。触发器可以分为3种类型。

(1) DML触发器。当数据库中发生数据操作语言(DML)事件时，将调用DML触发器，包括表或视图的INSERT、UPDATE、DELETE语句。因此，DML触发器又分为INSERT、UPDATE、DELETE触发器。

(2) 替代触发器。替代触发器是指由触发器的行为替代触发语句来执行。例如，在Oracle中不能直接对由两个以上的表建立的视图进行操作。因此，可以定义替代触发器来对此类的视图操作进行处理。

(3) 系统触发器。系统触发器也由相应的事件触发，但它的激活事件是基于数据库系统进行的操作，如DDL、启动或关闭数据库、连接或断开、服务器错误等系统事件。

## 9.3.2 创建触发器

创建触发器使用CREATE TRIGGER语句，但创建DML触发器、替代触发器和创建系统触发器的语法略有不同。

**1. 创建DML触发器**

语法格式如下：

```
CREATE [OR REPLACE] TRIGGER [<方案名>.]<触发器名>          /*指定触发器名称*/
 { BEFORE|AFTER|INSTEAD OF }
 { DELETE | INSERT | UPDATE [OF column, …,n]}             /*定义触发器种类*/
     [OR { DELETE | INSERT | UPDATE [OF column, …,n]}]
ON [<方案名>.] {<表名>|<视图名>}                          /*指定操作对象*/
[FOR EACH ROW [WHEN(<条件表达式>)]]
<PL/SQL 语句块>                                           /*PL/SQL 块*/
```

说明：

(1) 触发器名：触发器有单独的名字空间，因此触发器名可以和表名、过程名同名，但在同一个方案中的触发器名不能相同。

(2) BEFORE|AFTER|INSTEAD OF：指定触发器的执行类型。BEFORE表示触发器在指定操作执行前触发执行；AFTER表示触发器在指定操作执行后触发执行；INSTEAD OF表示创建替代触发器，触发器指定的事件不执行，而执行触发器本身的操作。

(3) DELETE|INSERT|UPDATE[OF column,…,n]：指定一个或多个触发事件，多个触发事件之间用OR连接。OF指定在某列上的应用触发器，如果为多个列，则需要使用

逗号分隔。OF 与 UPDATE 配合使用。

(4) FOR EACH ROW[WHEN(<条件表达式>)]：在触发器定义中，如果未使用 FOR EACH ROW 子句，则表示触发器为语句级触发器，触发器在激活后只执行一次，而不管影响多少行。使用 FOR EACH ROW 子句则表示触发器为行级触发器，行级触发器在 DML 语句操作影响到多行数据时，触发器将针对每行执行一次。WHEN 子句用于指定触发条件，即只有满足触发条件的行才执行触发器。

在行级触发器的执行部分中，PL/SQL 语句可以访问受触发器语句影响到的每行的列值。在列名的前面加上限定词"：OLD."表示变化前的值，在列名前加上"：NEW."表示变化后的值。在 WHEN 子句中引用时不用加前面的冒号"："。

有关 DML 触发器，还有以下几点说明。

1) 创建触发器的限制

(1) 代码大小<32KB。

(2) 语句不能包括 DDL、ROLLBACK、COMMIT 及 SAVEPOINT。

2) 触发器触发次序

(1) 执行 BEFORE 语句级触发器。

(2) 对于受语句影响的每行，执行顺序为 BEFORE 行级触发器→执行 DML 语句→执行 AFTER 行级触发器。

(3) 执行 AFTER 语句级触发器。

**【例 9.18】** 创建一个表 table1，其中只有一列 a。在表上创建一个触发器，每次插入操作时，将变量 str 的值设为 TRIGGER IS WORKING 并显示。

SQL 语句为

创建表 table1：

```
CREATE TABLE table1(a number);
```

创建 INSERT 触发器 table1_insert：

```
CREATE OR REPLACE TRIGGER table1_insert
    AFTER INSERT ON table1
DECLARE
    str char(100) : = 'TRIGGER IS WORKING';
BEGIN
    DBMS_OUTPUT.PUT_LINE(str);
END;
```

向 table1 中插入一行数据：

```
INSERT INTO table1 VALUES(10);
```

执行结果如图 9-13 所示。

**【例 9.19】** 为数据库中增加一个新表 student_HIS，包括学号和姓名，用来存放从 student 表中删除的记录。创建一个触发器，当 student 表被删除一行时，就把删除的记录写到日志表 student_HIS 中。

SQL 语句如下。

图 9-13　例 9.18 执行结果

新建表 student_HIS：

```
CREATE TABLE student_HIS
  (snum varchar2(20),
   sname varchar2(20));
```

建立触发器：

```
CREATE OR REPLACE TRIGGER del_xs
    BEFORE DELETE ON student FOR EACH ROW
BEGIN
    INSERT INTO student_HIS(snum,sname)
    VALUES(TO_CHAR(:OLD.Snum),TO_CHAR(:OLD.Sname));
END;
```

在删除 student 表中的数据前，触发器 del_xs 开始工作，将删除数据的学号和姓名插入 stuent_HIS 表中。

**【例 9.20】** 利用触发器在数据库 student 表执行插入、更新和删除 3 种操作后，给出相应提示。

SQL 语句如下：

```
CREATE TRIGGER cue_student
    AFTER INSERT OR UPDATE OR DELETE ON XSB FOR EACH ROW
DECLARE
    nfor char(10);
BEGIN
    IF INSERTING THEN                                   /* INSERT 语句激活了触发器 */
        Infor:= '插入';
    ELSIF UPDATING THEN                                 /* UPDATE 语句激活了触发器 */
        Infor:= '更新';
    ELSIF DELETING THEN                                 /* DELETE 语句激活了触发器 */
        Infor:= '删除';
    END IF;
    DBMS_OUTPUT.PUT_LINE(Infor);
END;
```

**2. 创建替代触发器**

创建替代触发器使用 INSTEAD OF 关键字，一般用于对视图的 DML 触发。由于视图有可能由多个表进行关联而成，因而并非所有的关联都是可更新的。INSTEAD OF 触发器触发时，只执行触发器内部的 SQL 语句，而不执行激活该触发器的 SQL 语句。

例如，若在一个多表视图上定义了 INSTEAD OF INSERT 触发器，视图各列的值可能允许为空也可能不允许为空。若视图某列的值不允许为空，则 INSERT 语句必须为该列提供相应的值。

**【例 9.21】** 在数据库中创建视图 stu_view，包含学生的学号、姓名、课程号、成绩。该视图依赖于表 student 和 SC，是不可更新视图，可以在视图上创建 INSTEAD OF 触发器，当在视图中分别向表 student 和 SC 插入数据时，可实现向视图插入数据的功能。

SQL 语句如下。

创建视图：

```
CREATE OR REPLACE VIEW stu_view
AS
SELECT student.Snum,student.Sname,SC.Cnum,SC.grade
FROM student,SC
WHERE student.Snum = SC.Snum
```

创建 INSTEAD OF 触发器：

```
CREATE OR REPLACE TRIGGER InsteadTrig
    INSTEAD OF INSERT ON stu_view FOR EACH ROW
DECLARE
    xb char(4);
    cssj date;
BEGIN
    xb: = '男';
    cssj: = '01 - 1 月 - 90';
    INSERT INTO student(Snum,Sname,Ssex,Sbirth)
    VALUES(TO_CHAR(:NEW.Snum),TO_CHAR(:NEW.Sname),xb,TO_DATE(cssj));
    INSERT INTO SC
    VALUES(TO_CHAR(:NEW.Snum),TO_CHAR(:NEW.Cnum),TO_NUMBER(:NEW.grade));
END;
```

向视图插入一行数据：

```
NSERT INTO stu_view VALUES('091103', '王明', '080101', 85 );
```

查看数据是否被插入：

```
SELECT * FROM stu_view WHERE Snum = '091103';
```

执行结果如图 9-14 所示。

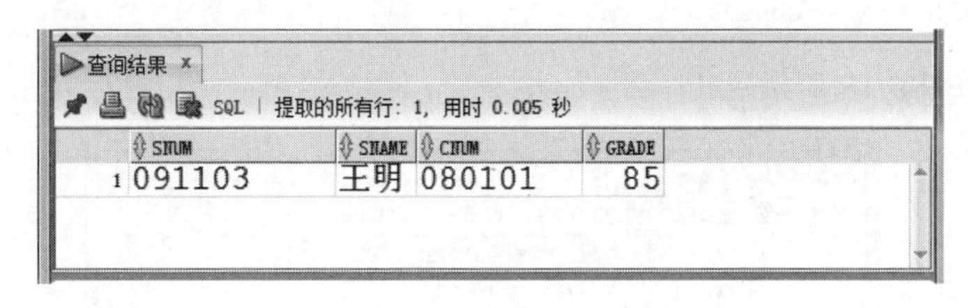


图 9-14　例 9.21 查询结果

### 3. 创建系统触发器

系统触发器可以在 DDL 或数据库系统事件上被触发。DDL 指的是数据定义语句，如 CREATE、ALTER 和 DROP 等；而数据库系统事件包括数据库服务器的启动(STARTUP)或关闭(SHUTDOWN)，数据库服务器出错(SERVERERROR)等。

创建系统触发器的语法格式如下：

```
CREATE OR REPLACE TRIGGER [<方案名>.]<触发器名>
    { BEFORE | AFTER }
    { <DDL 事件>|<数据库事件> }
    ON { DATABASE | [<方案名>.] SCHEMA }
   <触发器的 PL/SQL 语句块>
```

其中，DATABASE 表示数据库级触发器，对应数据库事件；[<方案名>.] SCHEMA 表示用户级触发器，对应 DDL 事件。

**【例 9.22】** 创建一个用户事件触发器，记录用户 SYSTEM 删除的所有对象。

SQL 语句如下。

以用户 SYSTEM 身份连接数据库，创建一个存储用户信息的表：

```
CREATE TABLE dropped_objects
(
    object_name varchar2(30),
    object_type varchar(20),
    dropped_date date
);
```

创建 BEFORE DROP 触发器，在用户删除对象之前将其信息记录到信息表 dropped_objects 中：

```
CREATE OR REPLACE TRIGGER dropped_obj_trigger
    BEFORE DROP ON SYSTEM.SCHEMA
BEGIN
    INSERT INTO dropped_objects
    VALUES(ora_dict_obj_name, ora_dict_obj_type, SYSDATE);
END;
```

删除 SYSTEM 模式下的一些对象，并查询表 dropped_objects：

```
DROP TABLE table1;
SELECT * FROM dropped_objects;
```

执行结果如图 9-15 所示。

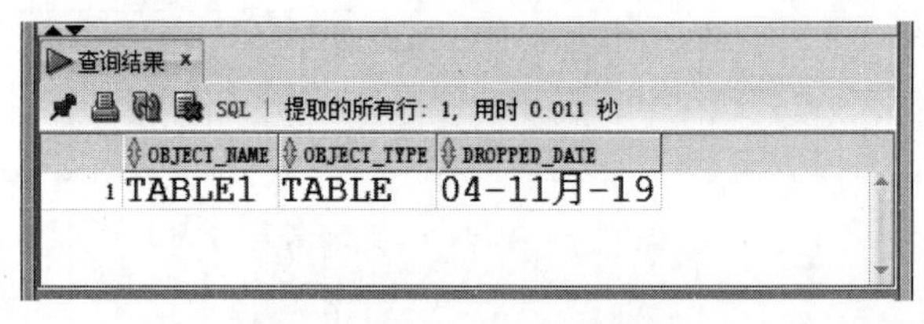


图 9-15　例 9.22 执行结果

### 9.3.3 启用、禁用触发器

Oracle 提供了 ALTER TRIGGER 语句用于启用和禁用触发器，语法格式如下：

```
ALTER TRIGGER [<方案名>.]触发器名
    DISABLE | ENABLE;
```

其中，DISABLE 表示禁用触发器；ENABLE 表示启用触发器。例如，要禁用触发器 del_xs，SQL 语句如下：

```
ALTER TRIGGER del_xs DISABLE;
```

如果要启用或禁用一个表中的所有触发器，SQL 语句如下：

```
ALTER TABLE 表名
    {DISABLE|ENABLE}
    ALL TRIGGERS;
```

### 9.3.4 查看触发器

查看触发器是指查看数据库中已存在的触发器的定义、状态和语法信息等，可以通过命令来查看；用户也可以查看已经存在的触发器的名称。

**【例 9.23】** 查看触发器名称。

SQL 语句如下：

```
SELECT OBJECT_NAME
FROM USER_OBJECTS
WHERE OBJECT_TYPE = 'TRIGGER';
```

执行结果如图 9-16 所示。

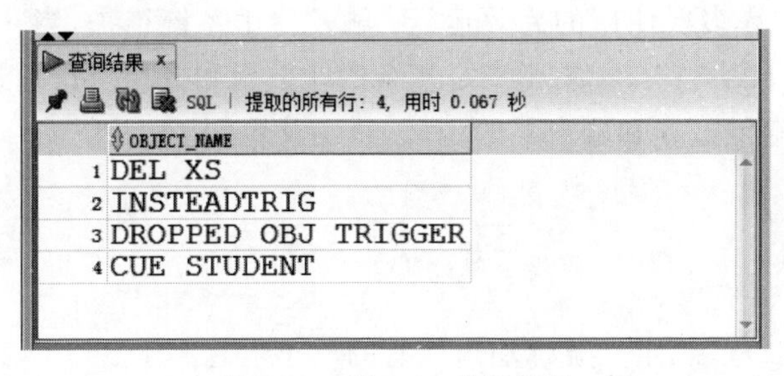


图 9-16 例 9.23 执行结果

**【例 9.24】** 查看触发器的内容。

SQL 语句如下：

```
SELECT *
FROM USER_SOURCE
WHERE NAME = 'DEL_XS'
ORDER BY LINE;
```

执行结果如图 9-17 所示。

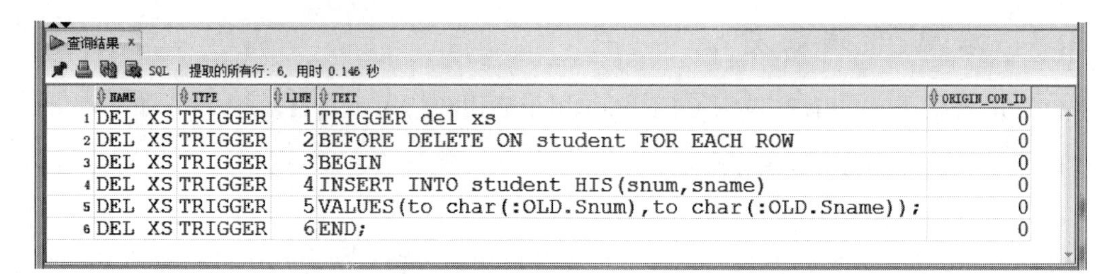

| | NAME | TYPE | LINE | TEXT | ORIGIN_CON_ID |
|---|---|---|---|---|---|
| 1 | DEL XS | TRIGGER | 1 | TRIGGER del xs | 0 |
| 2 | DEL XS | TRIGGER | 2 | BEFORE DELETE ON student FOR EACH ROW | 0 |
| 3 | DEL XS | TRIGGER | 3 | BEGIN | 0 |
| 4 | DEL XS | TRIGGER | 4 | INSERT INTO student HIS(snum,sname) | 0 |
| 5 | DEL XS | TRIGGER | 5 | VALUES(to char(:OLD.Snum),to char(:OLD.Sname)); | 0 |
| 6 | DEL XS | TRIGGER | 6 | END; | 0 |

图 9-17　例 9.24 执行结果

### 9.3.5　修改、删除触发器

Oracle 中要修改触发器，可使用 CREATE OR REPACE TRIGGER 命令，也就是覆盖原始的触发器。

使用 DROP TRIGGER 命令可以删除 Oracle 中已经定义的触发器，语法格式如下：

```
DROP TRIGGER [<方案名>.]触发器名
```

**【例 9.25】**　删除触发器 del_xs。

SQL 语句如下：

```
DROP TRIGGER del_xs;
```

## 9.4　本 章 小 结

游标、存储过程和触发器是数据库中进行逻辑处理的有力工具。游标提供了用户对一个结果集进行逐行处理的能力，它与循环结构结合使用，可以对数据进行批量的处理；存储过程可以实现一次编译多次使用的高效运行；触发器由系统维护，当一个预定义的事件发生时，就会被 Oracle 自动触发，它用于满足复杂的业务规则或要求。通过本章的学习，读者应能熟练掌握游标、存储过程和触发器的定义、使用及管理。

## 习　题　9

1. 编写 PL/SQL 程序，定义游标输出所有的汽车信息。

2. 定义存储过程 PROC_update，使用游标实现销售记录的更新，根据“付款”和“保险”两列的值更新“完成”列的值。当“付款”和“保险”都为“是”，而“完成”列为“否”时，将“完成”列的值修改为“是”。

3. 在销售记录表上定义触发器 TRI_Insert，在插入操作完成后，根据购买汽车编号的价格，修改顾客类型。若汽车价格<15 万，则顾客类型为“银牌”；若汽车价格≥15 万，则顾客类型为“金牌”。

# 第 10 章　系统安全性管理

## 本章学习目标

- 了解数据库的安全机制
- 熟练掌握用户的定义和管理
- 熟练掌握权限的管理
- 熟练掌握角色的定义和管理
- 掌握审计的含义和各类审计操作

本章首先介绍 Oracle 用户的定义和管理；然后介绍系统权限和对象权限的管理，包括权限的授予和收回；接着介绍角色的定义和管理；最后介绍审计的含义，以及各类审计操作。

## 10.1　用户管理

### 10.1.1　Oracle 安全性机制

Oracle 数据库通过用户和权限进行安全性控制，即对用户登录进行身份认证，对用户操作进行权限控制。一个用户如果要登录并对数据库进行操作，必须满足如下 3 个条件。

(1) 登录服务器时必须通过身份验证。

(2) 必须是该数据库的用户或者是某一数据库角色的成员。

(3) 必须有执行该操作的权限。

根据每个用户访问数据库的不同需求，管理员可以对用户赋予不同的权限。如果管理员对用户权限分配不合理，将会对数据库的安全造成一定的隐患。

Oracle 中用户登录数据库的主要方式有如下 3 种。

(1) 密码验证方式：把验证密码放在 Oracle 数据库中，这是最常用的验证方式，同时安全性也比较高。

(2) 外部验证方式：这种验证的密码通常与数据库所在操作系统的密码一致。

(3) 全局验证方式：采用企业目录服务器验证用户。

### 10.1.2　用户的创建

创建用户就是建立一个安全的账户，并且这个账户要有充分的权限和正确的默认设置。新创建的用户只有通过管理员授权才能获得对数据库的使用权限。在 Oracle 数据库中，创建用户时需要特别注意的是用户的密码必须以字母开头。

创建用户可以使用 CREATE USER 命令，语法规则如下：

```
CREATE USER<用户名>                          /* 将要创建的用户名 */
    [IDENTIFIED BY {<密码>| EXTERNALLLY | GLOBALLY AS '<外部名称>' }]
                                             /* 表明 Oracle 如何验证用户 */
    [DEFAULT TABLESPACE<默认表空间名>]        /* 标识用户所创建对象的默认表空间 */
    [TEMPORARY TABLESPACE<临时表空间名>]      /* 标识用户的临时段的表空间 */
    [QUOTA<数字值>K |<数字值>M | UNLIMTED ON<表空间名>]
                                             /* 用户规定的表空间存储对象,最多可达到这个
                                             定额规定的总尺寸 */
    [PROFILE<概要文件>]                       /* 将指定的概要文件分配给用户 */
    [PASSWORD EXPIRE]
    [ACCOUNT {LOCK | NULOCK}]                 /* 账户是否锁定 */
```

说明：

(1) IDENTIFIED BY：指定 Oracle 如何验证用户。<密码>表示采用密码验证方式；EXTERNALLLY 表示外部验证方式；GLOBALLY AS '<外部名称>'表示全局验证方式。

(2) DEFAULT TABLESPACE 和 TEMPORARY TABLESPACE：指定用户创建对象的默认表空间和临时段的表空间。

(3) QUOTA<数字值>K|<数字值>M|UNLIMTED ON<表空间名>：指定用户在某表空间中分配的空间定额，该定额是在表空间中用户能分配的最大空间。UNLIMITED 关键字允许用户无限制地分配表空间中的空间定额，可以有多个 QUOTA 子句用于分配多个表空间。

(4) PROFILE：将指定的概要文件分配给用户。该概要文件限制用户可使用的数据库资源的总量。如果忽略该子句，Oracle 将 DEFAULT 概要文件分配给用户。

(5) PASSWORD EXPIRE：使用户密码失效。这种设置强制用户在试图登录数据库之前更改口令。

(6) ACCOUNT {LOCK|UNLOCK}：LOCK 表示锁定账户并禁止访问；UNLOCK 表示解除用户的账号锁定并允许访问。

**【例 10.1】** 创建一个名称为 TEACHER 的用户，口令为 ANGEL，默认表空间为 USERS，临时表空间为 TEMP。没有定额，使用默认概要文件。

SQL 语句如下：

```
CREATE USER TEACHER
    IDENTIFIED BY Teacher
    DEFAULT TABLESPACE USERS
    TEMPORARY TABLESPACE TEMP
    ACCOUNT UNLOCK;
```

执行结果如图 10-1 所示。

### 10.1.3 用户的修改

在 Oracle 数据库中，使用 ALTER USER 命令可以对用户信息进行修改，但是执行者

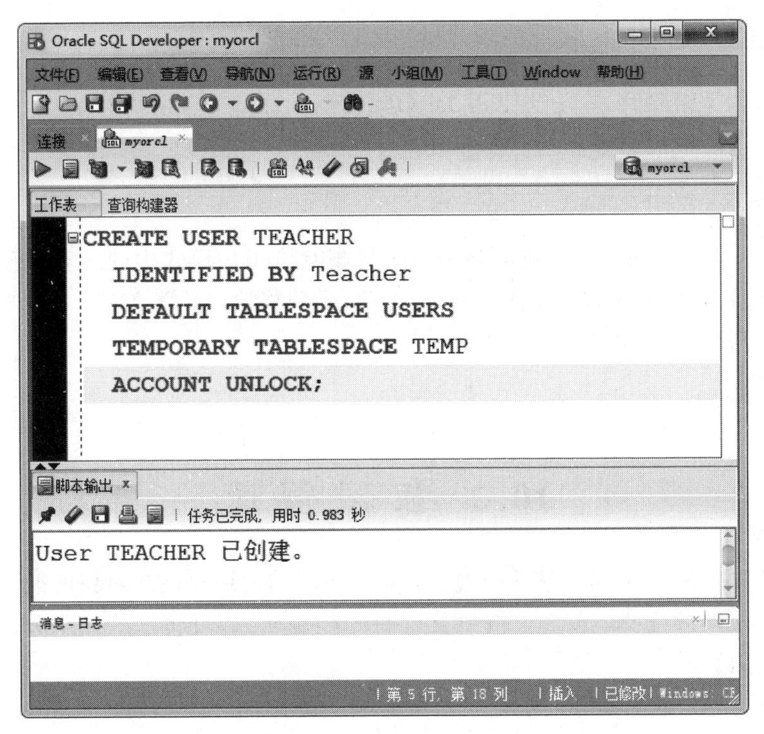


图 10-1　例 10.1 执行结果

必须具有 ALTER USER 权限。语法格式如下：

```
ALTER USER<用户名>
    [IDENTIFIED {BY<密码>|EXTERNALLY|GLOBALLY AS 'external_name'}]
    [DEFAULT TABLESPACE<默认表空间>]
    [TEMPORARY TABLESPACE<临时表空间>]
    [QUOTA<数字值>K | <数字值>M | UNLIMTED ON<表空间名>]
    [PROFILE<概要文件>]
    [PASSWORD EXPIRE]
    [ACCOUNT {LOCK | UNLOCK}];
```

**【例 10.2】** 修改用户 TEACHER，修改用户的密码。

SQL 语句如下：

```
ALTER USER TEACHER
IDENTIFIED BY NEWteacher;
```

**【例 10.3】** 修改用户 TEACHER，使该用户的密码失效，使用户登录数据库前修改口令。

SQL 语句如下：

```
ALTER USER TEACHER
    PASSWORD EXPIRE;
```

### 10.1.4 用户的删除

在 Oracle 中，删除用户可以使用 DROP USER 命令，但是执行者必须具有 DROP USER 权限。语法格式如下：

```
DROP USER<用户名>[CASCADE];
```

如果使用 CASCADE 选项，则删除用户时将删除该用户模式中的所有对象。如果用户拥有对象，删除用户时若不使用 CASCADE 选项，系统将给出错误信息。例如，要删除用户 TEACHER，可使用以下语句：

```
DROP USER TEACHER CASCADE;
```

## 10.2 权限管理

权限是预先定义好的、执行某种 SQL 语句或访问其他用户模式对象的能力。在 Oracle 数据库中利用权限进行安全管理。按照其针对的控制对象，可将这些权限分成两类：系统权限和对象权限。

(1) 系统权限。系统权限是指在系统级控制数据库的存取和使用的机制，即执行某种 SQL 语句的能力。例如，启动、停止数据库，修改数据库参数，连接到数据库，以及创建、删除、更改模式对象(如表、视图、索引、过程等)等权限。

系统权限是针对用户而设置的，用户必须被授予相应的系统权限，才可以连接到数据库中进行相应的操作。在 Oracle 中，SYSTEM 和 SYS 是数据库管理员，具有 DBA 的系统权限。

(2) 对象权限。对象权限是指在对象级控制数据库的存取和使用的机制，即访问其他用户模式对象的能力。例如，用户可以存取用户模式中的对象，能对该对象进行查询、插入、更新等操作。对象权限一般是针对用户模式对象的，是用户之间的表、视图等模式对象的相互存取权限。

### 10.2.1 系统权限的管理

Oracle 提供了多种系统权限，每种系统权限分别能使用户进行某种或某类系统级的数据库操作。数据字典视图 SYSTEM_PRIVILEGE_MAP 中包括了 Oracle 数据库中的所有系统权限，通过查询该视图可以了解系统权限的信息，代码如下：

```
SELECT COUNT(*)
FROM SYSTEM_PRIVILEGE_MAP;
```

该查询语句执行后，输出结果为 256。可以看出，Oracle 12c 的系统权限有 256 个。

**1. 系统权限的分类**

根据用户在数据库中进行的不同操作，Oracle 的系统权限可以分为多种不同的类型。

(1) 数据库维护权限。对于数据库管理员，需要创建表空间、修改数据库结构、创建用户、修改用户权限等进行数据库维护的权限。表 10-1 列出了常用的数据库维护权限及它们的功能。

表 10-1 常用数据库维护权限

| 系统权限 | 功能 |
| --- | --- |
| ALTER DATABASE | 修改数据库结构 |
| ALTER SYSTEM | 修改数据库系统的初始化参数 |
| CREATE/DROP PUBLIC SYNONYM | 创建/删除公共同义词 |
| CREATE/ALTER/DROP PROFILE | 创建/修改/删除概要文件 |
| CREATE/ALTER/DROP ROLE | 创建/修改/删除角色 |
| CREATE/ALTER/DROP TABLESPACE | 创建/修改/删除表空间 |
| CREATE/ALTER SESSION | 创建/修改会话 |
| CREATE/ALTER/DROP USER | 创建/修改/删除用户 |
| SYSOPER(系统操作员权限) | STARTUP、SHUTDOWN<br>ALTER DATABASE MOUNT/OPEN<br>ALTER DATABASE BACKUP CONTROLFILE<br>ALTER DATABASE BEGINJEBID BACKUP<br>ALTER DATABASE ARCHIVELOG<br>RECOVER DATABASE<br>RESTRICTED SESSION<br>CREATE SPFILE/PFILE<br>SYSDBA SYSOPER 的所有权限<br>WITH ADMIN OPTION 子句 |
| SELECT ANY DICTIONARY | 允许查询以“DBA”开头的数据字典 |

(2) 数据库模式对象权限。对数据库开发人员而言,只需要了解操作数据库对象的权限,如创建表、创建视图等权限。表 10-2 列出了常用的数据库模式对象权限及功能。

表 10-2 常用数据库模式对象权限及功能

| 系统权限 | 功能 |
| --- | --- |
| CREATE/DROP CLUSTER | 在指定用户模式中创建/删除聚簇 |
| CREATE/DROP PROCEDURE | 在指定用户模式中创建/删除存储过程 |
| CREATE/DROP DATABASE LINK | 在指定用户模式中创建/删除数据库连接权限 |
| CREATE/DROP SYNONYM | 在指定用户模式中创建/删除同义词 |
| CREATE/DROP SEQUENCE | 在指定用户模式中创建/删除序列 |
| CREATE/DROP TRIGGER | 在指定用户模式中创建/删除触发器 |
| CREATE/DROP TABLE | 在指定用户模式中创建/删除表 |
| CREATE/DROP VIEW | 在指定用户模式中创建/删除视图 |

(3) ANY 权限。系统权限中还有一种权限是 ANY,具有 ANY 权限表示可以在任何用户模式中进行操作。例如,具有 CREATE ANY TABLE 系统权限的用户可以在任何用户模式中创建表;与此相对应的是只具有在指定用户模式中进行操作的权限。

一般情况下,应该给数据库管理员授予 ANY 系统权限,以便其管理所有用户的模式对象。但不应该将 ANY 系统权限授予普通用户,以防其影响其他用户的工作。表 10-3 列出了常用 ANY 权限及功能。

表 10-3　常用 ANY 权限及功能

| 系统权限 | 功能 |
| --- | --- |
| CREATE/ALTER/DROP ANY CLUSTER | 在任何模式中创建/修改/删除聚簇 |
| CREATE/ALTER/DROP ANY INDEX | 在任何模式中创建/修改/删除索引 |
| CREATE/ALTER/DROP ANY PROCEDURE | 在任何模式中创建/修改/删除存储过程 |
| CREATE/ALTER/DROP ANY ROLE | 在任何模式中创建/修改/删除角色 |
| CREATE/ALTER/DROP ANY SEQUENCE | 在任何模式中创建/修改/删除序列 |
| CREATE/ALTER/DROP ANY TABLE | 在任何模式中创建/修改/删除表 |
| SELECT/INSERT/UPDATE/DELETE ANY TABLE | 在任何模式中查询/插入/更新/删除数据 |
| CREATE/ALTER/DROP ANY VIEW | 在任何模式中创建/修改/删除视图 |
| CREATE/ALTER/DROP ANY TRIGGER | 在任何模式中创建/修改/删除触发器 |
| CREATE/DROP ANY SYNONYM | 在任何模式中创建/修改/删除同义词 |

说明：为了方便叙述，表 10-1～表 10-3 中的系统权限都是整合描述的。例如，“CREATE/ALTER/DROP ANY CLUSTER”代表的是“CREATE ANY CLUSTER”“ALTER ANY CLUSTER”“DROP ANY CLUSTER”3 个权限。在授予权限时，要使用是“CREATE ANY CLUSTER”“ALTER ANY CLUSTER”“DROP ANY CLUSTER”的形式，不能使用“CREATE/ALTER/DROP ANY CLUSTER”的形式。

**2. 系统权限的授予**

系统权限的授予使用 GRANT 命令，语法格式如下：

```
GRANT<系统权限名>
TO {PUBLIC |<角色名>|<用户名>[<,用户名>]…}
[WITH ADMIN OPTION]
```

其中，PUBLIC 是 Oracle 中的公共用户组，如果将权限授予 PUBLIC，就意味着数据库中的所有用户都将拥有该权限；WITH ADMIN OPTION 选项，表示被授予权限的用户可以将这些系统权限传递给其他用户或角色。

**【例 10.4】** 授予用户 TEACHER 连接数据库的权限。

创建用户 TEACHER 后该用户没有任何权限，使用该用户连接数据库将会出现错误，如图 10-2 所示。

图 10-2　未授权用户连接数据库错误

要使用 TEACHER 用户连接数据库，首先要授予其连接数据的权限“CREATE SESSION”，步骤如下所示。

(1) 使用 SYSTEM 用户连接数据库，代码如下：

```
GRANT CREATE SESSION TO TEACHER;
```

(2) 使用 TEACHER 用户连接数据库(或者另外打开一个 SQL * Plus)，代码如下：

```
CONNECT TEACHER/NEWANGEL
```

执行结果如图 10-3 所示。

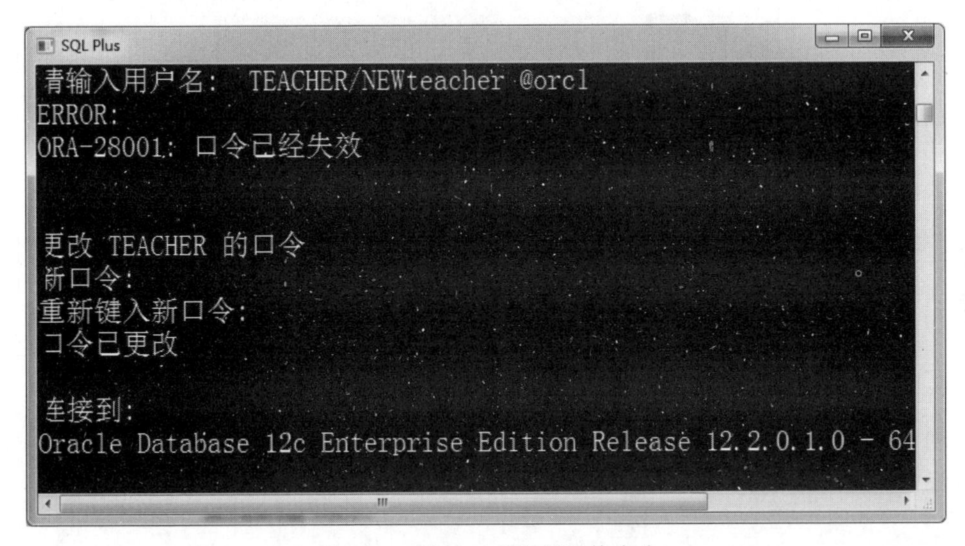


图 10-3 例 10.4 授权后连接成功

例 10.4 中，TEACHER 用户获得连接数据库权限后，登录成功。由于设定了用户 TEACHER 的“PASSWORD EXPIRE”属性，因此在 TEACHER 第 1 次登录数据库时会提示设置新密码(Teacher123)。此时，TEACHER 用户除了连接数据库的权限，没有任何操作数据库的权限。

例如，运行 CREATE TABLE 命令时，系统会提示“权限不足”，如图 10-4 所示。

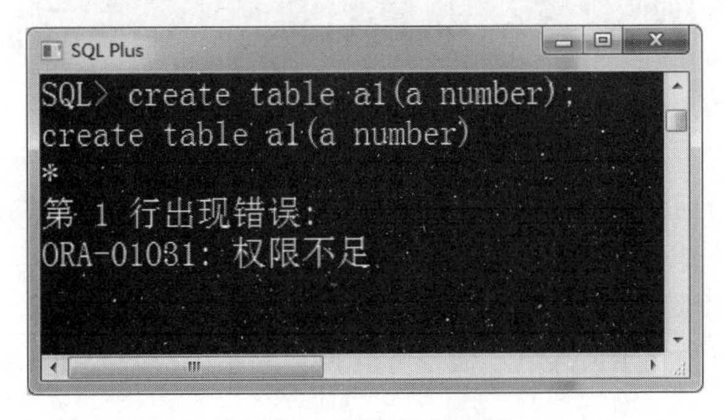


图 10-4 用户权限不足

**【例 10.5】** 授予用户 TEACHER 在任何用户模式下创建表和视图的权限，并允许用户 TEACHER 将这些权限授予给其他用户。

使用 SYSTEM 用户授权，代码如下：

```
GRANT CREATE ANY TABLE, CREATE ANY VIEW
TO TEACHER
WITH ADMIN OPTION;
```

授权后，用户 TEACHER 可以创建表 a1。创建完成后，可进行插入操作，系统显示“对表空间'USERS'无权限”，如图 10-5 所示。

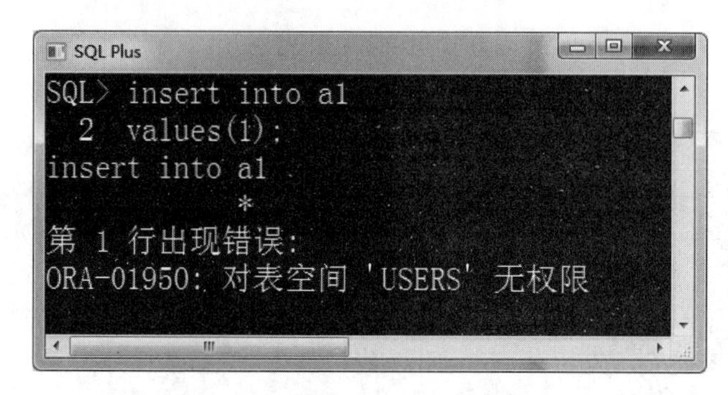


图 10-5　用户操作表空间权限受限

这是由于在使用 USERS 表空间时未指定用户定额，需要指定用户使用表空间的定额才能真正地在表空间上存储数据。使用如下修改命令：

```
ALTER USER TEACHER
QUOTA 20M ON USERS;
```

之后再次运行插入命令，即可插入成功，如图 10-6 所示。

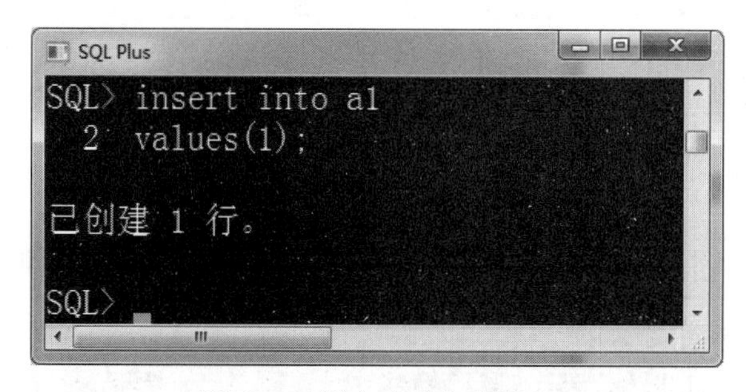


图 10-6　用户成功完成插入

如果需要了解当前用户所具有的系统权限和角色，可以查询数据字典 USER_SYS_PRIVS、ROLE_SYS_PRIVS，如图 10-7 所示。

**3. 系统权限的收回**

数据库用户可以使用 REVOKE 命令将其授予的系统权限收回。语法格式如下：

```
REVOKE<系统权限名>
FROM {PUBLIC|<角色名>|<用户名>[<,用户名>]…};
```

**【例 10.6】** 收回用户 TEACHER 的 CREATE ANY VIEW 权限。

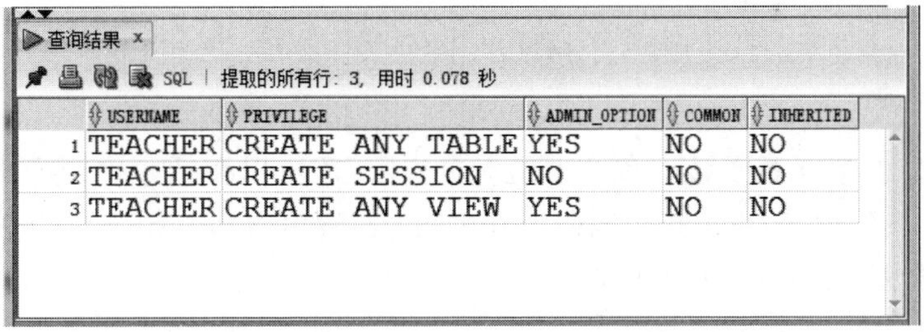

查询结果 ×

SQL | 提取的所有行: 3, 用时 0.078 秒

| | USERNAME | PRIVILEGE | ADMIN_OPTION | COMMON | INHERITED |
|---|---|---|---|---|---|
| 1 | TEACHER | CREATE ANY TABLE | YES | NO | NO |
| 2 | TEACHER | CREATE SESSION | NO | NO | NO |
| 3 | TEACHER | CREATE ANY VIEW | YES | NO | NO |

图 10-7　用户 TEACHER 的系统权限

使用 SYSTEM 用户登录,以下代码可以收回用户 TEACHER 的 CREATE ANY VIEW 权限。

```
REVOKE CREATE ANY VIEW
FROM TEACHER;
```

用户的系统权限被收回后,相应的传递权限也同时被收回,但已经过传递并获得权限的用户不受影响。

## 10.2.2　对象权限的管理

### 1. 对象权限的分类

对象权限是对特定方案对象执行特定操作的权利。这些方案对象主要包括表、视图、序列、过程、函数和包等。有些方案对象(如簇、索引、触发器和数据库链接)没有对应的对象权限,它们是通过系统权限控制的。

对于属于某一个用户模式的方案对象,该用户对这些对象具有全部的对象权限。

Oracle 方案对象有如表 10-4 列出的 9 种权限。

**表 10-4　对象权限及功能**

| 对象权限 | 功　　能 |
|---|---|
| SELECT | 读取表、视图、序列中的行 |
| UPDATE | 更新表、视图和序列中的行 |
| DELETE | 删除表、视图中的数据 |
| INSERT | 向表和视图中插入数据 |
| EXECUTE | 执行类型、包和过程 |
| READ | 读取数据字典中的数据 |
| INDEX | 生成索引 |
| REFERENCES | 生成外键 |
| ALTER | 修改表、序列、同义词中的结构 |

### 2. 对象权限的授予

授予对象权限使用 GRANT 命令,语法格式上与系统对象不同,其语法格式如下:

```
GRANT {<对象权限名>| ALL [PRIVILEGE] [(<列名>[,<列名> ]…)]}
```

```
ON [用户方案名.]<对象权限名>
TO {PUBLIC |<角色名>|(<用户名>[,<用户名>]…}
[WITH GRANT OPTION];
```



其中,关键字 ALL 表示授予该对象全部的对象权限,还可以在括号中用列名来指定在表的某列的权限;关键字 ON 用于指定权限所在的对象;WITH GRANT OPTION 选项用于指定用户可以将这些权限授予其他用户。

**【例 10.7】** 将 SYSTEM 方案下 student 表的查询、添加、修改和删除数据的权限赋予用户 TEACHER。

使用 SYSTEM 用户连接 SQL * Plus,执行如下语句:

```
GRANT SELECT, INSERT, UPDATE, DELETE
ON SYSTEM.STUDENT
TO TEACHER;
```

然后使用 TEACHER 连接数据库,使用 SELECT 语句查询 student 表,可以发现用户 TEACHER 可以查询 student 表中的数据。

**3. 对象权限的收回**

收回对象权限可使用 REVOKE 命令,语法格式如下:

```
REVOKE {<对象权限名>| ALL [PRIVILEGE] [(<列名> [,<列名>]…)]}
    ON [用户方案名.]<对象权限名>
    FROM {PUBLIC |<角色名>| (<用户名>[,<用户名>]…)}
     [CASCADE CONSTRAINTS];
```

其中,CASCADE CONSTRAINTS 选项表示在收回对象权限时,同时删除利用 REFERENCES 对象权限在该对象上定义的参照完整性约束。

**【例 10.8】** 收回用户 TEACHER 查询 student 表的权限。

SQL 语句如下:

```
REVOKE SELECT
ON student
FROM TEACHER;
```

# 10.3 角 色 管 理

角色(ROLE)是一组权限的集合。一个角色包含所授予角色的权限及授予它的其他角色的全部权限。可以利用角色来管理数据库权限,可将权限添加到角色中,然后将角色授予用户或其他角色。

一个应用可以包含几个不同的角色,每个角色都包含不同的权限集合。DBA 可以创建带有密码的角色,以防止未经授权就使用角色的权限。

Oracle 系统在安装完成后就有整套的用于系统管理的角色,这些角色称为预定义角色。数据字典视图 DBA_ROLES 中包含了数据库的所有角色信息,包括自定义角色和预定义角色。表 10-5 列出了常见的预定义角色。

表 10-5　常见预定义角色及权限说明

| 角　色　名 | 权 限 说 明 |
| --- | --- |
| CONNECT | ALTER SESSION,CREATE CLUSTER,CREATE DATABASE LINK,CREATE SEQUENCE, CREATE, CREATE SESSION, CREATE SYSNONYM,CREATE VIEW, CREATE TABLE |
| RESOURCE | CREATE CLUSTER, CREATE INDEXTYPE, CREATE OPERATOR,CREATE PROCEDURE,CREATE SEQUENCE, CREATE TABLECREATE TRIGGER,CREATE TYPE |
| DBA | 拥有所有权限 |
| EXP_FULL_DATABASE | SELECT ANY TABLE, BACKUP ANY TABLE, EXECUTE ANY PROCEDURE, EXECUTE ANY TYPE, ADMINISTER RESOURCE MANAGER,在 SYS. INCVID、SYSINCFIL 和 SYS. INCEXP 表的 INSERT、DELETE 和 UPDATE 权限;EXECUTE_CATALOG-ROLE,SELECT_CATALOG_ROLE |
| IMP_FULL_DATABASE | 执行全数据库导出所需要的权限,包括系统权限列表(用 DBA_SYS_ PRIVS)和下面角色: EXECUTE_CATALOG_ROLE, SELECT_CATALOG_ROLE |
| DELETE_CATALOG_ROLE | 删除权限 |
| EXECUTE_CATALOG_ROLE | 在所有目录包中包含 EXECUTE 权限(见 HS_ADMIN_ROLE) |
| SELECT_CATALOG_ROLE | 在所有表和视图上有 SELECT 权限(见 HS_ADMIN_ROLE) |

## 10.3.1 角色的创建

用户角色是在创建数据库后,由 DBA 用户按实际业务需要而创建的。新创建的用户角色没有任何权限,但可以将权限授予角色,然后将角色授予用户。

在 Oracle 中,创建角色使用 CREATE ROLE 命令,语法格式如下:

```
CREATE ROLE <角色名>
    [NOT IDENTIFIED]
    [IDENTIFIED {BY <密码>|EXTERNALLY|GLOBALLY}];
```

说明:

(1) NOT IDENTIFIED 选项表示该角色由数据库授权,不需要口令使其生效。IDENTIFIED 表示在用 SET ROLE 语句使该角色生效之前,必须由指定的方法来授权一个用户。

(2) BY<密码>: 创建一个局部角色,在使角色生效之前,用户必须指定密码定义的口令。口令只能是数据库字符集中的单字节字符。

(3) EXTERNALLY: 创建一个外部角色。在使角色生效之前,必须由外部服务(如操作系统)来授权用户。

(4) GLOBALLY: 创建一个全局角色。在利用 SET ROLE 语句使角色生效前或在登录时,用户必须由企业目录服务授权使用该角色。

**【例 10.9】** 创建一个新的角色 TEA_ACCOUNT,不设置密码。

SQL 语句如下：

```
CREATE ROLE TEA_ACCOUNT;
```

执行上述代码后，可在“创建用户”对话框的“授予的角色”选项卡列表中看到新创建的角色，如图 10-8 所示。

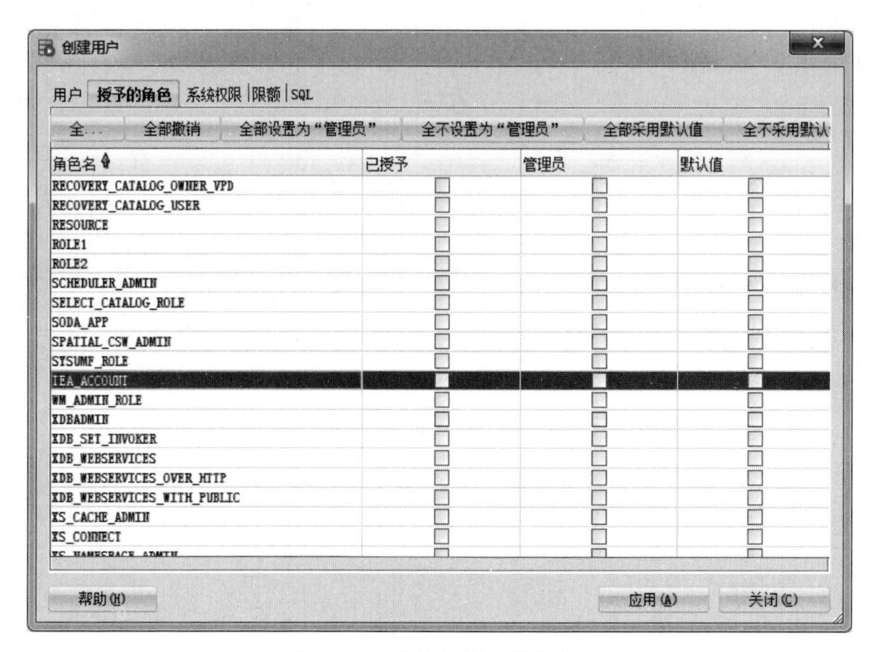


图 10-8　查看新创建的角色

## 10.3.2　角色的管理

### 1. 修改角色

在 Oracle 中，使用 ALTER ROLE 命令可以修改角色的定义，语法格式如下：

```
ALTER ROLE<角色名>
    [NOT IDENTIFIED]
    [IDENTIFIED {BY<密码>|EXTERNALLY|GLOBALLY}];
```

ALTER ROLE 语句中的选项含义与 CREATE ROLE 语句中的相同。

### 2. 给角色授予和收回权限

利用 CREATE ROLE 语句创建新角色时，最初权限是空的，这时可以使用 GRANT 命令给角色授予权限，同时可以使用 REVOKE 命令收回角色的权限。

**【例 10.10】** 给角色 TEA_ACCOUNT 授予在任何模式中创建表和视图的权限。

SQL 语句如下：

```
GRANT CREATE ANY TABLE, CREATE ANY VIEW
TO TEA_ACCOUNT;
```

**【例 10.11】** 收回角色 ACCOUNT_CREATE 的 CREATE ANY VIEW 的权限。

SQL 语句如下：

```
REVOKE CREATE ANY VIEW
FROM TEA_ACCOUNT;
```

**3. 将角色授予用户**

将角色授予用户才能发挥角色的作用。当把角色授予用户后，用户将立即拥有角色所拥有的权限。将角色授予用户也可使用 GRANT 命令，语法格式如下：

```
GRANT<角色名>[<,角色名>]…
TO {<用户名>|<角色名>| PUBLIC}
    [WITH ADMIN OPTION];
```

也可以将角色授予其他角色或 PUBLIC 公共用户组。

**【例 10.12】** 将角色 TEA_ACCOUNT 授予用户 TEACHER。

SQL 语句如下：

```
GRANT TEA_ACCOUNT
TO TEACHER;
```

**4. 启用和禁用角色**

可以使用 SET ROLE 语句为数据库用户的会话启用或禁用角色。语法格式如下：

```
SET ROLE
   {<角色名>[IDENTIFIED BY<密码>][<,角色名>]…
   | ALL[EXCEPT<角色名>[<,角色名>]…]
   | NONE
   };
```

其中，IDENTIFIED BY 子句用于为该角色指定密码；ALL 选项表示将启用用户被授予的所有角色，但必须保证所有的角色没有设置密码；EXCEPT 子句表示启用该子句指定角色外的其他全部角色；NONE 选项表示禁用所有角色。

**5. 收回用户的角色**

从用户手中收回已经授予的角色也可使用 REVOKE 命令，语法格式如下：

```
REVOKE<角色名>[<,角色名>]…
FROM {<用户名>|<角色名>| PUBLIC}
```

**6. 角色的删除**

在 Oracle 中，删除角色使用 DROP ROLE 命令，语法格式如下：

```
DROP ROLE<角色名>;
```

**【例 10.13】** 删除角色 TEA_COUNT。

SQL 语句如下：

```
DROP ROLE TEA_COUNT.
```

# 10.4 审　计

审计是监视和记录所选用户的各项数据库活动，通常用于调查可疑活动以及监视、收集特定数据库活动的数据。审计操作类型包括登录企图、对象访问和数据库操作。审计操作项目包括执行成功的语句或执行失败的语句，以及在每个用户会话中执行一次的语句和所有用户或者特定用户的活动。

审计使用 AUDIT 命令，禁止审计使用 NOAUDIT 命令。审计记录包括被审计的操作、执行操作的用户、操作的时间等信息。审计记录被存储在数据字典中。审计跟踪记录包含不同类型的信息，主要依赖于审计的事件和审计选项的设置。每个审计跟踪记录中的信息通常包括用户名、会话标识符、终端标识符、访问的方案对象的名称、执行的操作、操作的完成代码、日期和时间戳，以及使用的系统权限。

管理员可以启用和禁用审计信息记录，只有安全管理员(SYS 用户)才能够对记录审计信息进行管理。当在数据库中启用审计时，在语句执行阶段生成审计记录。

---

注意：在 PL/SQL 程序单元中的 SQL 语句是单独审计的。

---

## 10.4.1 登录审计

用户连接数据库的操作过程称为登录，登录审计使用下列命令。

(1) AUDIT SESSION：开启连接数据库审计。

(2) AUDIT SESSION WHENEVER SUCCESSFUL：审计成功的连接企图。

(3) AUDIT SESSION WHENEVER NOT SUCCESSFUL：审计失败的连接企图。

(4) NOAUDIT SESSION：禁止会话审计。

数据库的审计记录存放在 SYS 方案中的 AUD $ 表中，可以通过 DBA_AUDIT_SESSION 数据字典视图来查看 SYS.AUD$。例如：

```
SELECT OS_Username, Username, Terminal,
    DECODE(Returncode, '0', 'Connected', '1005', 'FailedNull', '1017', 'Failed', Returncode),
    TO_CHAR(Timestamp, 'DD - MON - YY HH24:MI:SS'),
    TO_CHAR(Logoff_time, 'DD - MON - YY HH24:MI:SS')
FROM DBA_AUDIT_SESSION;
```

说明：

(1) OS_Username：使用的操作系统账户。

(2) Username：Oracle 账户名。

(3) Terminal：使用的终端 ID。

(4) Returncode：如果为 0，连接成功；否则检查两个常用错误号，确定失败的原因。检查的两个常用错误号为 ORA-1005 和 ORA-1017，这两个错误代码覆盖了经常发生的登录错误。当用户输入一个用户名但无口令时返回 ORA-1005；当用户输入一个无效口令时返回 ORA-1017。

(5) Timestamp：登录时间。

(6) Logoff_time：注销的时间。

以 SYS 用户连接数据库，执行上述查询，结果如图 10-9 所示。

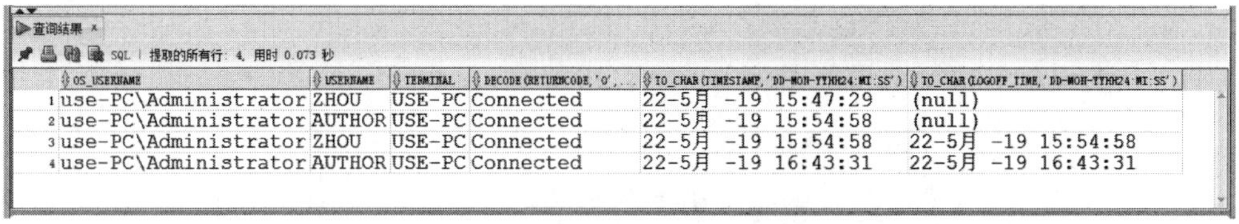

查询结果

SQL | 提取的所有行：4，用时 0.073 秒

| | OS_USERNAME | USERNAME | TERMINAL | DECODE(RETURNCODE,'0',... | TO_CHAR(TIMESTAMP,'DD-MON-YYHH24:MI:SS') | TO_CHAR(LOGOFF_TIME,'DD-MON-YYHH24:MI:SS') |
|---|---|---|---|---|---|---|
| 1 | use-PC\Administrator | ZHOU | USE-PC | Connected | 22-5月 -19 15:47:29 | (null) |
| 2 | use-PC\Administrator | AUTHOR | USE-PC | Connected | 22-5月 -19 15:54:58 | (null) |
| 3 | use-PC\Administrator | ZHOU | USE-PC | Connected | 22-5月 -19 15:54:58 | 22-5月 -19 15:54:58 |
| 4 | use-PC\Administrator | AUTHOR | USE-PC | Connected | 22-5月 -19 16:43:31 | 22-5月 -19 16:43:31 |

图 10-9　查询登录审计结果

### 10.4.2　操作审计

对表、数据库连接、表空间、同义词、回滚段、用户或索引等数据库对象的任何操作都可被审计。这些操作包括对象的建立、修改和删除。语法格式如下：

```
AUDIT {<审计操作>|<系统权限名>}
  [BY<用户名>[<,用户名>]…]
  [BY {SESSION|ACCESS}]
  [WHENEVER [NOT] SUCCESSFUL]
```

说明：

(1) 审计操作：对于每个审计操作，其产生的审计记录都包含执行操作的用户、操作类型、操作涉及的对象及操作的日期和时间等信息。审计记录被写入审计跟踪，审计跟踪包含审计记录的数据库表，可以通过数据字典视图检查审计跟踪来了解数据库的活动。

(2) 系统权限名：指定审计的系统权限，Oracle 为指定的系统权限和语句选项组提供捷径。

(3) BY<用户名>：指定审计的用户。若忽略该子句，Oracle 审计所有用户的语句。

(4) BY SESSION：同一会话中同一类型的全部 SQL 语句仅写单个记录。

(5) BY ACCESS：每个被审计的语句写一个记录。

(6) WHENEVER SUCCESSFUL：只审计完全成功的 SQL 语句；包含 NOT 时，则只审计失败或产生错误的语句；若完全忽略 WHENEVER SUCCESSFUL 子句，则审计全部的 SQL 语句，不管语句是否执行成功。

**【例 10.14】** 使用户 TEACHER 的所有更新操作都要被审计。

SQL 语句如下：

```
AUDIT UPDATE TABLE BY TEACHER;
```

若要审计影响角色的所有命令，可输入命令：

```
AUDIT ROLE;
```

若要禁止这个设置值，可输入命令：

```
NOAUDIT ROLE;
```

被审计的操作都被指定一个数字代码，这些代码可通过 AUDIT_ACTIONS 视图来访问。例如：

```
SELECT  Action, Name
FROM AUDIT_ACTIONS;
```

上述查询语句的执行结果如图 10-10 所示。

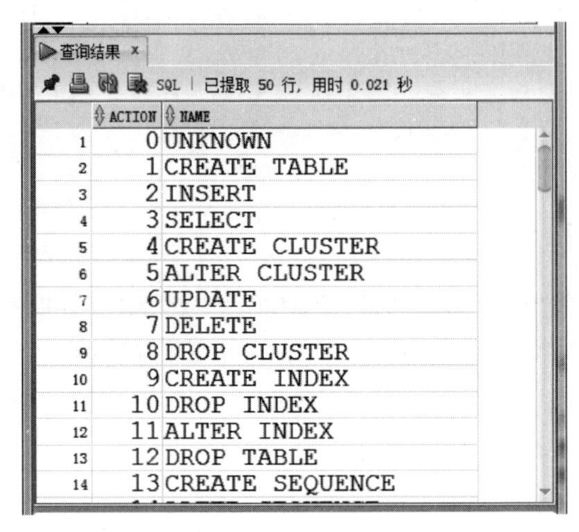


|  | ACTION | NAME |
|---|---|---|
| 1 | 0 | UNKNOWN |
| 2 | 1 | CREATE TABLE |
| 3 | 2 | INSERT |
| 4 | 3 | SELECT |
| 5 | 4 | CREATE CLUSTER |
| 6 | 5 | ALTER CLUSTER |
| 7 | 6 | UPDATE |
| 8 | 7 | DELETE |
| 9 | 8 | DROP CLUSTER |
| 10 | 9 | CREATE INDEX |
| 11 | 10 | DROP INDEX |
| 12 | 11 | ALTER INDEX |
| 13 | 12 | DROP TABLE |
| 14 | 13 | CREATE SEQUENCE |

图 10-10　查询审计操作的数字代码

已知操作代码就可以通过 DBA_AUDIT_OBJECT 视图检索登录审计记录。例如：

```
SELECT
     OS_Username, Username, Terminal, Owner, Obj_Name, Action_Name,
     DECODE(Returncode, '0', 'Success',Returncode),
     TO_CHAR(Timestamp, 'DD - MON - YYYYY HH24:MI:SS')
FROM DBA_AUDIT_OBJECT;
```

说明：

(1) OS_Username：操作系统账户。

(2) Username：账户名。

(3) Terminal：所有的终端 ID。

(4) Owner：对象拥有者。

(5) Obj_Name：对象名。

(6) Action_Name：操作码。

(7) Returncode：返回代码。如是 0,则表示连接成功；否则就报告一个错误数值。

(8) Timestamp：登录时间。

### 10.4.3　对象审计

除了系统级的对象操作外,还可以审计对象的数据处理操作。这些操作可能包括对表的选择、插入、更新和删除操作。这种操作类型的审计方式与操作审计非常相似。语法格式如下：

```
AUDIT {<审计选项>|ALL} ON
```

```
{[方案名.]<对象名>|DIRECTORY<逻辑目录名>|DEFAULT}
[BY SESSION|ACCESS]
[WHENEVER [NOT] SUCCESSFUL]
```

说明：

(1) 审计选项：指定审计操作，表 10-6 列出了对象审计选项。

(2) ALL：指定所有对象类型的对象选项。

(3) 方案名.：包含审计对象的方案。若忽略方案名，则对象在自己的模式中。

(4) 对象名：标识审计对象。对象必须是表、视图、序列、存储过程、函数、包、快照或库，也可是它们的同义词。

(5) ON DIRECTORY<逻辑目录名>：审计的目录名。

(6) ON DEFAULT：默认审计选项，以后创建的任何对象都自动用这些选项审计。用于视图的默认审计选项总是视图基表的审计选项的联合。若改变默认审计选项，先前创建的对象的审计选项保持不变。只能通过指定 AUDIT 语句的 ON 子句中的对象来更改已有对象的审计选项。

(7) BY SESSION：Oracle 在同一会话中对在同一对象上的同一类型的全部操作写单个记录。

(8) BY ACCESS：对每个被审计的操作写一个记录。

**表 10-6　对象审计选项**

| 对象选项 | 表 | 视图 | 序列 | 过程/函数/包 | 显形图/快照 | 目录 | 库 | 对象类型 | 环境 |
|---|---|---|---|---|---|---|---|---|---|
| ALTER | × | | × | | × | | | × | |
| AUDIT | × | × | × | × | × | × | | × | × |
| COMENT | × | × | | | × | | | | |
| DELETE | × | × | | | × | | | | |
| EXECUTE | | | | × | | | × | | |
| GRANT | × | × | × | × | × | × | × | × | × |
| INDEX | × | | | | × | | | | |
| INSERT | × | × | | | × | | | | |
| LOCK | × | × | | | × | | | | |
| READ | | | | | | × | | | |
| RENAME | × | × | | | × | | | | |
| SELECT | × | × | × | × | × | | | | |
| UPDATE | × | × | | | × | | | | |

**【例 10.15】** 对 student 表的所有 INSERT 命令进行审计；对 SC 表的每个命令都要进行审计；对 course 表的 DELETE 命令都要进行审计。

SQL 语句如下：

```
AUDIT INSERT ON SYSTEM.student;
AUDIT ALL ON SYSTEM.SC;
AUDIT DELETE ON SYSTEM.course;
```

**【例 10.16】** 对 TEACHER 进行系统权限级别的审计。

SQL 语句如下：

```
AUDIT DELETE ANY TABLE WHENEVER NOT SUCCESSFUL;
AUDIT CREATE TABLE WHENEVER NOT SUCCESSFUL;
AUDIT ALTER ANY TABLE,ALTER ANY PROCEDURE BY TEACHER BY ACCESS
WHENEVER NOT SUCCESSFUL;
AUDIT CREATE USER BY TEACHER WHENEVER NOT SUCCESSFUL;
```

通过查询数据字典 DBA_PRIV_AUDIT_OPTS(必须以 SYS 用户连接数据库进行查询),可以了解对哪些用户进行了权限审计及审计的选项。

SQL 语句如下：

```
SELECT USER_NAME, PRIVILEGE, SUCCESS, FAILURE
FROM DBA_PRIV_AUDIT_OPTS
ORDER BY USER_NAME;
```

上述查询语句的执行结果如图 10-11 所示。

查询结果

SQL | 提取的所有行: 7, 用时 0.004 秒

|  | USER_NAME | PRIVILEGE | SUCCESS | FAILURE |
|---|---|---|---|---|
| 1 | TEACHER | CREATE USER | NOT SET | BY ACCESS |
| 2 | TEACHER | ALTER ANY TABLE | NOT SET | BY ACCESS |
| 3 | TEACHER | ALTER ANY PROCEDURE | NOT SET | BY ACCESS |
| 4 | (null) | CREATE TABLE | NOT SET | BY ACCESS |
| 5 | (null) | CREATE SESSION | BY ACCESS | BY ACCESS |
| 6 | (null) | DELETE ANY TABLE | NOT SET | BY ACCESS |
| 7 | (null) | CREATE ANY TABLE | NOT SET | BY ACCESS |

图 10-11　审计选项查询结果

## 10.5　本章小结

Oracle 数据库通过用户和权限进行安全性控制。Oracle 使用 CREATE USER 命令创建用户。用户是管理数据库对象的组织方式,用户创建的所有对象组成用户模式。用户创建后需要授予权限后才能执行相应操作。Oracle 权限分为系统权限和对象权限。角色是组织权限的一种方式,可以将系统权限和对象权限授予角色和用户,也可以将角色授予其他角色和用户。审计是指监视和记录所选用户的各项数据库活动,是保障数据库安全的重要途径。主要包括登录审计、操作审计和对象审计。通过本章的学习,读者应能熟练掌握用户、角色的定义和管理,权限的授予和收回以及常用的审计操作。

## 习　题　10

1. 创建用户 user_1,密码是 Mm123456,设置默认表空间为 XS_TS。
2. 设置用户 user_1 在表空间 XS_TS 上的使用限额为 5MB。
3. 授予用户 user_1 连接数据库的权限,创建数据表的权限,以及 SYSTEM 方案中对

销售记录表的查询、插入权限。

4. 收回用户 user_1 中对 SYSTEM 方案中对销售记录表的插入权限。

5. 定义角色 role_1。授予角色 role_1 关于汽车表的删除、修改操作。

6. 将角色 role_1 授予用户 user_1。

7. 收回用户 user_1 的 role_1 角色权限。

# 第 11 章 数据库的备份与恢复

## 本章学习目标

- 了解数据库备份和恢复的概念
- 掌握备份和恢复的分类
- 掌握冷备份和热备份的概念及操作方法
- 掌握数据库恢复的操作
- 掌握数据导出和数据导入的操作

本章首先介绍数据库备份和恢复的概念、分类；然后介绍冷备份和热备份的操作方法，以及数据库恢复的方法；最后介绍逻辑备份和逻辑恢复，即数据导出与导入的方法。

## 11.1 备份与恢复概述

为了防止意外情况如停电、操作失误等造成的数据损失，要定期对数据库进行备份。备份和恢复是保证数据安全的重要措施。

### 11.1.1 备份

备份是将数据信息保存起来的过程。恢复是当数据库中的数据出现损坏时，用已有的备份将数据库进入历史的一个正确状态的过程。Oracle 数据库管理员应该定期备份数据库，使得在意外发生时，尽可能减少损失。设计备份策略的指导思想是：以最小的代价恢复数据。备份和恢复是互相联系的，备份策略与恢复策略应结合起来考虑。备份时应注意以下 8 点。

（1）将日志文件归档到磁盘。归档日志文件最好不要与数据库文件或联机重做日志文件存储在同一个物理磁盘设备上。

（2）如果数据库文件备份到磁盘上，应使用单独的磁盘或磁盘组保存数据文件的备份。

（3）应保持控制文件的多个备份，控制文件的备份应置于不同磁盘控制器下的不同磁盘设备上。增加控制文件可以先关闭数据库，备份控制文件，改变服务器参数文件的参数 CONTROL_FILES，再重新启动数据库。

（4）联机日志文件应为多个，每组至少应保持两个成员。

（5）保持归档重做日志文件的多个备份。

(6) 通过在磁盘上保存最小备份和数据库文件向前回滚所需的所有归档重做日志文件,在许多情况下可以使得从备份中向前回滚数据库或数据库文件的过程简化和加速。

(7) 增加、重命名、删除日志文件和数据文件,改变数据库结构和控制文件等操作都应备份控件文件,因为控制文件中存放了数据库的模式结构。

(8) 若企业有多个 Oracle 数据库,则应使用具有恢复目录的 Oracle 恢复管理器。

### 11.1.2 恢复

数据库恢复就是当数据库出现故障时,将备份的数据库加载到系统,从而使数据库恢复到备份时的正确状态。根据实例故障和介质故障两种故障类型恢复分为实例恢复和介质恢复。

在数据库实例运行期间,当意外断电、后台进程故障或人为中止时出现实例故障,需要实例恢复。实例恢复的目的是将数据库恢复到与故障之前的事务一致的状态。实例恢复只需要联机日志文件,不需要归档日志文件,可以在数据库启动时自动进行。

介质恢复主要在存储介质发生故障,导致数据文件被破坏时使用。介质故障是当一个文件或磁盘不能读取或写入时出现的故障。这种状态下,数据库是不一致的,需要 DBA 手动进行数据库的恢复,包括完全介质恢复和不完全介质恢复两种形式。

(1) 完全介质恢复。完全介质恢复使用重做数据或增量备份将数据库更新到最近的时间点,通常在介质故障损坏数据文件或控制文件后执行完全介质恢复操作。

(2) 不完全介质恢复。不完全介质恢复是在完全介质恢复不可能或者有特殊要求时进行的介质恢复。例如,系统表空间的数据文件被破坏、在线日志文件损坏或人为误删基表和表空间等。不完全介质恢复使数据库恢复到故障前或用户出错前的一个事务的一致性状态。

## 11.2 数据备份

数据备份包括冷备份和热备份两种类型。

### 11.2.1 冷备份

冷备份也称为脱机备份,当数据库正常关闭后,通过脱机备份可将关键性文件复制到另外的存储位置,脱机备份是一种快速、安全的备份方法。

冷备份的优点包括如下 4 点。

(1) 备份过程快速、安全、便捷、容易归档。

(2) 容易恢复到某个时间点上(只需将文件再复制回去)。

(3) 能与归档方法相结合,做数据库"最佳状态"的恢复。

(4) 低度维护,高度安全。

但是,冷备份也有如下不足。

(1) 单独使用时,只能提供"某一时间点上"的恢复。

(2) 在实施备份的全过程中,数据库必须要做备份而不能做其他工作。也就是说,在冷备份过程中,数据库必须是关闭状态。

(3) 若磁盘空间有限,只能复制到其他外部存储设备上,速度会很慢。

(4) 恢复过程中只能进行完整数据库的恢复,不能进行更小粒度的恢复,如不能按表或按用户恢复。



冷备份中必须复制的文件包括:所有数据文件、所有控制文件和所有联机日志文件(REDO LOG),Init.ora 文件是可选的。

值得注意的是,冷备份必须在数据库关闭的情况下进行。当数据库处于打开状态时,执行数据库文件系统备份是无效的。

**【例 11.1】** 对数据库进行冷备份。

(1) 关闭数据库,可以使用以下 3 个命令之一。

```
SHUTDOWN IMMEDIATE
SHUTDOWN TRANSACTIONAL
SHUTDOWN NORMAL
```

(2) 通过操作系统的复制命令备份全部的数据文件、重做日志文件、控制文件、初始化参数文件。

(3) 重启数据库。

## 11.2.2 热备份

热备份是在数据库运行的情况下备份数据库的方法,进行热备份需要数据库运行在归档模式下,热备份可以对数据库进行局部备份。在制定备份策略时,可以充分发挥冷备份和热备份的优点,结合使用。由于冷备份需要在数据库关闭的情况下进行,可以定期执行,如 1 个月进行一次;而热备份更加灵活,由于热备份是在数据库运行的同时进行的,因此效率较低,可以穿插在冷备份之间只对有所改变的数据进行。例如,如果用户有昨天夜里的一个冷备份而且又有今天的热备份文件,在发生问题时,就可以利用这些资料恢复更多的信息。

热备份的优点包括如下 5 点。

(1) 可在表空间或数据库文件级备份,备份的时间短。

(2) 备份时数据库仍可使用。

(3) 可达到秒级恢复(恢复到某一时间点上)。

(4) 可对几乎所有数据库实体做恢复。

(5) 恢复是快速的,在大多数情况下能在数据库仍工作时进行恢复。

热备份的不足包括如下 3 点。

(1) 不能出错,否则后果严重。

(2) 若热备份不成功,所得结果不可用于时间点的恢复。

(3) 因难于维护,所以要特别仔细小心,不允许“以失败告终”。

热备份要求数据库在归档模式下操作,并需要大量的档案空间。一旦数据库运行在归档状态下,就可以做热备份了。

**【例 11.2】** 查看数据库中日志的状态。

SQL 语句如下:

```
ARCHIVE LOG LIST;
```

查询结果如图 11-1 所示。

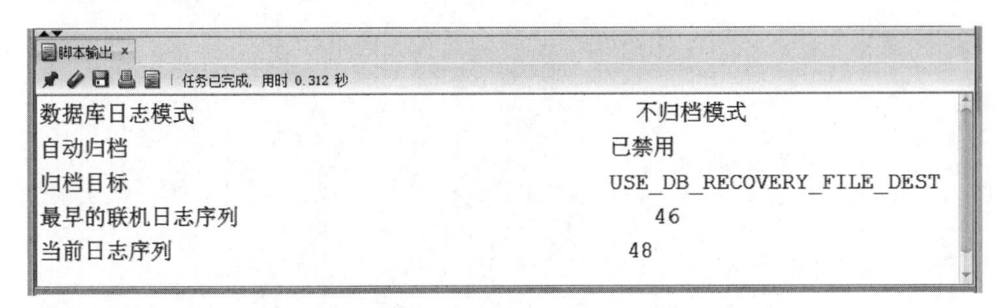


| | |
|---|---|
| 数据库日志模式 | 不归档模式 |
| 自动归档 | 已禁用 |
| 归档目标 | USE_DB_RECOVERY_FILE_DEST |
| 最早的联机日志序列 | 46 |
| 当前日志序列 | 48 |

图 11-1　例 11.2 查询结果

从图 11-1 所示的结果可以看出，目前数据库的日志模式是不归档模式，同时自动归档模式也是已禁用的。

**【例 11.3】** 设置数据库日志模式为归档模式。

(1) 修改系统的日志模式为归档模式。

```
ALTER SYSTEM SET log_archive_start = true scope = spfile;
```

(2) 关闭数据库。

```
SHUTDOWN IMMEDIATE;
```

(3) 启动数据库进行装载阶段。

```
STARTUP MOUNT;
```

(4) 更改数据库日志模式为归档模式。

```
ALTER DATABASE ARCHIVELOG;
```

(5) 再次查看当前数据库的归档模式。

执行过程如图 11-2 所示。

(6) 执行查看日志模式命名。

```
ARCHIVE LOG LIST;
```

结果如图 11-3 所示。

从图 11-3 的结果可以看出，当前数据库日志模式已经修改为归档模式，并且自动存档已经启动。把数据库设置成归档模式后，使用 ALTER DATABASE OPEN 命令打开数据库，就可以进行数据库的备份与恢复操作了。

**【例 11.4】** 备份表空间。

(1) 查询表空间的名字和状态。

```
SELECT file_id, tablespace_name, status
FROM dba_data_files;
```

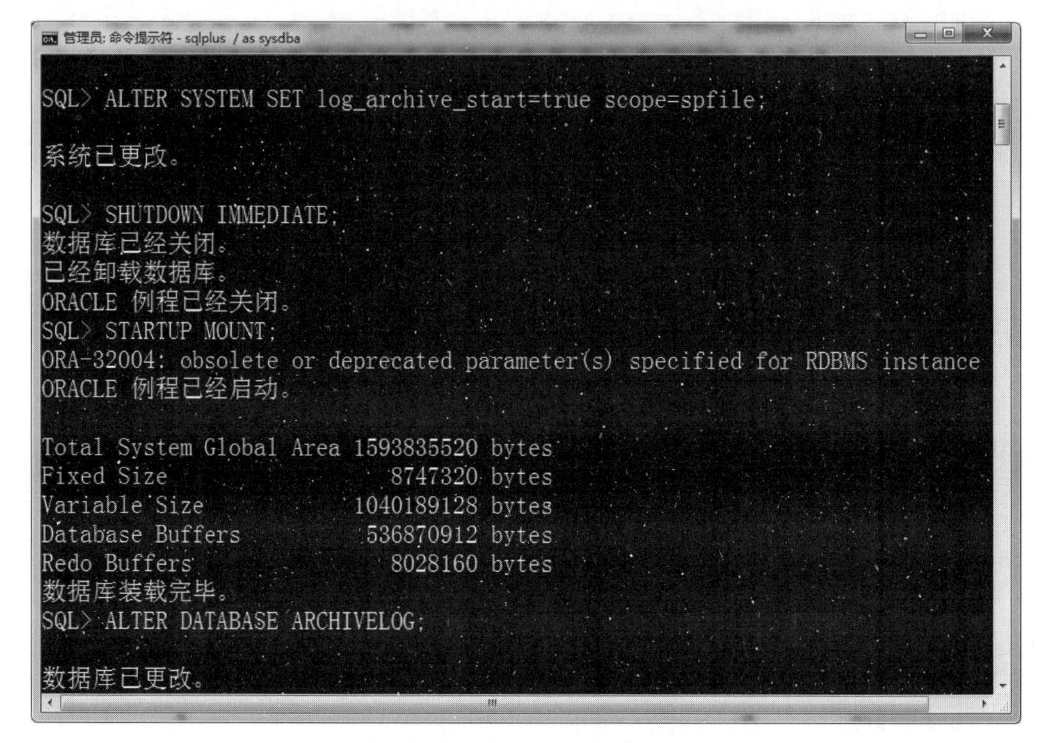


图 11-2　例 11.3 执行过程

脚本输出 ×

任务已完成, 用时 0.265 秒

| 数据库日志模式 | 归档日志模式 |
|---|---|
| 自动归档 | 已启用 |
| 归档目标 | USE_DB_RECOVERY_FILE_DEST |
| 最早的联机日志序列 | 38 |
| 下一个存档日志序列 | 40 |
| 当前日志序列 | 40 |

图 11-3　例 11.3 查询结果

查询结果如图 11-4 所示。

如图 11-4 所示，FILE_ID 列表示表空间中包含的文件的序号。如 NEW_SPACE 表空间中包含两个文件，序号分别是“8”和“9”，在以后的操作中使用序号来指定数据文件。

(2) 更改表空间进入备份状态。

```
ALTER TABLESPACE NEW_SPACE BEGIN BACKUP;
```

(3) 复制数据文件到指定的备份磁盘上(操作系统命令)。

(4) 查看表空间的备份状态。

```
SELECT *
FROM v$backup;
```

查询结果

SQL | 提取的所有行: 11, 用时 0.202 秒

|  | FILE_ID | TABLESPACE_NAME | STATUS |
|---|---|---|---|
| 1 | 1 | SYSTEM | AVAILABLE |
| 2 | 3 | SYSAUX | AVAILABLE |
| 3 | 5 | UNDOTBS1 | AVAILABLE |
| 4 | 7 | USERS | AVAILABLE |
| 5 | 8 | NEW SPACE | AVAILABLE |
| 6 | 9 | NEW SPACE | AVAILABLE |
| 7 | 10 | UNDO TS | AVAILABLE |
| 8 | 11 | TS | AVAILABLE |
| 9 | 12 | TS | AVAILABLE |
| 10 | 13 | TS1 | AVAILABLE |
| 11 | 14 | TS1 | AVAILABLE |

图 11-4　查询表空间的名字和状态

查询结果如图 11-5 所示。

查询结果

SQL | 提取的所有行: 9, 用时 0.343 秒

|  | FILE# | STATUS | CHANGE# | TIME | CON_ID |
|---|---|---|---|---|---|
| 1 | 1 | NOT ACTIVE | 4848100 | 23-5月 -19 | 0 |
| 2 | 3 | NOT ACTIVE | 0 | (null) | 0 |
| 3 | 5 | NOT ACTIVE | 0 | (null) | 0 |
| 4 | 7 | NOT ACTIVE | 0 | (null) | 0 |
| 5 | 8 | ACTIVE | 8975990 | 19-11月-19 | 0 |
| 6 | 9 | ACTIVE | 8975990 | 19-11月-19 | 0 |
| 7 | 10 | NOT ACTIVE | 0 | (null) | 0 |
| 8 | 11 | NOT ACTIVE | 0 | (null) | 0 |
| 9 | 12 | NOT ACTIVE | 0 | (null) | 0 |

图 11-5　查看表空间的备份状态

(5) 将表空间重新设置为非备份状态。

```
ALTER TABLESPACE NEW_SPACE END BACKUP;
```

(6) 查看备份状态。

```
SELECT *
FROM v $ backup;
```

查询结果如图 11-6 所示。

**【例 11.5】** 基于数据库的热备份。

(1) 更改数据库进入备份状态。

```
ALTER DATABASE BACKUP;
```

(2) 复制所有的数据文件到备份目录(操作系统命令)。

(3) 更改数据库重新设置为非备份状态。

```
ALTER DATABASE END BACKUP;
```

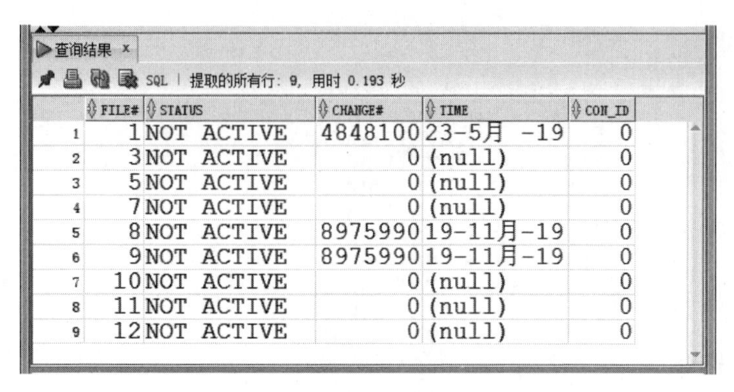

| | FILE# | STATUS | CHANGE# | TIME | CON_ID |
|---|---|---|---|---|---|
| 1 | 1 | NOT ACTIVE | 4848100 | 23-5月 -19 | 0 |
| 2 | 3 | NOT ACTIVE | 0 | (null) | 0 |
| 3 | 5 | NOT ACTIVE | 0 | (null) | 0 |
| 4 | 7 | NOT ACTIVE | 0 | (null) | 0 |
| 5 | 8 | NOT ACTIVE | 8975990 | 19-11月-19 | 0 |
| 6 | 9 | NOT ACTIVE | 8975990 | 19-11月-19 | 0 |
| 7 | 10 | NOT ACTIVE | 0 | (null) | 0 |
| 8 | 11 | NOT ACTIVE | 0 | (null) | 0 |
| 9 | 12 | NOT ACTIVE | 0 | (null) | 0 |

图 11-6　查看表空间的备份状态

**【例 11.6】** 备份控制文件。

```
ALTER DATABASE BACKUP CONTROLFILE TO '目录'
```

## 11.3　数据恢复

管理人员操作的失误、计算机故障以及其他意外情况,都会导致数据的丢失和破坏。当数据丢失或意外破坏时,可以通过恢复已经备份的数据尽量减少数据丢失和破坏造成的损失。

**【例 11.7】** 恢复表空间 NEW_SPACE 中的数据文件。

(1) 对当前的日志进行归档。

```
ALTER SYSTEM ARCHIVE LOG CURRENT;
```

一般情况下,一个数据库中包含 3 个日志文件,所以需要使用两次下面的语句来切换日志文件,并使用上面的命令逐一对每个日志文件进行归档。

```
ALTER SYSTEM SWITCH LOGFILE;
```

(2) 关闭数据库。

```
SHUTDOWN IMMEDIATE;
```

(3) 删除数据文件并重新启动数据库。

首先找到数据库文件的存放位置,默认情况下,数据库文件存放在数据库的 oradata 文件夹中。如果不清楚数据库文件的存放位置,可以在 v$datafile 数据字典中查看表空间数据文件的位置,找到数据文件后删除即可,然后启动数据库。本例中,删除的是 8 号文件。

(4) 启动数据库。

```
STARTUP;
```

此时缺少数据库文件,会显示错误信息。

(5) 恢复数据库前,先把数据文件设置为脱机状态,并且删除该数据文件。

```
ALTER DATABASE DATAFILE 8 OFFLINE DROP;
```

这里编号 8 是数据文件的编号。将数据文件的备份复制到原数据文件所在文件夹(oradata)下。

(6) 把数据库设置成 OPEN 状态。

```
ALTER DATABASE OPEN;
```

当数据库的状态是 OPEN 时就可以恢复数据库了。

(7) 恢复表空间 NEW_SPACE 的数据文件。

```
RECOVER DATAFILE 8;
```

(8) 数据恢复完成后,设置数据文件为联机状态。

ALTER DATABASE DATAFILE 8 ONLINE;

至此,数据文件的恢复完成。执行过程如图 11-7～图 11-9 所示。

图 11-7 例 11.7 执行过程 1

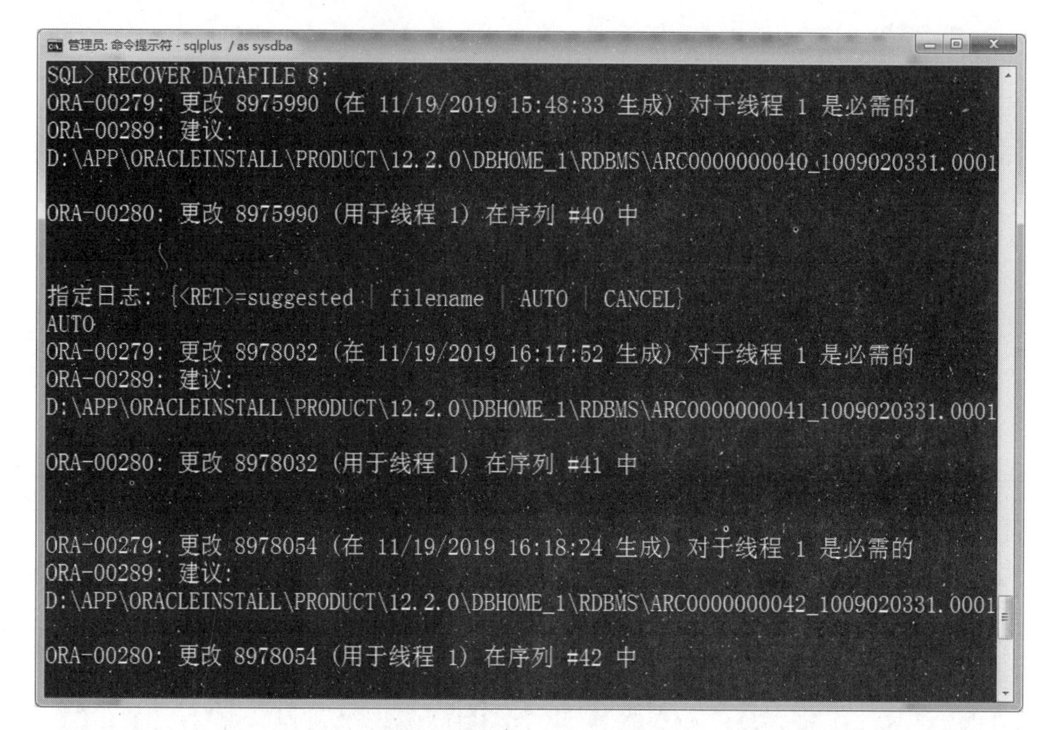


图 11-8 例 11.7 执行过程 2

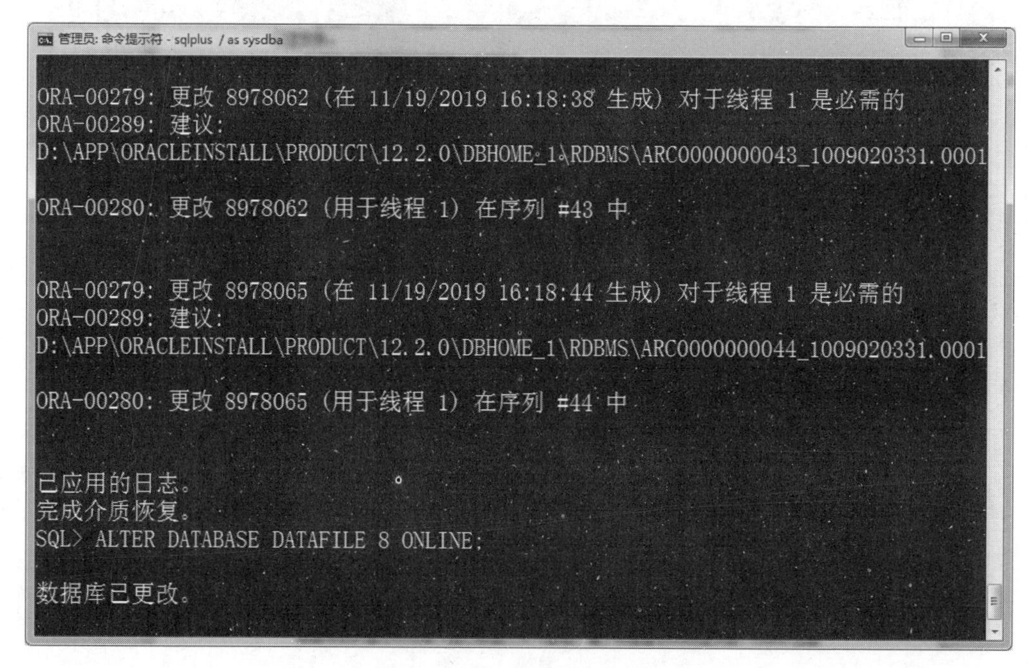


图 11-9 例 11.7 执行过程 3

## 11.4 数据导出与导入

前面讲到的备份和恢复均是以数据文件为基础的，属于物理备份和物理恢复。Oracle 还提供了以用户模式、表模式、全局模式进行的数据导出、导入操作。这些操作称为逻辑备份和逻辑恢复。可以使用 EXP 和 IMP 工具进行导出和导入数据，也可以使用数据泵技术(EXPDP 和 IMPDP)进行导出和导入操作。

### 11.4.1 用 EXP 工具导出数据

数据库的逻辑备份步骤包括读一个数据库记录集和将记录集写入一个文件中。Export 实用程序用来读取数据库和把输出写入一个称为导出转储文件的二进制文件中，可以导出整个数据库、指定用户或指定表。在导出期间，可以选择是否导出与表相关的数据字典信息。

Export 所写的文件包括完全重建全部被选对象所需的命令，可以对所有表执行全数据库导出(Complete Export)或者仅对上次导出后修改过的表执行全数据库导出。增量导出有两种不同类型：Incremental(增量)型和 Cumulative(积累)型。Incremental 型导出将导出上次导出后修改过的全部表；而 Cumulative 型导出将导出上次全导出后修改过的表。

从命令行调用 Export 程序(可简写 EXP)并且传递各类参数和参数值，可以完成导出操作。参数和参数值决定了导出的具体任务。可以在命令提示符窗口输入“EXP HELP＝Y”，调用 EXP 命令的帮助信息。

EXP 可以以用户模式、全局模式及表模式导出数据。用户模式指导出用户所有对象以及对象中的数据；全局模式指导出数据库中所有的对象，包括所有数据、数据定义和用来重建数据库的存储对象；表模式指导出某一数据表。

**【例 11.8】** 采用交互模式导出数据表 SC。

采用交互模式导出数据表 SC 的步骤如下所示。

(1) 在 DOS 环境下运行 EXP 命令。

(2) 输入用户名和口令，连接数据库。在这里要输入具有备份恢复权限的用户，一般是数据库管理员。

(3) 为导出文件命名，其后缀为. dmp。

(4) 选择导出数据的类型，包括 E(完整的数据库)、U(用户)或 T(表)3 种。

(5) 选择导出数据的属性，包括导出表数据、压缩区，采用默认设置即可。

(6) 选择是否继续导出还是退出。

执行过程如图 11-10 所示。

### 11.4.2 用 IMP 工具导入数据

导入数据可以通过 Oracle Import 实用程序(可简写为 IMP)进行，可以导入全部或部分数据。如果导入一个全导出的导出转储文件，则包括表空间、数据文件和用户在内的所有数据库对象都会在导入时创建。不过，为了在数据库中指定对象的物理分配，通常需要预先

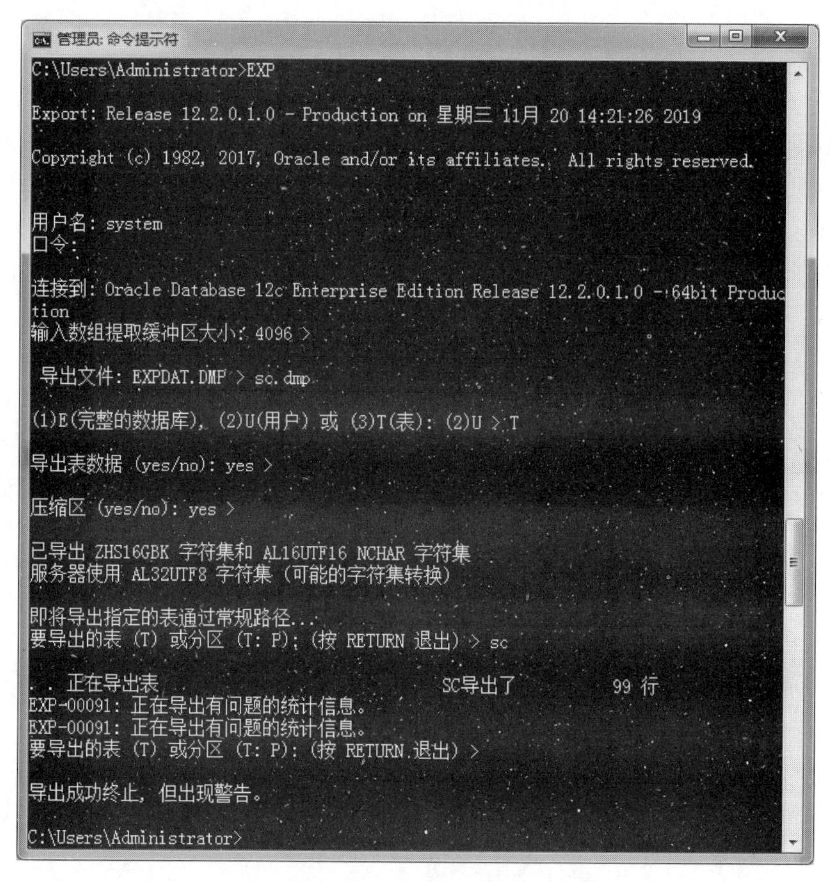


图 11-10　使用 EXP 命令导出 SC 表

创建表空间和用户。如果只从导出转储文件中导入部分数据时,那么表空间、数据文件和用户必须在导入前设置好。

当数据库出现错误的修改或删除操作时,可以利用导入操作通过导出文件恢复重要的数据。在使用应用程序前,将对其操作的表导出到一个概要中,这样,如果由于应用程序中的错误而删除或修改了表中的数据,可以从已经导出到概要的备份表中恢复误操作的数据。导入操作可把一个操作系统中的 Oracle 数据库导出后,再导入另一个操作系统中。

导入操作可以交互进行,也可以通过命令进行。导入操作选项同导出操作基本一样。当从一个增量型导出或积累型导出中导入数据时,先使用最新的完全型导出,操作完成后,必须导入最新的积累型导出,随后导入之后的所有增量型导出。

导入的模式包括用户模型、表模式、全局模式(又称数据库模式),与导出完成相同。

**【例 11.9】** 以交互模式导入 SC 表。

为了查看导入的效果,首先将 SC 表删除:

```
DROP TABLE SC;
```

以交互模式导入 SC 表的步骤如下所示。

(1) 在 DOS 环境下运行 IMP 命令。

(2) 输入用户名和口令,连接数据库。在这里要输入具有备份恢复权限的用户,一般是数据库管理员。

(3) 设置导入属性,是否只导入数据。

(4) 设置导入文件名,输入之前备份的文件名。

(5) 设置导入过程中的各选项,包括插入缓冲区大小、只列出导入文件的内容、由于对象存在,忽略创建错误、导入权限、导入表数据、导入整个导出文件等,选择默认设置即可。

(6) 输入表或分区的名称。

(7) 导入完成。

导入的过程和结果如图 11-11 所示。

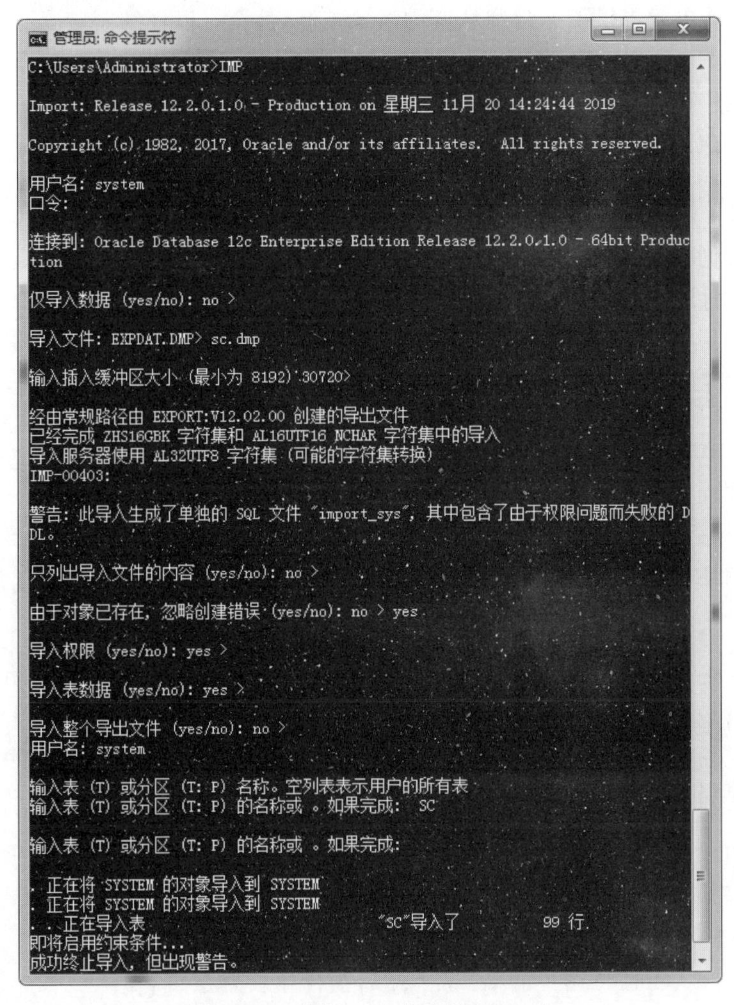


图 11-11 使用 IMP 命令导入 SC 表

### 11.4.3 用 EXPDP 导出数据

数据泵技术相对应的工具是 Data Pump Export 和 Data Pump Import,它的功能与前面介绍的 EXP 和 IMP 类似,所不同的是数据泵的高速并行设计使得服务器运行时,执行导出和导入任务并快速装载或卸载大量数据。另外,数据泵技术可以实现断点重启,即一个任务无论是人为中断还是意外中断,都可以从断点的地方重新启动。数据泵技术是基于EXP/IMP 的操作,主要用于对大量数据的大作业操作。在使用数据泵进行数据导出与加载时,可以使用多线程并行操作。

数据泵技术的主要特点包括如下 5 点。

(1) 支持并行处理导入、导出任务。

(2) 支持暂停和重启导入、导出任务。

(3) 支持通过联机的方式导出或导入远端数据库中的对象。

(4) 支持在导入时实现导入过程中自动修改对象属主、数据文件或数据所在表空间。

(5) 导入、导出时提供了非常细粒度的对象控制,甚至可以详细制定是否包含或不包含某个对象。

**【例 11.10】** 使用 EXPDP 导出数据。

(1) 使用 EXPDP 工具之前,必须创建目录对象。

```
CREATE DIRECTORY myDir AS 'f:\oracl-backup';
```

其中,myDir 为创建的目录的名称; f:\oracl-backup 为存放数据的文件夹名。

(2) 为使用目录的用户赋权。

新创建的目录对象不是所有用户都可以使用的,只有拥有该目录权限的用户才可以使用。例如,将目录对象 myDir 的使用权限赋予用户 TEACHER。

```
GRANT READ, WRITE ON DIRECTORY myDir TO TEACHER;
```

(3) 导出指定的表。

创建完目录后,即可使用 EXPDP 工具导出数据,操作也是在 DOS 命令窗口中完成的。如导出 TEACHER 用户的 A1 表(A1 是 TEACHER 建立的表,表中需要有数据存在),命令如下:

```
EXPDP teacher/Newteacher DIRECTORY = myDir DUMPFILE = A1.dmp TABLES = A1 JOB_NAME = SC_JOB;
```

执行过程如图 11-12 所示。

### 11.4.4 用 IMPDP 导入数据

使用 IMPDP 可以将 EXPDP 所导出的文件导入数据库。如果要将整个导入的数据库对象进行全部导入,还需要授予用户 IMP_FULL_DATABASE 角色。

**【例 11.11】** 使用 IMPDP 导入 A1 表。

首先删除 TEACHER 用户的 A1 表;然后执行导入命令如下:

```
IMPDP teacher/NEWteacher DIRECTORY = myDir DUMPFILE = A1.DMP;
```

执行完上述命令后,导入完成,恢复 A1 表。

执行过程如图 11-13 所示。

```
管理员: 命令提示符
C:\Users\Administrator>EXPDP teacher/NEWteacher DUMPFILE=A1.DMP DIRECTORY=myDir
TABLES=A1 JOB_NAME=SC_JOB

Export: Release 12.2.0.1.0 - Production on 星期三 11月 20 14:51:56 2019

Copyright (c) 1982, 2017, Oracle and/or its affiliates.  All rights reserved.

连接到: Oracle Database 12c Enterprise Edition Release 12.2.0.1.0 - 64bit Produc
tion
启动 "TEACHER"."SC_JOB":  teacher/******** DUMPFILE=A1.DMP DIRECTORY=myDir TABLE
S=A1 JOB_NAME=SC_JOB
处理对象类型 TABLE_EXPORT/TABLE/TABLE_DATA
处理对象类型 TABLE_EXPORT/TABLE/STATISTICS/TABLE_STATISTICS
处理对象类型 TABLE_EXPORT/TABLE/STATISTICS/MARKER
处理对象类型 TABLE_EXPORT/TABLE/TABLE
. . 导出了 "TEACHER"."A1"                              5.078 KB       5 行
已成功加载/卸载了主表 "TEACHER"."SC_JOB"
******************************************************************************
TEACHER.SC_JOB 的转储文件集为:
  F:\ORACL-BACKUP\A1.DMP
作业 "TEACHER"."SC_JOB" 已于 星期三 11月 20 14:52:17 2019 elapsed 0 00:00:19 成
功完成

C:\Users\Administrator>
```

图 11-12　使用 EXPDP 导出数据表 TEACHER. A1

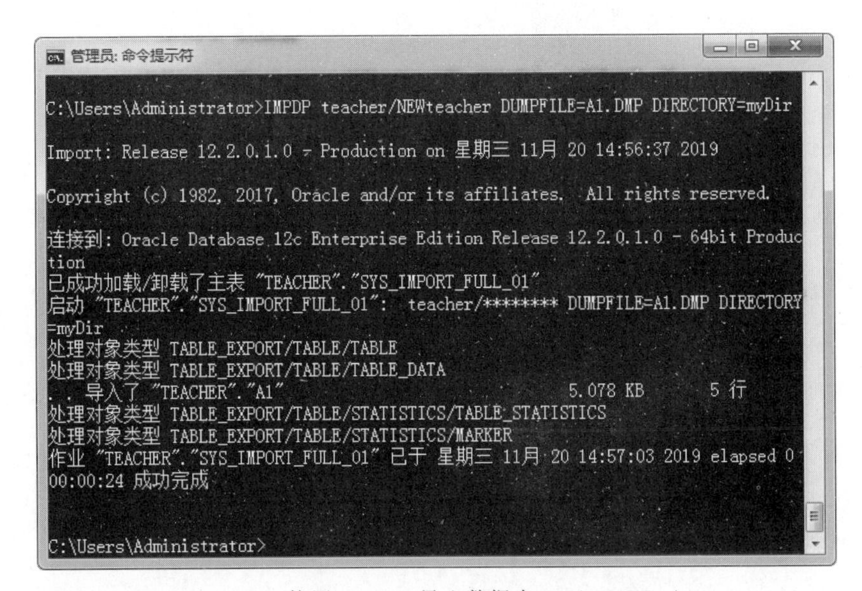


图 11-13　使用 IMPDP 导入数据表 TEACHER. A1

## 11.5　本章小结

备份是将数据信息保存起来的过程。数据库恢复就是当数据库出现故障时,将备份的数据库加载到系统,从而使数据库恢复到备份时的正确状态。备份和恢复是保证数据库安全的重要措施,在数据库管理中占用重要的位置。Oracle 数据库的备份可以分为冷备份和热备份。冷备份指在数据库关闭的情况下进行的备份,而热备份指在数据库运行的情况下进行的备份。另外,Oracle 还提供了能够进行数据导入和导出的实用程序,可以进行数据库的逻辑备份和恢复。通过本章的学习，读者应能熟练掌握各类物理备份和逻辑备份的操作。

# 习　题　11

1. 对数据库 XiaoShou 进行冷备份。
2. 对表空间 XS_TS 的数据文件进行热备份。
3. 对表空间 XS_TS 的数据文件进行恢复操作。
4. 使用 EXP、IMP 分别对销售记录表进行数据导出和导入操作。
5. 使用 EXPDP、IMPDP 分别对汽车表进行数据导出和导入操作。

# 第12章 事务、锁和闪回

## 本章学习目标

- 了解事务的概念
- 掌握事务的提交、回滚及保存点命令
- 了解锁的概念、类型
- 了解闪回的概念
- 掌握查询闪回、表闪回、删除闪回、数据库闪回及归档闪回的操作

本章首先介绍事务的概念，重点介绍事务的提交、回滚及保存点的设置等命令，还介绍了自治事务；然后介绍锁的概念、类型和机制，以及表锁和事务锁；最后介绍闪回的概念，详细介绍查询闪回、表闪回、删除闪回、数据库闪回及归档闪回的操作。

## 12.1 事　　务

### 12.1.1 事务的概念

用户会话是用户到数据库的一个连接，而用户对数据库的操作则是通过会话中的一个个事务来进行的。在 Oracle 12c 中，用户使用 INSERT、UPDATE、DELETE 等语句操作数据库中的数据时，数据不会立刻改变，用户需要通过对事务进行控制来确认或取消先前的操作。例如，在前面的章节中使用 COMMIT 命令就是为了提交事务来保存修改。

事务在数据库中主要用于保证数据的一致性，防止出现错误数据。事务就是一组包含一条或多条语句的逻辑单元，每个事务都是一个原子单位。在事务中的语句被作为一个整体对待，要么一起被提交，作用在数据库上，使数据库数据永久被修改；要么一起被撤销，对数据库不做任何修改。

现实生活中，事务随处可见，如银行账户之间的汇款转账操作。该操作在数据库中可以通过如下 3 个步骤完成。

(1) 源账户减少存储金额。

(2) 目标账户增加存储金额。

(3) 在事务日志中记录该事务。

上述整个操作过程，可以看作一个事务。如果操作失败，那么该事务就会回滚，所有的操作将被撤销；如果操作成功，那么将对数据库做永久的修改，即使以后服务器断电，也不会对该修改结果有影响。

事务在没有提交之前可以回滚，而且在提交前当前用户可以查看已经修改的数据，但其他用户看不到数据。一旦事务提交就不能再撤销修改了。

在形式上，事务是由 ACID 属性标识的。每个事务的处理必须满足 ACID 原则，即原子性（Atomicity）、一致性（Consistency）、隔离性（Isolation）和持久性（Durability）。

(1) 原子性。原子性意味着每个事务都必须被认为是一个不可分割的单元。假设一个事务由两个或多个任务组成，其中的语句必须同时成功才能认为事务是成功的。如果事务失败，系统将会返回到事务执行前的状态。

(2) 一致性。事务的一致性指事务执行前后数据库都必须处于一致性状态，它是相对脏读而言的。只有在事务完成后才能被所有使用者看到，保证了数据的完整性。

(3) 隔离性。隔离性是指每个事务在它自己的空间发生，和其他发生在系统中的事务隔离，而且事务的结果只有在它完全被执行时才能看到。并发事务之间不能相互干扰。

(4) 持久性。持久性指事务一旦执行成功，在系统中产生的所有变化将是永久的。即使系统崩溃，一个提交的事务仍然存在。当一个事务完成，数据库的日志已经被更新时，持久性就开始发生作用。

Oracle 事务的基本控制语句包括如下 5 条。

(1) SET TRANSACTION：设置事务属性。

(2) COMMIT：提交事务。

(3) SAVEPOINT：设置保存点。

(4) ROLLBACK：回滚事务。

(5) ROLLBACK TO SAVEPOINT：回滚至保存点。

### 12.1.2 事务处理

Oracle 中的事务是隐式自动开始的，不需要用户显式地使用语句来开始一个事务。当发生如下事件时，事务就自动开始了。

(1) 连接到数据库，并开始执行第 1 条 DML 语句。

(2) 前一个事务结束或者执行一条自动提交事务的语句。

发生如下事件时，Oracle 认为事务结束。

(1) 用户执行 COMMIT 语句提交事务，或者执行 ROLLBACK 语句撤销了事务。

(2) 用户执行了一条 DDL 语句，如 CREATE、DROP 或 ALTER 语句。

(3) 用户执行了一条 DCL 语句，如 GRANT、REVOKE、AUDIT、NOAUDIT 等。

(4) 用户断开与数据库的连接，这时用户当前的事务会被自动提交。

(5) 执行 DML 语句失败，这时当前的事务会被自动回退。

另外，还可以使用 SET 命令在 SQL Plus 中设置自动提交功能，命令语法如下：

```
SET AUTOCOMMIT ON|OFF
```

其中，ON 表示设置为自动提交事务；OFF 则相反。一旦设置自动提交，用户每次执行 DML 操作后，系统会自动提交，不需要使用 COMMIT 命令来提交。但这种方法不利于实现多语句组成的逻辑单元，所以默认是不自动提交的。

下面介绍事务的处理方法。

### 1. 提交事务

使用 COMMIT 命令提交事务以后，Oracle 会将 DML 语句对数据库所做的修改永久性地保存到数据库中。在使用 COMMIT 命令提交事务时，Oracle 会执行如下操作。

(1) 在回退段的事务表内记录这个事务已经提交，并且生成一个唯一的系统改变号(SCN)保存到事务表中，用于唯一标识这个事务。

(2) 启动 LGWR 后台进程，将 SGA 中重做日志缓冲区的重做记录写入联机重做日志文件，并且将该事务的 SCN 也保存到联机重做日志文件中。

(3) 释放该事务中各个 SQL 语句所占用的系统资源。

(4) 通知用户事务已经成功提交。

Oracle 提交事务的性能并不会因为事务包含的 SQL 语句过多而受到影响，因为 Oracle 采用了一种称为快速提交(Fast Commit)的机制。当用户提交事务时，Oracle 并不会将与该事务相关的脏数据块立即写入数据文件，只是将事务记录保存到重做日志文件。脏数据块表示被用户修改过的数据块。这样即使发生错误丢失了内存中的数据，系统也可以根据重做日志对其进行还原。因此，只要事务的重做记录被完全写入联机重做日志文件，就可以认为该事务已经成功提交。

**【例 12.1】** 使用 INSERT 语句向 student 表插入一行数据，并使用 COMMIT 提交事务。

首先，启动 SQL Developer，连接数据库，使用 INSERT 语句：

```
INSERT INTO student(SNUM,SNAME,SSEX)
VALUES('091104','刘冉','女');
```

之后，使用 SELECT 语句查询刚刚插入的数据：

```
SELECT *
FROM student;
```

执行结果如图 12-1 所示。

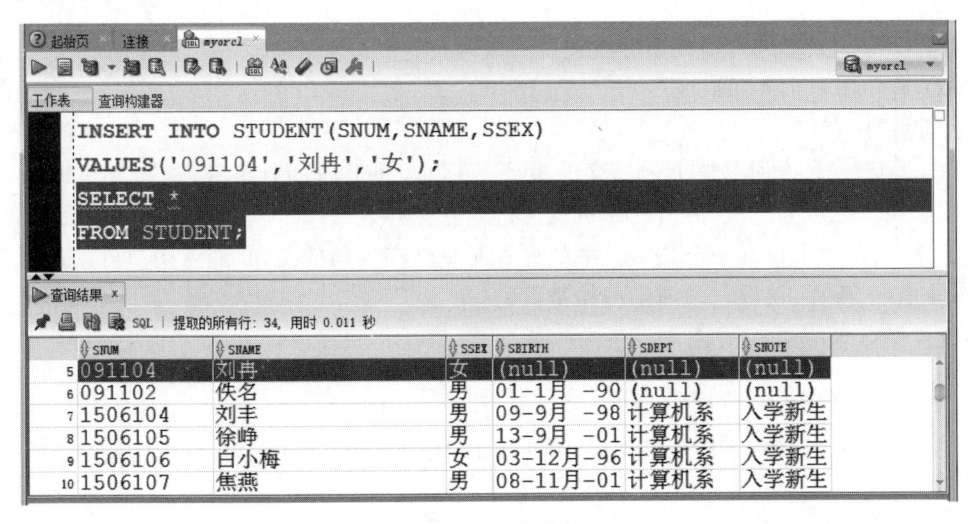


图 12-1 查看数据

然后，打开另一个 SQL * Plus。使用相同的用户账号连接数据库，查询新插入的记录，结果如图 12-2 所示。

图 12-2　在 SQL Plus 中查询新插入的数据

这时可以发现，因为第 1 个会话没有提交事务，所以在第 2 个会话中看不到第 1 个会话中新添加的数据。因此，需要在 SQL Developer 中执行 COMMIT 语句(或单击“提交”按钮 )来提交事务，之后用户才能在其他会话中查看到该行数据。

**2. 回退事务**

在事务提交之前，可以使用 ROLLBACK 命令回退整个事务，撤销该事务中的数据操作，将数据库的状态回退到上一个提交成功的状态。

Oracle 通过回退段(或撤销表空间)存储数据修改前的数据，通过重做日志记录保存对数据库所做的修改。如果回退整个事务，Oracle 将执行以下操作。

(1) Oracle 通过使用回退段中的数据撤销事务中所有 SQL 语句对数据库所做的修改。

(2) Oracle 服务进程释放事务所使用的资源。

(3) 通知用户事务回退成功。

**3. 设置保存点**

Oracle 不仅允许回退整个未提交的事务，还允许回退一部分事务，这需要借助于保存点机制实现。在事务的执行过程中，可以通过建立保存点将一个较长的事务分隔为几部分。通过保存点，用户可以在一个长事务中的任意时刻保存当前的工作，随后用户可以选择回退保存点之后的操作，保存点之前的操作被保留。

设置保存点使用 SAVEPOINT 命令来实现，语法格式如下：

```
SAVEPOINT <保存点名称>;
```

如果要回退到事务的某个保存点，则使用 ROLLBACK TO 语句，语法格式如下：

```
ROLLBACK TO [SAVEPOINT] <保存点名称>;
```

上述语句只会回退用户所做的一部分操作，事务并没有结束。直到使用 COMMIT 或

ROLLBACK 命令以后，用户的事务处理才算结束。

如果回退部分事务，Oracle 将执行以下操作。

(1) Oracle 通过使用回退段中的数据，撤销事务中保存点之后的所有更改，但会保存保存点之前的更改。

(2) Oracle 服务进程释放保存点之后各个 SQL 语句所占用的系统资源，但会保存保存点之前各个 SQL 语句所占用的系统资源。

(3) 通知用户回退到保存点的操作成功。

(4) 用户可以继续执行当前的事务。

**【例 12.2】** 在数据库的 student 表中添加一行数据，设置一个保存点 stu_sav，然后删除该行数据。但执行后，新插入的数据行并没有删除，因为事务中使用了 ROLLBACK TO 语句将操作回退到保存点 stu_sav，即删除前的状态。

(1) 添加数据。

```
INSERT INTO STUDENT(SNUM,SNAME,SSEX)
VALUES('091105','顾一鸣','男');
```

(2) 设置保存点 stu_sav。

```
SAVEPOINT stu_sav;
```

(3) 查询该行数据。

```
SELECT *
FROM student
WHERE Snum = '091105';
```

执行结果如图 12-3 所示。

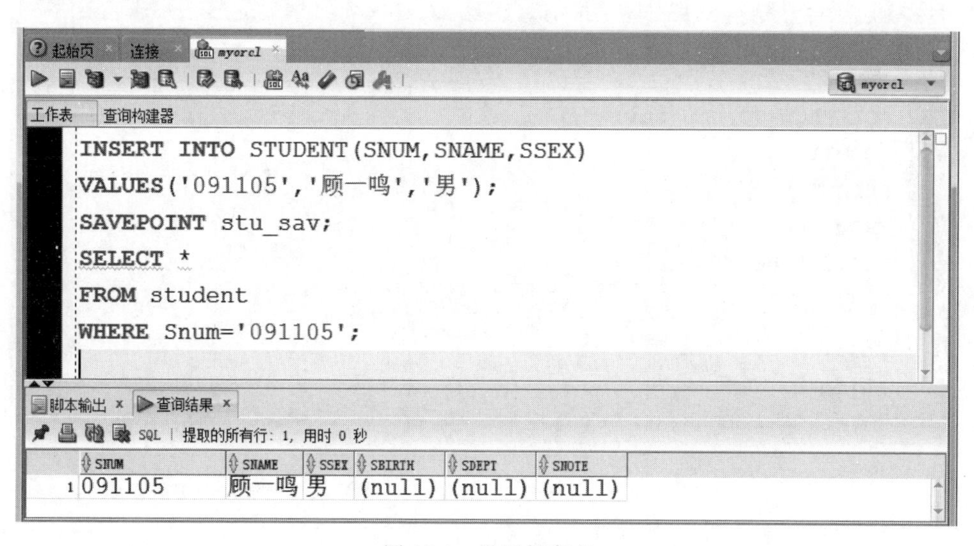


图 12-3 设置保存点

(4) 删除该行数据。

```
DELETE FROM student
```

```
WHERE Snum = '091105';
```

执行相同的查询，结果如图 12-4 所示。

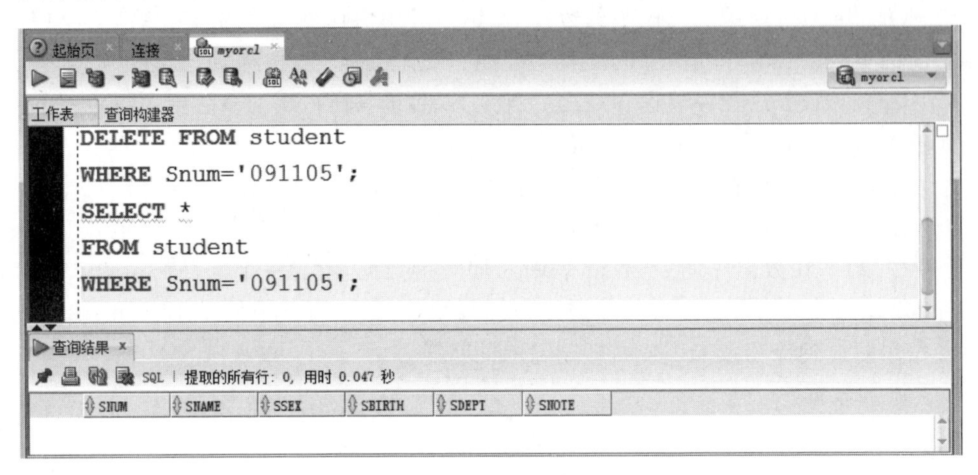

图 12-4 删除数据

(5) 回退到保存点 stu_sav。

```
ROLLBACK TO stu_sav;
```

(6) 提交事务。

```
COMMIT;
```

执行查询的结果如图 12-5 所示。

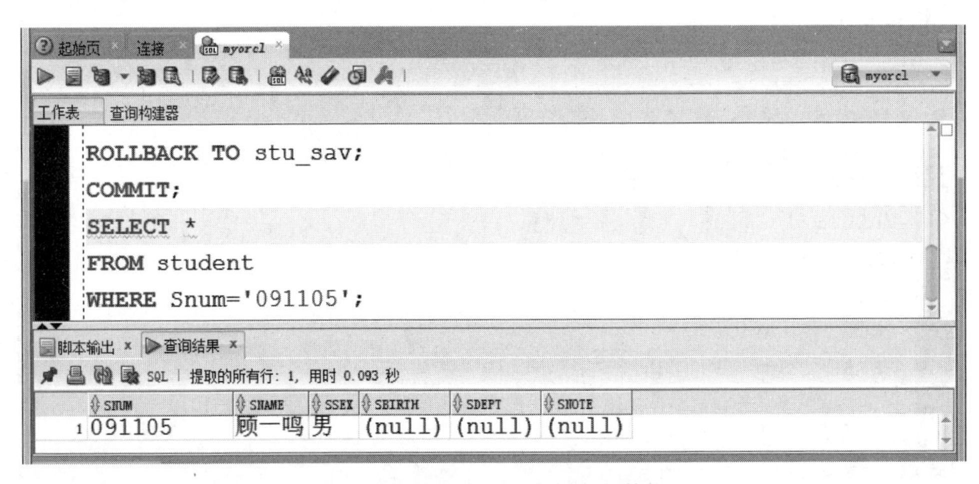

图 12-5 数据库中最后保存的数据

可见，DELETE 语句执行的操作并没有被提交至数据库。

### 12.1.3 自治事务

自治事务(Autonomous Transaction)允许用户创建一个事务中的事务。其中，子事务能独立于其父事务提交或回滚。利用自治事务，可以挂起当前执行的事务，开始一个新事务，完成一些工作，然后提交或回滚，所有这些都不影响当前执行事务的状态。同样，当前事务的回退也对自治事务没有影响。

自治事务提供了一种用 PL/SQL 控制事务的新方法，可以用于如下 4 个模块。

(1) 顶层匿名块。

(2) 本地(过程中的过程)、独立或打包的函数和过程。

(3) 对象类型的方法。

(4) 数据库触发器。

自治事务在 DECLARE 块中使用 PRAGMA AUTONOMOUS_TRANSACTION 语句来声明，自治事务从 PRAGMA 后的第 1 个 BEGIN 开始，相对的 END 之前的语句都属于自治事务。结束一个自治事务必须提交一个 COMMIT、ROLLBACK 或执行 DDL。

**【例 12.3】** 在 student 表中删除一行数据，接着定义一个自治事务，在自治事务中向 student 表添加一行数据，最后在外层事务中回退删除数据的操作。

(1) 删除 student 表的一行数据。

```
DELETE FROM student
WHERE Snum = '091105';
```

(2) 定义一个自治事务，并添加数据。

```
DECLARE
  PRAGMA AUTONOMOUS_TRANSACTION;
BEGIN
  INSERT INTO STUDENT(SNUM,SNAME,SSEX)
  VALUES('091106','蔡丽丽','女');
COMMIT;
END;
```

(3) 使用 ROLLBACK 语句回退当前事务。

```
ROLLBACK;
```

之后查看 student 表中的内容，可以发现，“091105”号学生并没有被删除，而“091106”号学生的记录已经保存到 student 表中，如图 12-6 所示。

由于在触发器中不能直接使用 COMMIT 语句，因此在触发器中对数据库有 DML 操作(如 INSERT、UPDATE、DELETE)时，是无法简单地用 SQL 语句来完成的。此时，可以将其设为自治事务，从而避免这种问题。

**【例 12.4】** 建立 student 表上的基于删除的触发器 del_xs，使其将删除的数据存储到 student_HIS 表中。题目要求同例 9.19。

SQL 语句如下：

```
CREATE OR REPLACE TRIGGER del_xs
     BEFORE DELETE ON student FOR EACH ROW
DECLARE
     PRAGMA AUTONOMOUS_TRANSACTION;
```

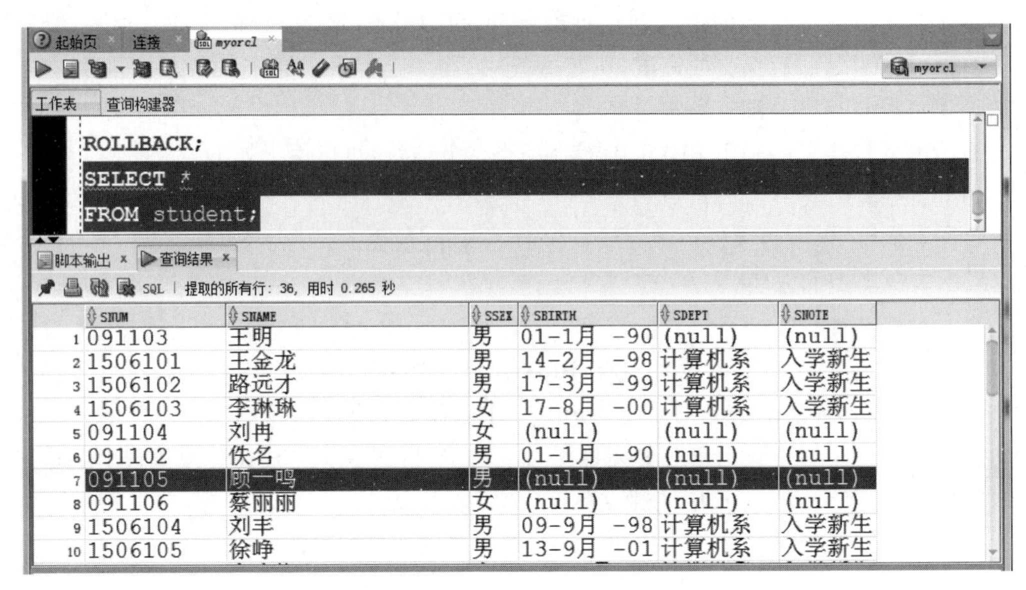

图 12-6　例 12.3 执行结果

```
BEGIN
    INSERT INTO student_HIS(snum,sname)
        VALUES(TO_CHAR(:OLD.Snum),TO_CHAR(:OLD.Sname));
    COMMIT;
END;
```

(1) 删除 student 表的“091106”号学生的记录。

```
DELETE FROM student
WHERE Snum = '091106';
```

(2) 查看 student_HIS 表,即可发现已经添加了该行数据,如图 12-7 所示。

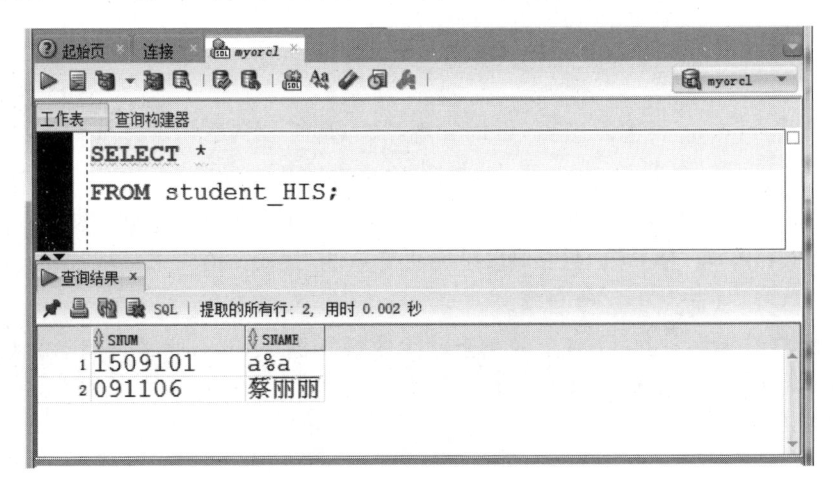

图 12-7　例 12.4 执行结果

## 12.2 锁

### 12.2.1 锁机制和死锁

Oracle 支持多用户共享一个数据库。但是，当多个用户对同一个数据库进行修改时，会产生并发问题，使用锁机制可以解决用户存取数据的这个问题，从而保证数据库的完整性和一致性。

在多个会话同时操作一个表时，需要防止事务之间的破坏性交互，此时就需要对优先操作的会话进行锁定。从事务的隔离性可以看出，当前事务不能影响其他事务，因此当多个会话访问相同资源时，数据库会利用锁确保他们按队列顺序依次进行。Oracle 处理数据时用到的锁是自动获取的，但也允许用户手动锁定数据。对于一般的用户，通过系统的自动锁管理机制基本可以满足使用要求，但如果对数据安全、数据库完整性和一致性有特殊要求的用户，则需要手动控制数据库的加锁和解锁，这就需要了解 Oracle 的锁机制，掌握锁的使用方法。

如果不使用锁机制，对数据的并发操作会带来下面的一些问题：脏读、幻读、非重复性读取、丢失更新。

(1) 脏读。当一个事务读取的记录是另一个事务的一部分时，如果第 1 个事务正常完成，就没有问题；如果此时另一个事务未完成，就产生了脏读。例如，一个学生的成绩要修改为 90，但还没有提交；此时事务 2 读取其成绩信息；事务 1 因为某种原因进行了 ROLLBACK 回滚，取消了修改操作。此时，事务 1 就发生了脏读。如果此时使用行级锁，第 1 个事务修改记录时锁定该行，则第 2 个事务只能等待，这样就避免了脏数据的产生。

(2) 幻读。当某一数据行执行 INSERT 或 DELETE 操作，而该数据行恰好属于某个事务正在读取的范围时，就会发生幻读现象。幻读事件是在某个凑巧的环境下发生的，它是在运行 UPDATE 语句的同时有人执行了 INSERT 操作。因为插入了一个新记录行，所以没有被锁定，并且能正常运行。

(3) 非重复性读取。如果一个事务不止一次地读取相同的记录，但在两次读取中间有另一个事务刚好修改了数据，则两次数据读取的数据将出现差异，此时就发生了非重复性读取。

(4) 丢失更新。一个事务更新了数据库之后，另一个事务再次对数据库更新，此时系统只能保留最后一个数据的修改。

使用锁可以实现并发控制，能够保证多个用户同时操作同一数据库中的数据而不发生上述的数据不一致现象。

在 Oracle 中，提供了共享锁和独占锁两种锁机制。

(1) 共享锁(Share Lock)。共享锁通过数据存取的高并行性来实现。如果获得了一个共享锁，那么用户就可以共享相同的资源。许多事务可以获得相同资源上的共享锁。例如，多个用户可以在相同的时间读取相同的数据。

(2) 独占锁(Exclusive Lock)。独占锁防止共同改变相同的资源。假如一个事务获得了某一资源上的一个专用锁，那么直到该锁被解除，其他的事务才能修改该资源，但允许对资源进行共享。例如，假设一个表被锁定在独占模式下，它并不阻止其他用户从同一个表得到数据。

当两个或者多个用户等待其中一个被锁住的资源时，有可能发生死锁现象。对于死锁，

Oracle 会自动进行定期搜索，通过回滚死锁中包含的其中一个语句来解决死锁问题。也就是释放其中一个冲突锁，同时返回一个消息给对应的事务。用户在设计应用程序时，要遵循一定的锁规则，尽力避免死锁现象的发生。

## 12.2.2 锁的类型

Oracle 按对象的不同，使用不同类型的锁来管理并发会话对数据对象的操作，从而使数据库实现高度的并发访问。一般情况下，锁可以分为以下 3 种类型。

**1. DML 锁**

DML 锁的目标是保证并行访问的数据完整性，防止同步冲突的 DML 和 DDL 操作的破坏性交互。例如，DML 锁保证表的特定行能够被一个事务更新，同时保证在事务提交之前，不能删除表。DML 操作能够在特定的行和整个表这两个不同的层上获取数据。能够获取独占 DML 锁的语句有 INSERT、UPDATE、DELETE 和带有 FOR UPDATE 子句的 SELECT 语句。DML 语句在特定的行上操作需要行级的锁，使用 DML 语句修改表时需要表锁。

**2. DDL 锁**

DDL 锁保护方案对象的定义，调用一个 DDL 语句将会隐式提交事务。Oracle 自动获取过程定义中所需的方案对象的 DDL 锁。DDL 锁防止过程引用的方案对象在过程编译完成之前被修改。DDL 锁有如下 3 种形式。

(1) 独占 DDL 锁：当 CREATE、ALTER 和 DROP 等语句用于一个对象时使用此锁。

(2) 共享 DDL 锁：当 GRANT 与 CREATE PACKAGE 等语句用于一个对象时使用此锁。

(3) 可破的分析 DDL 锁：库高速缓存区中语句或 PL/SQL 对象有一个用于它所引用的每个对象的锁。

**3. 内部锁**

内部锁包含内部数据库和内存结构。对用户来说，它们是不可访问的，因为用户不需要控制它们的发生。

## 12.2.3 表锁和事务锁

为了使事务能够保护表中的 DML 存取以及防止表中产生冲突的 DDL 操作，Oracle 需要获得表锁(TM)。例如，假如某个事务在一张表上持有一个表锁，那么它会阻止任何其他事务获取该表中用于删除或改变该表的一个专用 DDL 锁。表 12-1 列出了不同的表锁模式。

表 12-1　使用的语句与获得的表锁模式

| 语　　句 | 类　　型 | 模　　式 |
| --- | --- | --- |
| INSERT | TM | 行独占(3)(RX) |
| UPDATE | TM | 行独占(3)(RX) |
| DELETE | TM | 行独占(3)(RX) |
| SELECT FOR UPDATE | TM | 行共享(2)(RS) |
| LOCK TABLE | TM | 独占(6)(X) |

当一个事务发出表 12-2 所列出的语句时，将获得事务锁(TX)，事务锁总是在行级上获得。事务锁独占地锁住该行，并阻止其他事务修改该行，直到持有该锁的事务回滚或提交数据为止。

**表 12-2　事务锁语句**

| 语　　句 | 类　　型 | 模　　式 |
| --- | --- | --- |
| INSERT | TX | 独占(6)(X) |
| UPDATE | TX | 独占(6)(X) |
| DELETE | TX | 独占(6)(X) |
| SELECT FOR UPDATE | TX | 独占(6)(X) |

## 12.3　闪　　回

Oracle 数据库从 Oracle 9i 版本开始就引入了基于回退段"闪回查询"(Flashback Query)功能，用户使用闪回查询可以及时取得误操作 DML 之前某一时间点数据库的映像视图，并针对错误进行相应的恢复操作。

### 12.3.1　基本概念

闪回操作使数据库中的实体回到过去某一时间点，这样可以实现对历史数据的恢复。闪回数据库功能可以将 Oracle 数据库恢复到以前的某个时间点。传统的数据库恢复方法是进行时间点恢复。然而，时间点恢复需要数小时甚至几天的时间。闪回数据库是进行时间点恢复的新方法，它能够快速将 Oracle 数据库恢复到以前的某个时间点，以正确更正由于逻辑数据损坏或用户错误而引起的任何问题。当需要恢复时，可以将数据库恢复到错误前的时间点，并且可以只恢复改变的数据块。

在 Oracle 中，常用的闪回操作包括如下内容。

(1) 查询闪回(Flashback Query)：查询过去某个指定时间、指定实体的数据，恢复错误的数据库更新、删除等。

(2) 表闪回(Flashback Table)：使表返回到过去某一时间的状态，可以恢复表、取消对表进行的修改。

(3) 删除闪回(Flashback Drop)：可以将删除的表重新恢复。

(4) 数据库闪回(Flashback Database)：可以将整个数据库回退到过去某个时间点。

(5) 归档闪回(Flashback Data Archive)：可以闪回到指定时间之前的旧数据而不影响重做日志的策略。

### 12.3.2　查询闪回

Oracle 查询闪回使管理员或用户不仅能够查询过去某些时间点的任何数据，还能够查看和重建因意外被删除或更改而丢失的数据。查询闪回管理简单，数据库可自动保存必要的信息，以在可配置时间内重新将数据恢复成为过去的状态。

执行查询闪回操作时，需要使用两个时间函数：TIMESTAMP 和 TO_TIMESTAMP。

其中，TO_TIMESTAMP 函数的语法格式为

```
TO_TIMESTAMP( 'timepoint','format' )
```



其中，timepoint 表示时间点；format 表示需要把 timepoint 格式转换成何种格式。

**【例 12.5】** 使用查询闪回恢复删除的数据。

1）创建数据表 student1

SQL 语句如下：

```
CREATE TABLE student1
(Snum varchar(10),
Sname varchar(20));
```

向表中插入数据：

```
INSERT INTO student1
SELECT Snum,Sname
FROM student;
```

例 12.5 的过程如图 12-8 所示。

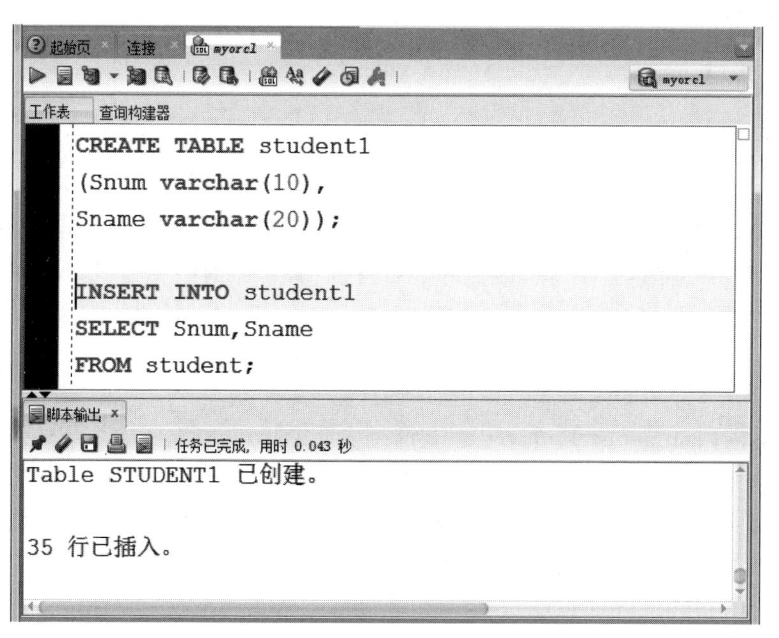


图 12-8 建立表 student1 并填充数据

2）查询表 student1 中的数据

（1）使用 SET 语句在“SQL>”标识符前显示当前时间。

```
SET TIME ON;
```

（2）查询数据。

```
SELECT *
FROM student1;
```

执行结果如图 12-9 所示。

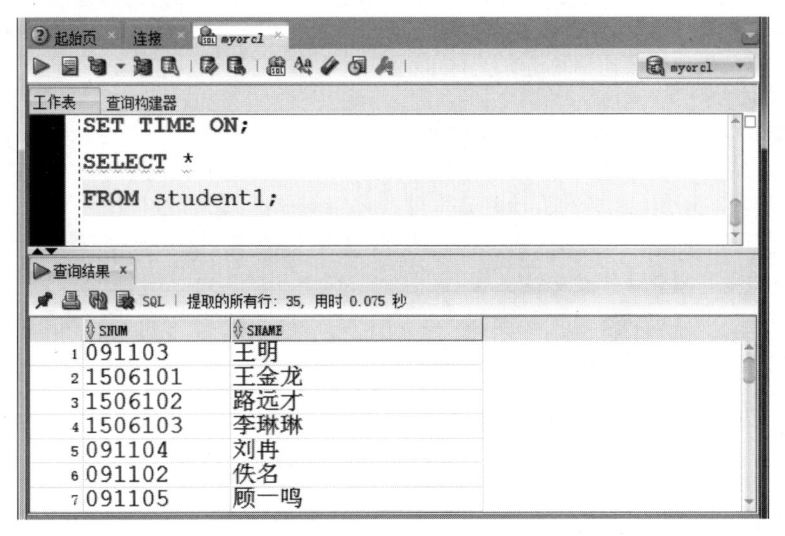


图 12-9　查询 student1 表中的数据

3）删除表 student1 中所有的记录并提交，如图 12-10 所示

SQL 语句如下：

```
DELETE FROM student1;
COMMIT;
```

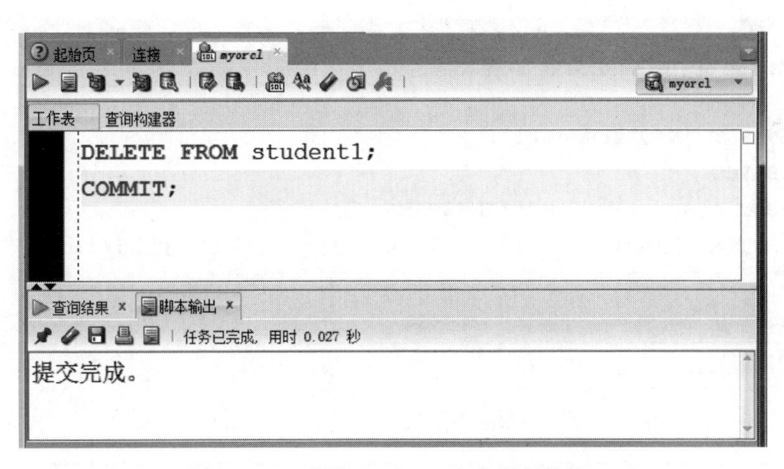


图 12-10　删除 student1 表中所有数据

4）进行查询闪回

SQL 语句如下：

```
SELECT *
FROM student1 AS OF TIMESTAMP TO_TIMESTAMP('2019-12-2 11:06:00','YYYY-MM-DD HH24:MI:SS');
```

执行以上语句后，可以看到表中原来的数据，如图 12-11 所示。

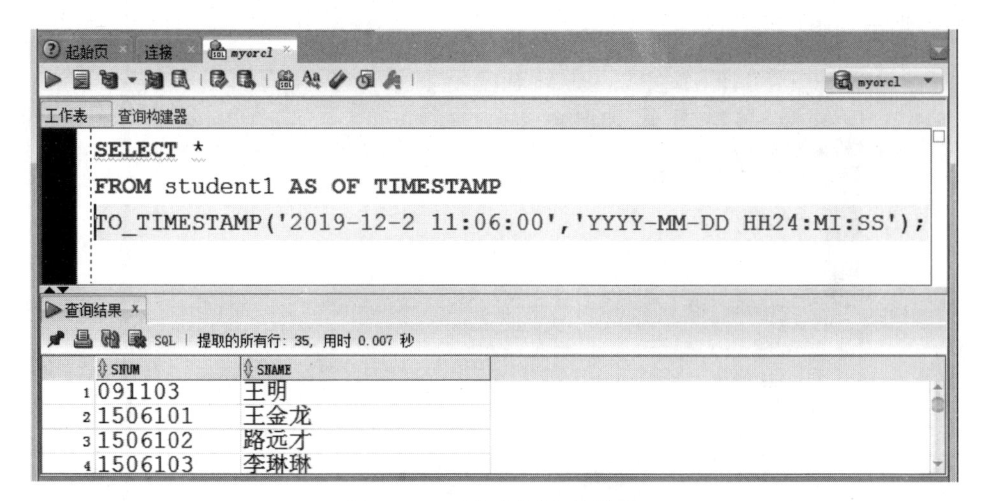


图 12-11　查询闪回中的数据

5）将闪回中的数据重新插入 student1 表中

SQL 语句如下：

```
INSERT INTO student1
SELECT *
FROM student1 AS OF TIMESTAMP TO_TIMESTAMP('2019-12-2 10:59:00','YYYY-MM-DD HH24:MI:SS');
```

执行上述代码后，表中数据复原，如图 12-12 所示。

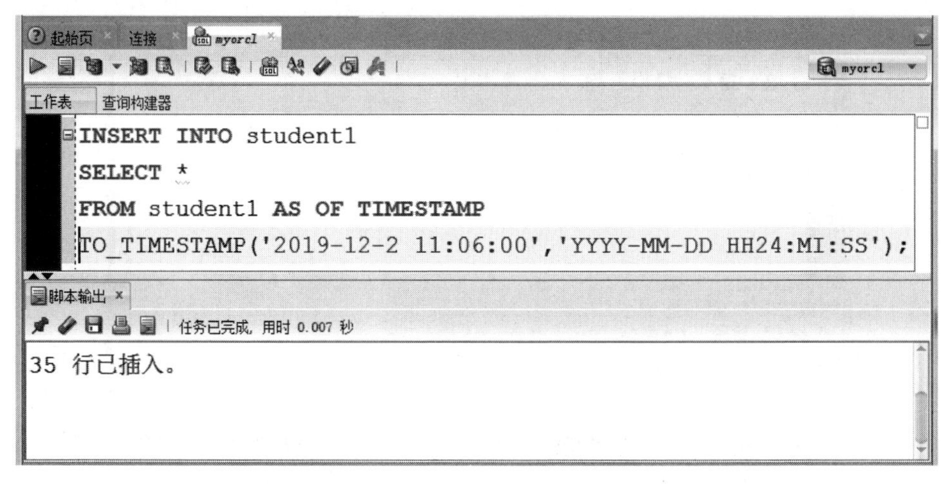


图 12-12　student1 表中数据复原

## 12.3.3　表闪回

利用表闪回可以恢复表，取消对表进行的修改，表闪回要求用户具有以下权限。

（1）FLASHBACK ANY TABLE 权限或者该表的 Flashback 对象权限。

（2）有该表的 SELECT、INSERT、DELETE 和 ALTER 权限。

（3）必须保证该表 ROW MOVEMENT。

表闪回与查询闪回功能类似，也是利用恢复信息（Undo Information）对以前的一个时间点上的数据进行恢复，且表上有如下特性。

（1）在线操作。

（2）恢复到指定时间点或者 SCN 的任何数据。

（3）自动恢复相关属性，如索引、触发器等。

（4）满足分布式的一致性。

（5）满足数据一致性，所有相关对象的一致性。

要实现表闪回，必须确保与撤销表空间有关的参数设置合理。撤销表空间的相关参数为 UNDO _ MANAGEMENT、UNDO _ TABLESPACE 和 UNDO _ RETENTION。用 SYSTEM 用户连接数据库，在 SQL Plus 中执行下面的语句可以查看撤销表空间的参数。

```
SHOW PARAMETER UNDO;
```

执行结果如图 12-13 所示。

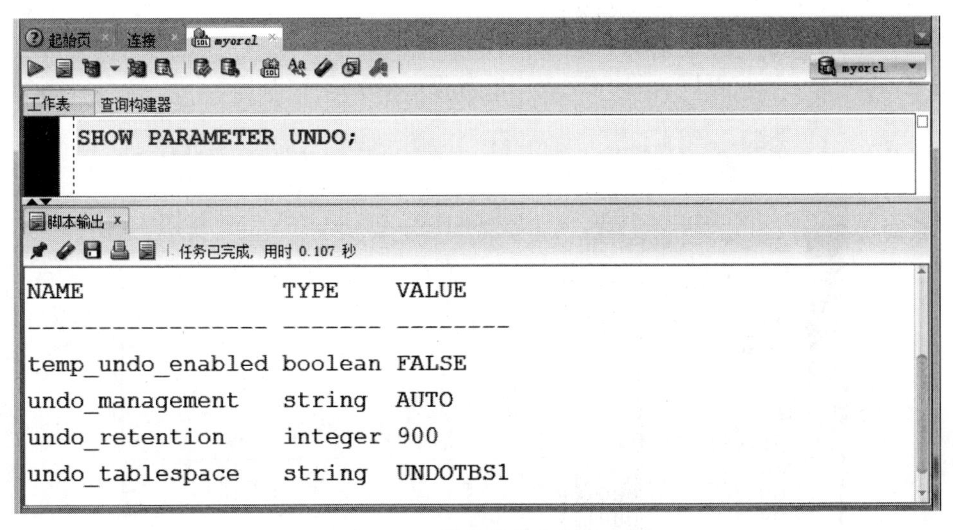


图 12-13　显示撤销表空间的参数

Oracle 采用撤销表空间记录增加、删除、修改的数据，但也保留了以前版本使用的回滚段，UNDO_RETENTION 表示当前所做的增加、删除和修改操作提交后，记录在撤销表空间的数据保留的时间。

在创建撤销表空间时，要考虑数据保存的时间长短、每秒产生的块数据量及块大小等。假如表空间大小用 undo 表示，那么 undo＝UR * UPS * DB_BLOCK_SIZE＋冗余量。其中，UR 为在 undo 中保持的最长时间数(秒)，由数据库参数 UNDO_RETENTION 值决定；UPS 为在 undo 中每秒产生的数据块数量。

表闪回的语法格式如下：

```
FLASHBACK TABLE [用户方案名.]<表名>
  TO{ [BEFORE DROP[RENAME TO<新表名>]]
|SCN|TIMESTAMP}<表达式>[ENABLE|DISABLE]TRIGGERS}
```

说明：

(1) BEFORE DROP：表示恢复到删除之前。

(2) RENAME TO：表示恢复时更换表名。

(3) SCN：表示系统改变号，可以从 flashback_transaction_query 数据字典中查到。

(4) TIMESTAMP：表示系统邮戳，包含年月日以及时分秒。

(5) ENABLE TRIGGERS：表示触发器恢复之后的状态为 ENABLE，默认为 DISABLE。

**【例 12.6】** 首先创建一个表，然后删除某些数据，再利用 Flashback Table 命令恢复删除的数据。

1) 使用 SYS 登录并创建 SC1

SQL 语句如下：

```
SET TIME ON;
CREATE TABLE SC1
  AS SELECT * FROM SC;
```

通过 SELECT 语句可以查看 SC1 表中的数据，如图 12-14 所示。

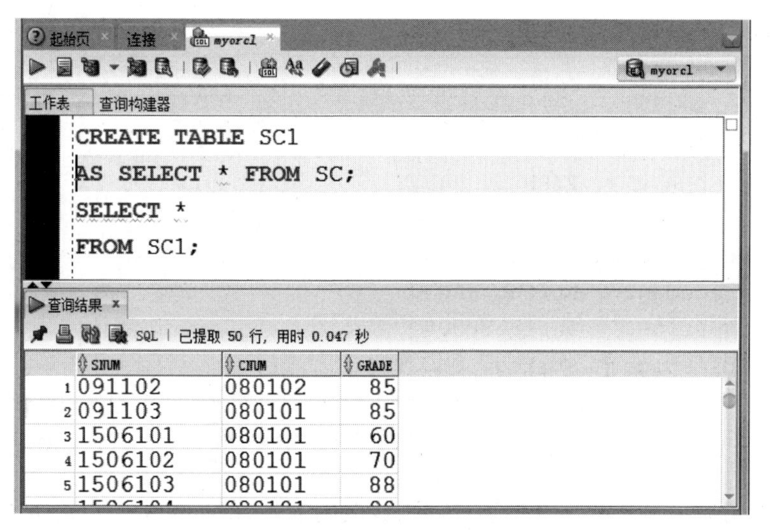


图 12-14 查看 SC1 中的数据

2) 删除学号为“091102”的学生选修课程的记录并提交

SQL 语句如下：

```
DELETE FROM SC1
WHERE Snum = '091102';
COMMIT;
```

使用 SELECT 语句查询 SC1，学号为“091102”的学生选课记录已不存在。

3) 使用表闪回进行恢复

SQL 语句如下：

```
ALTER TABLE SC1 ENABLE ROW MOVEMENT;
```

```
FLASHBACK TABLE SC1 TO TIMESTAMP
TO_TIMESTAMP('2019-12-2 11:18:00','YYYY-MM-DD HH24:MI:SS');
```

整个操作过程及恢复结果如图 12-15 所示。

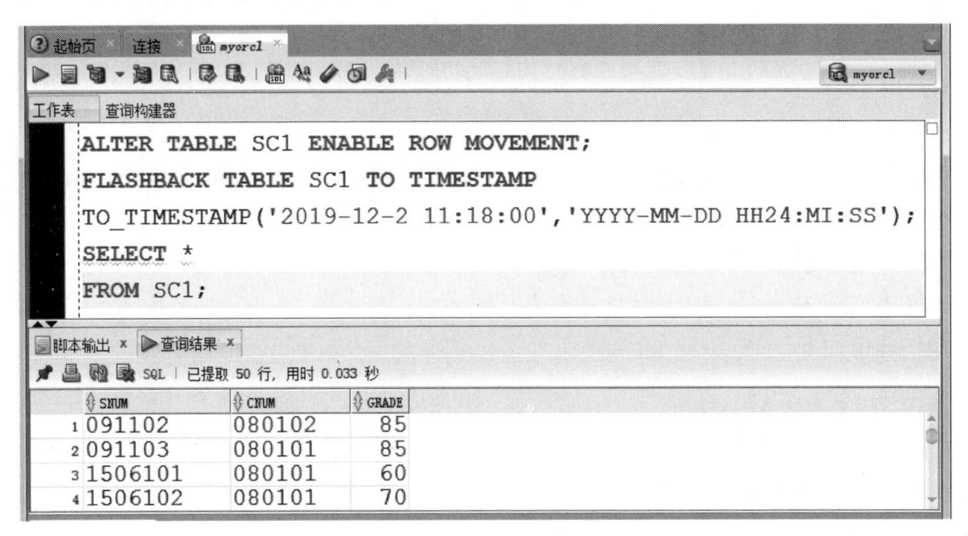


图 12-15　例 12.6 执行结果

例 12.6 中,采用 TO_TIMESTAMP 来指定恢复的时间;还可以使用 SCN 来指定恢复的时间,但是在操作中,时间比较容易掌握,而误操作的 SCN 并不容易得知。Oracle 使用 TIMESTAMP_TO_SCN 函数来实现将时间戳转换为 SCN。

## 12.3.4 删除闪回

### 1. 删除闪回操作

当用户对表进行 DDL 操作时,它是自动提交的。如果误删了某个表,在 Oracle 10g 版本之前只能使用日常的备份恢复数据。Oracle 11g 之后的版本提供了删除闪回为数据库实体提供一个安全机制。

与 Windows 环境下文件删除功能相似,当用户删除一个表时,Oracle 系统会将该表放到回收站中,指导用户决定永久删除它,使用 PURGE 命令对回收站空间进行清除,或在出现表空间的空间不足时,它才会被删除。

回收站是一个虚拟容器,用于存储所有被删除的对象。为了避免被删除的表与同类对象名称重复,被删除表(或者其他对象)放到回收站时,Oracle 系统对被删除表(或对象)的名称进行了转换,转换后的名称格式如下:

```
BIN$globalUID$Sversion
```

其中,globalUID 是一个全局唯一的标识对象,长度为 24 个字符,它是 Oracle 内部使用的标识;$Sversion 是数据库分配的版本号。

通过设置初始化参数 RECYCLEBIN,可以控制是否启用回收站功能,下面语句将启用回收站:

```
ALTER SESSION SET RECYCLEBIN = ON;
```

RECYCLEBIN 设置为 OFF 则表示关闭，默认为 ON。



数据字典 USER_TABLES 中的 dropped 列中记录表是否被删除，可以使用 SELECT 语句查询，代码如下：

```
SELECT table_name,dropped
FROM USER_TABLES;
```

其中，dropped 字段值为 YES 的 table_name 均为转换后的名称，也可以通过 SHO 命令或查询数据字典 USER_RECYCLEBIN 获得回收站信息。

**【例 12.7】** 删除闪回的实现。

1）在表空间 new_space 上创建一个表 T1

SQL 语句如下：

```
CREATE TABLE T1(t number)
TABLESPACE new_space;
```

2）使用 DROP 命令删除表 T1

SQL 语句如下：

```
DROP TABLE T1;
```

3）查询数据字典信息

SQL 语句如下：

```
SELECT OBJECT_NAME,ORIGINAL_NAME,TYPE,DROPTIME
FROM RECYCLEBIN;
```

查询结果如图 12-16 所示。

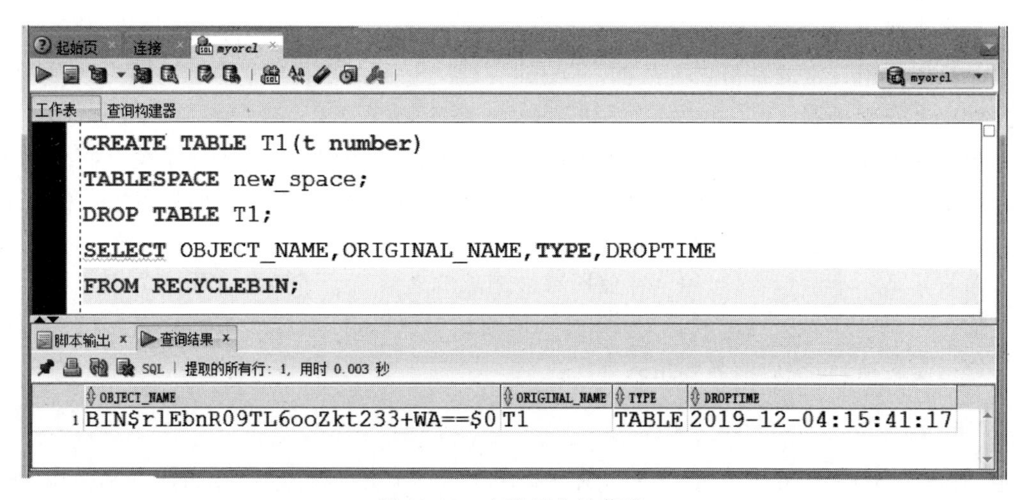


图 12-16　查询回收站信息

4）使用删除闪回从回收站恢复表 T1

SQL 语句如下：

```
FLASHBACK TABLE T1 TO BEFORE DROP;
```

闪回完成后可以看到，表 T1 已经恢复，如图 12-17 所示。如果不知道原表名，可以直接使用回收站中的名称进行闪回。需要注意的是，如果是位于 SYSTEM 表空间的表，则会被彻底删除，不会进入回收站。

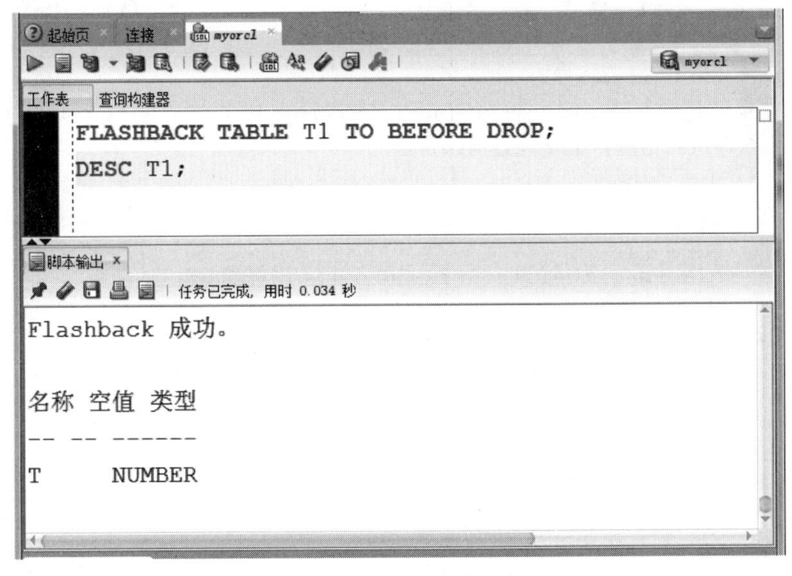


图 12-17　闪回删除的表

**2. 回收站管理**

回收站可以提供误操作后进行恢复的必要信息，但是如果不经常对回收站的信息进行管理，磁盘空间会被长期占有，因此要经常清除回收站中无用的东西。要清除回收站，可以使用 PURGE 命令。PURGE 命令可以删除回收站中的表、表空间和索引，并释放表、表空间和索引所占有的空间，其语法格式如下：

```
PURGE
{TABLESPACE<表空间名>USER<用户名>
|[TABLE<表名>|INDEX<索引名>]|[RECYCLEBIN|DBA_RECYCLEBIN]}
```

说明：

(1) TABLESPACE：指示清除回收站中的表空间。

(2) USER：指示清除回收站中的用户。

(3) TABLE：指示清除回收站中的表。

(4) INDEX：指示清除回收站中的索引。

(5) RECYCLEBIN：指的是当前用户需要清除的回收站。

(6) DBA_RECYCLEBIN：仅 SYSDBA 系统权限才能使用，此参数可使用户从 Oracle 系统回收站清除所有对象。

**【例 12.8】** 查询当前用户回收站中的内容，再用 PURGE 清除。

1) 删除表 T1，查询回收站内容

SQL 语句如下：

```
SELECT OBJECT_NAME,ORIGINAL_NAME
FROM USER_RECYCLEBIN;
```



查询结果如图 12-18 所示。

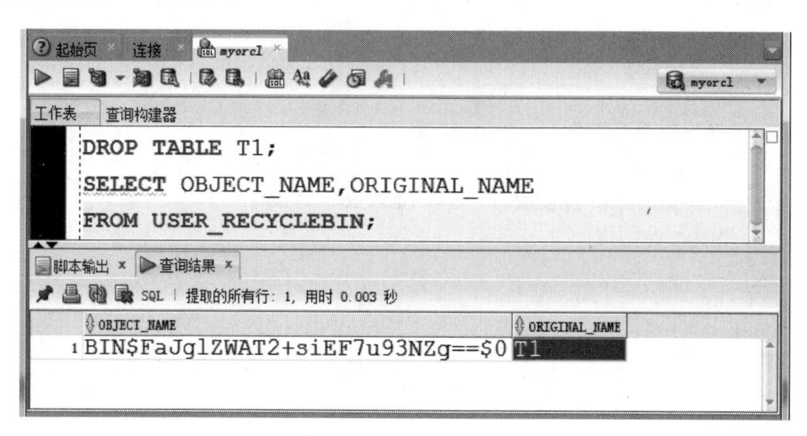


图 12-18　查询回收站

2）清除表 T1

SQL 语句如下：

```
PURGE TABLE T1;
```

再次查询回收站时，该表已被清除，如图 12-19 所示。

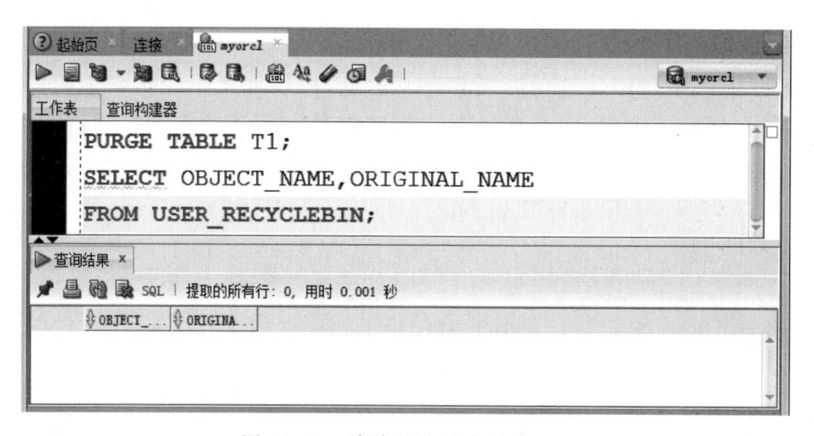


图 12-19　清除回收站中的表 T1

### 12.3.5　数据库闪回

Oracle 数据库在执行 DML 操作时，将每个操作过程记录在日志文件中。若 Oracle 系统出现错误操作时，可进行数据库级的闪回。

数据库闪回可以使数据库回到过去某一时间点上或 SCN 的状态，用户可以不利用备份快速实现时间点的恢复。为了能在发生误操作时闪回到数据库被误操作之前的时间点上，需要设置下面 3 个参数。

(1) DB_RECOVERY_FILE_DEST：确定 FLASHBACK LOGS 的存放路径。

(2) DB_RECOVERY_FILE_DEST_SIZE：指定恢复区的大小，默认值为空。

(3) DB_FLASHBACK_RETENTION_TARGET：设定闪回数据库的保存时间，单位是分钟，默认是一天。

在创建数据库时，Oracle 系统就自动创建了恢复区。默认情况下，FLASHBACK DATABASE 功能是不可用的。如果需要闪回数据库功能，DBA 必须整齐配置该日志区的大小，最好根据每天数据库块发生改变的数量来确定其大小。

当用户发布 FLASHBACK DATABASE 语句后，Oracle 系统首先检查所需的归档文件和联机重做日志。如果正常，则恢复数据库中所有数据文件到指定的 SCN 或时间点上。

数据库闪回的语法如下：

```
FLASHBACK [STANDBY|DATABASE<数据库名>
{ TO[SCN|TIMESTAMP]<表达式>
  |TO BEFORE[SCN|TIMESTAMP]<表达式>}
```

说明：

(1) TO SCN：指定 SCN。

(2) TO TIMESTAMP：指定一个需要恢复的时间点。

(3) TO BEFORE SCN：恢复到之前的 SCN。

(4) TO BEFORE TIMESTAMP：恢复数据库到之前的时间点。

使用 FLASHBACK DATABASE，必须以 MOUNT 模式启动数据库实例，然后执行 ALTER DATABASE FLASHBACK ON 或者 ALTER DATABASE TSNAME FLASHBACK ON 命令打开数据库闪回功能。ALTER DATABASE FLASHBACK OFF 命令是关闭数据库闪回功能。

**【例 12.9】** 设置闪回数据库环境。

1) 使用 SYS 登录 SQL Plus，查看闪回信息

SQL 语句如下：

```
SHOW PARAMETER DB_RECOVERY_FILE_DEST;
SHOW PARAMETER FLASHBACK;
```

执行结果如图 12-20 所示。

2) 以 SYSDBA 登录，确定实例是在归档模式下，关闭并重新启动数据库，使其进入 MOUNT 模式

SQL 语句如下：

```
SELECT DBID,NAME,LOG_MODE
FROM V$DATABASE;
SHUTDOWN IMMEDIATE;
STARTUP MOUNT;
```

3) 设置恢复区参数，开启闪回功能

SQL 语句如下：

```
ALTER SYSTEM SET db_recovery_file_dest_size = 2048M;
```

```
管理员: 命令提示符 - sqlplus sys/Mm123456@orcl as sysdba
SQL> SHOW PARAMETER DB_RECOVERY_FILE_DEST;

NAME                                 TYPE
------------------------------------ ----------------------
VALUE
------------------------------
db_recovery_file_dest                string

db_recovery_file_dest_size           big integer
0
SQL> SHOW PARAMETER FLASHBACK;

NAME                                 TYPE
------------------------------------ ----------------------
VALUE
------------------------------
db_flashback_retention_target        integer
1440
SQL>
```

图 12-20　查看闪回参数

```
ALTER SYSTEM SET db_recovery_file_dest = 'D:/app/oracle_flashback';
ALTER DATABASE FLASHBACK ON;
ALTER DATABASE OPEN;
```

执行过程如图 12-21 所示。

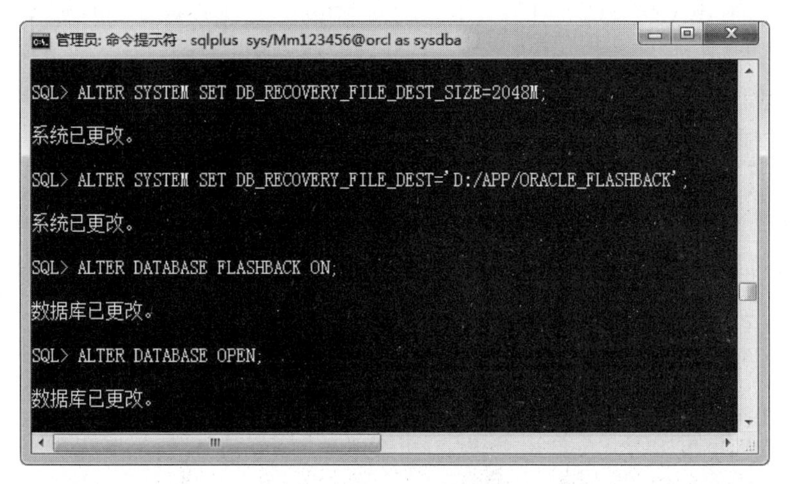


图 12-21　例 12.9 执行过程

通过上述执行过程对数据库闪回功能的设置，Oracle 在数据库闪回功能完成后会自动收集数据，用户只要确保数据库是在归档模式下即可。

设置好数据库闪回所需要的环境和参数，就可以在系统出现错误时使用 FLASHBACK DATABASE 命令恢复数据库到某个时间点或 SCN 上。

**【例 12.10】** 数据库闪回。

1）查看当前数据库是否是归档模式和启用了闪回数据库功能

SQL 语句如下：

```
SELECT DBID, NAME, LOG_MODE
FROM V $ DATABASE;
ARCHIVE LOG LIST;
SHOW PARAMETER DB_REVOVERY_FILE_DEST;
```

2）查询当前时间和旧的闪回号

SQL 语句如下：

```
SHOW USER;
SELECT SYSDATE
FROM DUAL;
ALTER SESSION SET NLS_DATE_FORMAT = 'YYYY-MM-DD HH24:MI:SS';
SELECT SYSDATE
FROM DUAL;
SELECT OLDEST_FLASHBACK_SCN, OLDEST_FLASHBACK_TIME
FROM V $ FLASHBACK_DATABASE_LOG;
SET TIME ON
```

执行过程如图 12-22 所示。

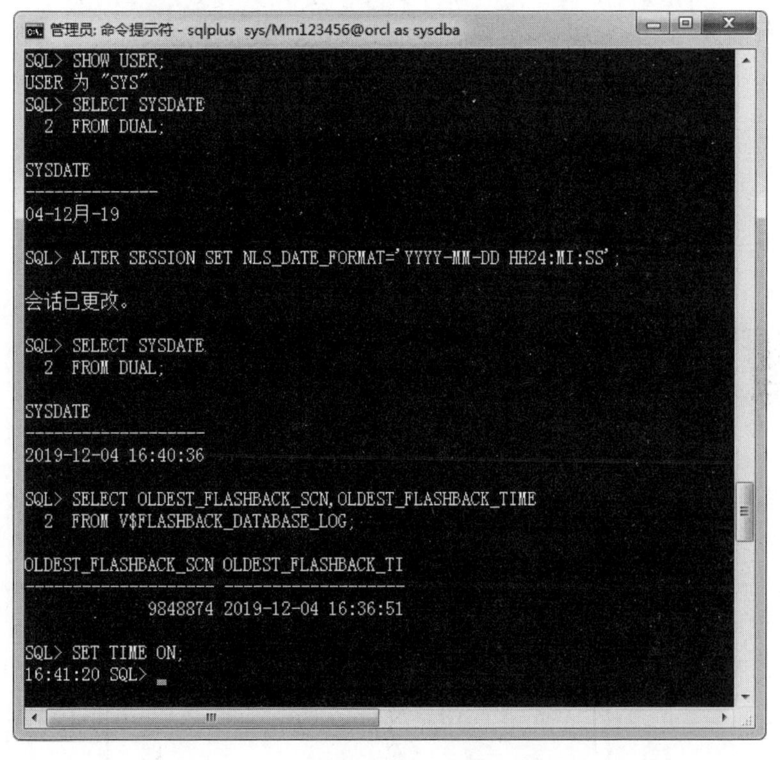


图 12-22　查询当前时间和旧的闪回号

3）在当前用户下创建例表 COURSE1

SQL 语句如下：

```
CREATE TABLE COURSE1
AS SELECT * FROM SYSTEM.COURSE;
```

4）确定时间点，模拟误操作，删除表 COURSE1

SQL 语句如下：

```
SELECT SYSDATE
FROM DUAL;
DROP TABLE COURSE1;
DESC COURSE1;
```

执行结果如图 12-23 所示。

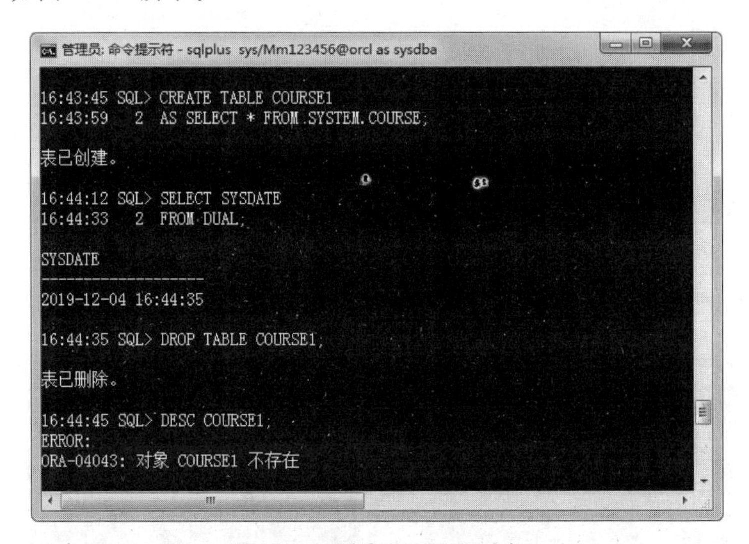


图 12-23　删除 COURSE1 表

5）以 MOUNT 打开数据库并进行数据库闪回

SQL 语句如下：

```
SHUTDOWN IMMEDIATE;
STARTUP MOUNT EXCLUSIVE;
FLASHBACK DATABASE
TO TIMESTAMP(TO_DATE('2019-11-20 15:10:17','YYYY-MM-DD HH24:MI:SS'));
ALTER DATABASE OPEN RESETLOGS;
```

执行结果如图 12-24～图 12-26 所示。

利用数据库闪回后，通过 DESC 语句可以发现 COURSE1 表已恢复到错误操作之前，表结构和数据都已经恢复。不需要使用数据库闪回时可使用 ALTER 语句将其关闭。

```
ALTER DATABASE FLASHBACK OFF;
```

### 12.3.6 归档闪回

Flashback Data Archive 和 Flashback Query 都能够查询之前的数据，但是它们实现的机制是不一样的。Flashback Query 是通过直接从重做日志中读取信息来构造旧数据的，但重做日志是循环使用的，只要事务提交，之前的重做信息可能被覆盖。Flashback Data Archive 则通过将变化的数据另外存储到创建的归档闪回中。这样可以通过为归档闪回单

```
管理员: 命令提示符 - sqlplus sys/Mm123456@orcl as sysdba
16:44:51 SQL> SHUTDOWN IMMEDIATE;
数据库已经关闭。
已经卸载数据库。
ORACLE 例程已经关闭。
16:46:50 SQL> STARTUP MOUNT EXCLUSIVE;
ORA-32004: obsolete or deprecated parameter(s) specified for RDBMS instance
ORACLE 例程已经启动。

Total System Global Area 1593835520 bytes
Fixed Size                  8747320 bytes
Variable Size            1040189128 bytes
Database Buffers          536870912 bytes
Redo Buffers                8028160 bytes
数据库装载完毕。
```

图 12-24　重启数据库

```
管理员: 命令提示符 - sqlplus sys/Mm123456@orcl as sysdba
16:51:17 SQL> FLASHBACK DATABASE TO TIMESTAMP(TO_DATE('2019-12-4 16:44:34','YYYY-MM-DD HH24:MI:SS'));

闪回完成。
```

图 12-25　闪回数据库

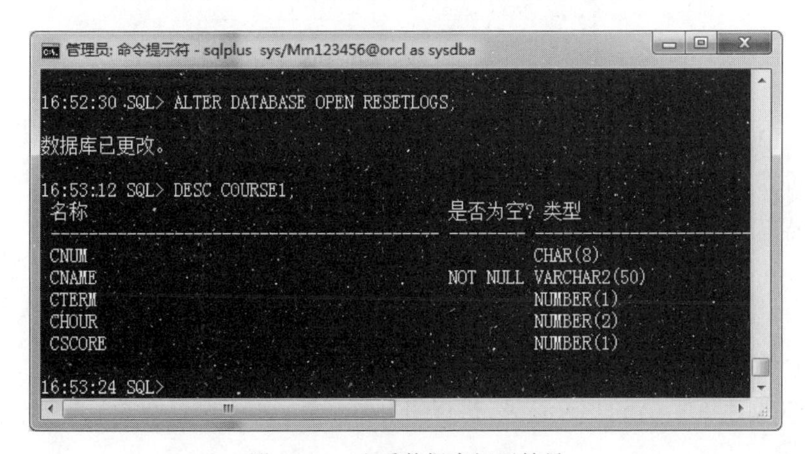


图 12-26　查看数据库闪回结果

独设置存活策略，使得数据库可以闪回到指定时间之前的旧数据而不影响重做日志的策略，并且可以根据需要执行数据库对象需要保存历史变化的数据，而不是将所有对象的变化数据都保存下来，从而可以极大地减少空间需求。

创建一个闪回数据归档需使用 CREATE FLASHBACK ARCHIVE 语句，语法格式如下：

```
CREATE FLASHBACK ARCHIVE [DEFAULT]<闪回归档区名称>
TABLESPACE<表空间名>
[QUOTA<数字值>]{M|G|T|P}
[RETENTION<数字值>]{YEAR|MONTH|DAY}];
```

说明：

(1) DEFAULT：指定默认的闪回数据归档区。

(2) TABLESPACE：指定闪回数据归档区存放的表空间。

(3) QUOTA：指定闪回数据归档区的定额。

(4) RETENTION：指定归档区可以保留的时间，YEAR、MONTH 和 DAY 分别表示年、月、日。

**【例 12.11】** 创建一个闪回数据归档区，并作为默认的归档区。

使用 SYS 用户以 SYSDBA 登录，执行如下语句：

```
CREATE FLASHBACK ARCHIVE DEFAULT test_archive
TABLESPACE USERS
QUOTA 10M
RETENTION 1 DAY;
```

执行结果如图 12-27 所示。

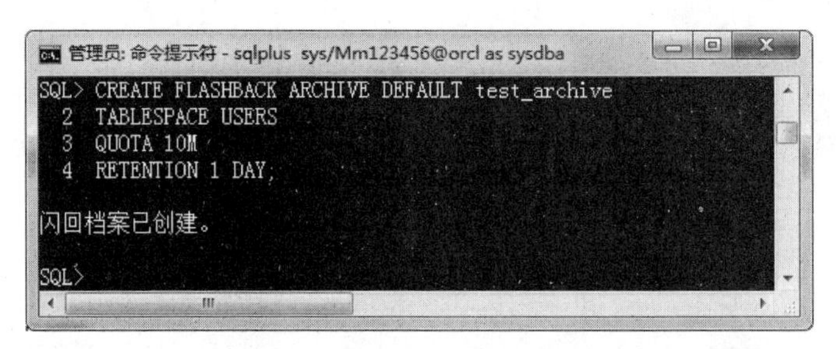


图 12-27　建立闪回归档区

**【例 12.12】** 归档闪回。

1) 使用 TEACHER 用户连接数据库，并创建 COURSE2 表

SQL 语句如下：

```
CREATE TABLE COURSE2
AS SELECT * FROM SYSTEM.COURSE;
```

2) 对 COURSE2 表执行闪回归档设置

使用 SYS 用户以 SYSDBA 登录，执行如下命令后，显示表已更改。

```
ALTER TABLE TEACHER.COURSE2 FLASHBACK ARCHIVE test_archive;
```

说明：取消对于数据表的闪回归档可以使用如下命令。

```
ALTER TABLE<表名>NO FLASHBACK ARCHIVE;
```

3) 记录 SCN

SQL 语句如下：

```
SELECT DBMS_FLASHBACK.GET_SYSTEM_CHANGE_NUMBER FROM DUAL;
```

结果如图 12-28 所示。

删除 COURSE2 表中的一些数据，代码如下：

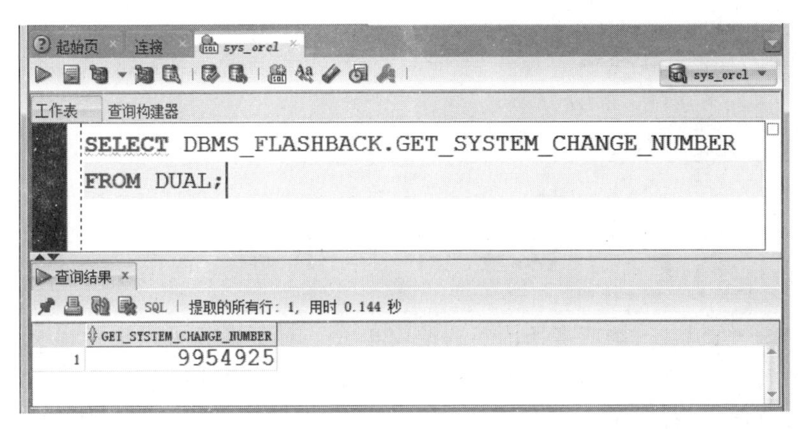


图 12-28　记录 SCN

```
DELETE FROM TEACHER.COURSE2
WHERE cscore = 2;
COMMIT;
```

4）执行闪回查询

SQL 语句如下：

```
SELECT *
FROM TEACHER.COURSE2 AS OF SCN 9954925;
```

结果如图 12-29 所示，显示的是未删除之前的数据。

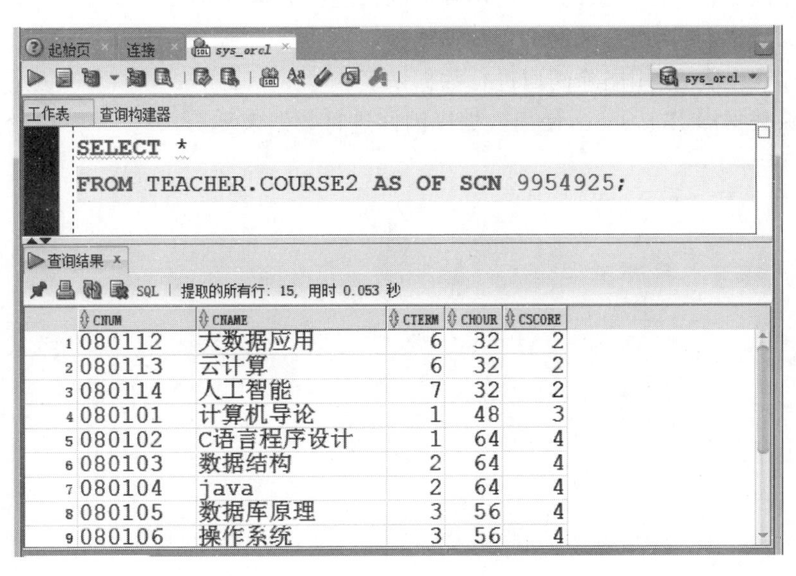


图 12-29　闪回查询

5）恢复数据

首先删除 COURSE2 表中的数据，然后使用归档的数据插入。

SQL 语句如下：

```
DELETE FROM TEACHER.COURSE2;
INSERT INTO TEACHER.COURSE2
SELECT *
FROM TEACHER.COURSE2
AS OF SCN 9954925;
```

## 12.4 本章小结

事务就是一组包含一条或多条语句的逻辑单元。对于事务可以进行提交、回滚及设置保存点等操作。自治事务可以提供事务的嵌套功能。通过锁机制可以防止并发事务之间的破坏性交互。Oracle 提供了表锁和事务锁来防止数据的并发操作会带来的脏读、幻读、非重复性读取、丢失更新等问题。闪回操作是 Oracle 提供的一种用于数据恢复的安全机制，它能够快速将 Oracle 数据库恢复到之前的某个时间点的状态。常用的闪回操作包括查询闪回、表闪回、删除闪回、数据库闪回及归档闪回。通过本章的学习，读者应对事务、锁、闪回有基本的了解，掌握其基本操作。

## 习题 12

1. 在数据库的销售记录表中添加一行数据，设置一个保存点，然后删除该行数据。对事务操作进行练习。
2. 删除汽车表中的一条记录，使用查询闪回进行数据恢复。
3. 删除汽车表，使用表闪回进行数据恢复。
4. 删除汽车表，使用删除闪回进行数据恢复。
5. 删除数据库 XiaoShou，使用数据库闪回进行数据恢复。

# 第13章 索引、序列和同义词

## 本章学习目标

- 了解索引的概念、作用及类型
- 熟练掌握索引的创建与管理
- 了解序列的概念和作用
- 熟练掌握序列的创建和管理
- 了解同义词的概念及作用
- 熟练掌握同义词的创建和管理

本章首先介绍索引的概念、作用和分类，重点介绍索引的创建和管理；然后介绍序列的概念和作用、序列的创建和管理；最后介绍同义词的概念及作用、同义词的创建和管理方法。

## 13.1 索　　引

在 Oracle 中，索引是一种供服务器在表中快速查找一行数据的数据库结构。在数据库中建立索引主要有以下 4 点作用。

(1) 快速存取数据。

(2) 既可以改善数据库性能，又可以保证列值的唯一性。

(3) 实现表与表之间的参照完整性。

(4) 在使用 ORDER BY、GROUP BY 子句进行数据检索时，利用索引可以减少排序和分组的时间。

### 13.1.1 索引的分类

在关系数据库中，每行都有一个行唯一标识 RowID，RowID 包括该行所在的文件、在文件中的块数和块中的行号。索引中由索引条目组成，每个索引条目都有一个键值和一个 RowID 相对应，其中键值可以是一列或者多列的组合。

按照存储方法的不同，索引可以分为 B*树索引和位图索引。

(1) B*树索引。B*树(B*-TREE)索引的存储结构类似于图书的索引结构，有分支和叶两种类型的存储数据块，分支块相当于图书的大目录，叶块相当于索引到的具体书页。Oracle 用 B*树机制存储索引条目，以保证用最短路径访问键值。默认情况下大多数据库中的索引使用B*树索引,如通常所说的唯一索引、逆序索引等。

(2) 位图索引。位图索引就是用位图表示的索引,Oracle为选择度低的列的每个键值建立了一个位图,位图中的每位可能对应多个列。位图中的位等于1,表示特定的行含有此位图表示的键值;位图中的位等于0,表示特定的行不含此位图表示的键值。由于索引是位图,可以对这些索引中的位图进行位运算(AND和OR),这样的速度明显比B*树快些。

位图索引主要用来节省空间,减少Oracle对数据库的访问。一般在含有重复值较多的表字段情况下采用位图索引。位图索引在实际密集型OLTP(On-Line Transaction Processing)(数据事务处理)中用的比较少,因为OLTP会对表进行大量的删除、修改和新建操作。Oracle每次进行操作都会对要操作的数据库加锁,故多人操作时,很容易出现等待、甚至死锁现象。在OLAP(数据分析处理)中应用位图索引有优势,因为OLAP大部分是对数据库的查询操作,而且一般采用数据仓库技术,所以大量数据采用位图索引时节省空间比较明显。当创建表的命令中包含唯一性关键字时,不能创建位图索引。创建全局分区索引时也不能选用位图索引。

按照功能和索引对象的不同,可以把索引分为以下6种类型。

(1) 唯一索引。唯一索引意味着不会有两条记录相同的索引键值。唯一索引表中的记录没有RowID,所以不能再对其建立其他索引。

(2) 非唯一索引。不对索引列的值进行唯一性限制的称为非唯一索引。

(3) 分区索引。所谓分区索引是指索引可以分散地存在于多个不同的表空间中,其优点是可以提高数据查询的效率。

(4) 未排序索引。未排序索引也称为正向索引。由于Oracle数据库中的行默认是按升序排序的,因此创建索引时不必指定对其排序而使用默认的顺序。

(5) 逆序索引。逆序索引也称为反向索引。该索引同样保持索引列按顺序排列,但是颠倒已索引的每列的字节。

(6) 基于函数的索引。基于函数的索引是指索引中的一列或者多列是一个函数或者表达式,索引根据函数或者表达式计算索引列的值。

正确使用索引,可以提高检索相应表的速度。当用户考虑在表中使用索引时,应遵循下列一些基本原则。

(1) 在表中插入数据后创建索引。在表中插入数据后,创建索引效率将更高。因为如果在装载数据之前创建索引,那么插入每行时Oracle都必须更改索引。

(2) 索引正确的表和列。如果经常检索的内容仅为包含大量数据的表中少于15%的行,就需要创建索引。为了改善多个表的相互关系,常常使用索引列进行关系连接。

(3) 合理安排索引列。在CREATE INDEX语句中,列的排序会影响查询的性能,通常将最常用的列放在前面。创建一个索引来提高多列查询时,应该清楚地了解这个多列索引对什么列的存取有效、对什么列的存取无效。

例如,当在A、B、C三列上创建索引时,实际得到的顺序为A、AB、ABC。因此,可以获得A列的索引、A和B列结合的索引,以及A、B、C三列结合的索引;不能得到的顺序为B、BC、C。

(4) 限制表中索引的数量。尽管表可以有任意数量的索引,可是索引越多,在修改表中的数据时对索引做出相应更改的工作量也越大，效率也就越低。

(5) 指定索引数据块空间。创建索引时，索引的数据块是用表中现存的值填充的，直到达到 PCTREE 为止。

(6) 根据索引大小设置存储参数。创建索引之前应先估计索引的大小，以便更好地规划和管理磁盘空间。单个索引项的最大值大约是数据块大小的一半。

### 13.1.2 索引的创建

在创建数据库表时，如果表中包含唯一关键字或主关键字，则 Oracle 自动为这两种关键字所包含的列建立索引；如果不特别指定，系统将默认为该索引定义一个名字。这种方法创建的索引是非排序索引，即正向索引，以 B * 树形式存储。

Oracle 中可以使用 CREATE INDEX 命令创建索引，语法格式如下：

```
CREATE [UNIQUE|BITMAP] INDEX                    /* 索引类型 */
       [<用户方案名>.]<索引名>                   /* 索引名称 */
    ON [<用户方案名>.]<表名>(<列名>|<列名表达式>[ASC|DESC][,<列名>|<列名表达式>[ASC|DESC]]…)
[LOGGING | NOLOGGING]                           /* 指定是否创建相应的日志记录 */
[COMPUTE STATISTICS]                            /* 生成统计信息 */
[COMPAESS | NOCOMPRESS]                         /* 对复合索引进行压缩 */
[TABLESPACE <表空间名>]                          /* 索引所属表空间 */
[SORT | NOSORT]                                 /* 指定是否对表进行排序 */
[REVERSE]
```

说明：

(1) UNIQUE：指定索引基于的列(或多列)值必须唯一，默认的索引是非唯一索引。Oracle 建议不要在表上显示定义 UNIQUE 索引。

(2) BITMAP：指定创建位图索引而不是 B * 树索引。

(3) ON 子句：在指定表的列中创建索引，ASC 和 DESC 分别表示升序索引和降序索引。其中，<列名表达式>用于指定表的列、常数、SQL 函数和自定义函数创建的表达式，用于创建基于函数的索引。指定列名表达式后，用基于函数的索引查询时，必须保证查询该列名表达式不为空。

(4) LOGGING|NOLOGGING：LOGGING 选项规定在创建索引时，创建相应的日志记录。NOLOGGING 选项则表示创建索引时不产生重做日志信息，默认为 LOGGING。

(5) COMPUTE STATISTICS：此选项表示在创建索引时直接生成索引的统计信息，这样可以避免以后对索引进行分析操作。

(6) COMPRESS|NOCOMPRESS：对于复合索引，如果指定了 COMPRESS 选项，则可以在创建索引时对重复的索引值进行压缩，以节省索引的存储空间，但对索引进行压缩后将会影响索引的使用效率。默认为 NOCOMPRESS。

(7) SORT|NOSORT：默认情况下，Oracle 在创建索引时会对表中的记录进行排序，如果表中的记录已经按照顺序排序，可以指定 NOSORT 选项，这样可以省略创建索引时对表进行的排序操作，加快索引的创建速度。但若索引列或多列的行不按顺序保存，Oracle 就会返回错误。默认为 SORT。

(8) REVERSE：指定以反序索引块的字节，不包含标识符。NOSORT 不能与该选项一起指定。

【例 13.1】 为 course 表的课程名列创建索引。

SQL 语句如下：

```
CREATE INDEX course_name_idx
ON course(Cname);
```

【例 13.2】 根据 student 表的姓名列和出生时间列创建复合索引。

SQL 语句如下：

```
CREATE INDEX stu_idx
ON student(Sname, Sbirth);
```

### 13.1.3 索引的维护和删除

Oracle 中，使用 ALTER INDEX 命令来维护索引，语法格式如下：

```
ALTER INDEX [<用户方案名>. ]<索引名>
[LOGGING | NOLOGGING]
[TABLESPACE<表空间名>]
[SORT | NOSORT]
[REVERSE]
[RENAME TO<新索引名>]
```

说明：RENAME TO 子句用于修改索引的名称，其余选项与 CREATE INDEX 语句中相同。

【例 13.3】 重命名索引 course_name_idx。

SQL 语句如下：

```
ALTER INDEX course_name_idx
RENAME TO course_idx;
```

Oracle 中，删除索引使用 DROP INDEX 命令，语法格式如下：

```
DROP INDEX [<用户方案名>. ]<索引名>
```

【例 13.4】 删除 student 表的一个索引名为 stu_idx 的索引。

SQL 语句如下：

```
DROP INDEX stu_idx;
```

## 13.2 序　　列

序列(Sequence)的定义存储在数据字典中，它通过提供唯一数值的顺序表来简化程序设计工作。当一个序列第 1 次被查询调用时，它将返回一个预定值。在随后的每次查询中，序列将产生一个按其指定增量增长的值。序列可以循环，也可以连续增加，直到指定的最大值为止。

使用一个序列时，不保证将生成一串连续不断的值。例如，如果查询一个序列的下一个值供 INSERT 使用，则该查询是能使用这个序列值的唯一会话。如果未能提交事务处理，则序列值不被插入表中，以后的 INSERT 将使用该序列随后的值。

序列的类型分为升序和降序两种。

(1) 升序：序列值自初始值向最大值递增。这是创建序列时的默认设置。

(2) 降序：序列值自初始值向最小值递减。

## 13.2.1 序列的创建与应用

创建序列可以使用 CREATE SEQUENCE 命令，语法格式如下：

```
CREATE SEQUENCE [用户方案名].<序列名>
[INCREMENT BY<数字值>]
[START WITH<数字值>]
[MAXVALUE<数字值>| NOMAXVALUE]
[MINVALUE<数字值>| NOMINVALUE]
[CYCLE|NOCYCLE]
[CACHE<数字值>| NOCACHE]
[ORDER | NOORDER]
```

说明：

(1) INCREMENT BY：指定序列递增或递减的间隔数值，指定为正值则表示创建的是升序序列，为负值则表示创建的是降序序列。

(2) START WITH：指定序列的起始值。若不指定该值，对升序序列将使用该序列默认的最小值；对降序序列，将使用该序列默认的最大值。

(3) MAXVALUE：指定序列可允许的最大值。若指定为 NOMAXVALUE，则对升序序列使用默认值 1.0E+27(10 的 27 次方)，而对降序序列使用默认值－1。

(4) MINVALUE：指定序列可允许的最小值。若指定为 NOMINVALUE，则对升序序列使用默认值 1，而对降序序列使用默认值－1.0E+27。

(5) CYCLE：指定在达到序列最小值或最大值后，序列应继续生成值。对升序序列来说，在达到最大值后将生成最小值；对降序序列来说，在达到最小值后将生成最大值。若指定为 NOCYCLE，则序列将在达到最小值或最大值后停止生成任何值。

(6) CACHE：有数据库预分配并存储的值的数目。默认值为 20，也可以指定值，可以接受的最小值为 2。对循环序列来说，该值必须小于循环中值的个数。如果序列能够生成值的上限小于高速缓存大小，则高速缓存大小将自动改换为该上限数。若指定为 NOORDER，则指定不预分配序列值。

**【例 13.5】** 创建一个降序序列。

SQL 语句如下：

```
CREATE SEQUENCE S_DESC
INCREMENT BY-2
START WITH 4500
MAXVALUE 4500
```

```
MINVALUE 1
CYCLE
CACHE 25
NOORDER;
```



### 13.2.2 序列的维护和删除

修改序列使用 ALTER SEQUENCE 命令，语法格式如下：

```
ALTER SEQUENCE [用户方案名].<序列名>
[INCREMENT BY<数字值>]
[MAXVALUE<数字值>| NOMAXVALUE]
[MINVALUE<数字值>| NOMINVALUE]
[CYCLE|NOCYCLE]
[CACHE<数字值>| NOCACHE]
[ORDER | NOORDER]
```

语句中的选项参数同 13.2.1 节中的创建命令。

**【例 13.6】** 修改例 13.5 中创建的序列。

SQL 语句如下：

```
ALTER SEQUENCE S_DESC
INCREMENT BY -1
MAXVALUE 4800
MINVALUE 3000
NOORDER;
```

需要注意的是，修改的 MAXVALUE 的值不能小于当前值。

删除序列使用 DROP SEQUENCE 命令，语法格式如下：

```
DROP SEQUENCE<序列名>
```

**【例 13.7】** 删除序列 S_DESC。

SQL 语句如下：

```
DROP SEQUENCE S_DESC
```

## 13.3 同 义 词

在分布式数据库环境中，为了识别一个数据库对象，如表或视图，必须规定主机号、服务器(实例)名、对象的拥有者和对象名。当以不同的身份使用数据库时，需要这些参数中的一个或多个。为了给不同的用户提供一个简单、能唯一标识数据库对象的名称，可以为数据库对象创建同义词。同义词有公共同义词和私有同义词两种。公共同义词由一个特定数据库的所有用户共享；私有同义词只被数据库的某个用户账号所有。

同义词可以指向的对象有表、视图、存储过程、函数、包、序列，可以为本地数据库对象创建同义词，在为远程数据库创建了数据库链接后还可以为远程数据库对象创建同义词。

### 13.3.1 同义词的创建

创建同义词的命令为CREATE SYNONYM，语法格式如下：

```
CREATE [PUBLIC] SYNONYM [<用户方案名>.]<同义词名>
    FOR [<用户方案名>.]<对象名>[@<远程数据库链接>]
```

**【例13.8】** 创建同义词。

1）为数据库中的student表创建公共同义词xsb

SQL语句如下：

```
CREATE PUBLIC SYNONYM xsb
FOR SYSTEM.student;
```

2）为数据库course表创建远程数据库同义词kcb

SQL语句如下：

```
CREATE PUBLIC SYNONYM kcb
FOR SYSTEM.course@ORCL;
```

一旦创建同义词后，数据库的用户就可以直接通过同义词名称访问该同义词所指的数据库对象，而不需要特别指出该对象的所属关系。

**【例13.9】** TEACHER用户查询SYSTEM.student表中所有学生的情况。

```
SELECT * FROM xsb;
```

如果没有为student表创建同义词xsb，那么TEACHER用户查询student表则需指定其所有者。

```
SELECT * FROM SYSTEM.student;
```

### 13.3.2 同义词的删除

Oracle中使用DROP SYNONYM命令删除同义词，语法格式如下：

```
DROP [PUBLIC] SYNONYM[<用户方案名>.]<同义词名>
```

**【例13.10】** 删除公共同义词xsb。

SQL语句如下：

```
DROP PUBLIC SYNONYM xsb;
```

## 13.4 本章小结

索引、序列和同义词等数据库对象可以方便数据库的管理。使用索引可以加快查找速度；使用序列可以生成有规律的一系列数据；同义词可以给不同的用户提供一个简单、能唯一标识数据库对象的名称。通过本章的学习，读者应能熟练掌握索引、序列和同义词的创建、使用和管理。

# 习 题 13

1. 为汽车销售表创建基于“出厂时间”列的索引。
2. 创建一个以 1 作为起始值,200 作为最大值,间隔数值为 2 的不循环序列 SQU_ASC。
3. 为数据库 XiaoShou 表中的销售记录表创建同义词 XS_JL。

# 参 考 文 献


[1] 郑阿奇. Oracle 实用教程(Oracle 11g)[M]. 北京：电子工业出版社，2015.

[2] 包光磊. Oracle 11g 数据库恢复技术[M]. 北京：电子工业出版社，2012.

[3] 杜献峰. Oracle 12c 数据库应用于开发[M]. 北京：人民邮电出版社，2018.

[4] 王荣鑫. Oracle 12c 数据库管理[M]. 北京：清华大学出版社，2018.

[5] 王英英，李小威. Oracle 12c 从入门到精通[M]. 北京：清华大学出版社，2018.

[6] 王珊，萨师煊. 数据库系统概论[M]. 4 版. 北京：高等教育出版社，2014.

# 图书资源支持

感谢您一直以来对清华版图书的支持和爱护。为了配合本书的使用，本书提供配套的资源，有需求的读者请扫描下方的“书圈”微信公众号二维码，在图书专区下载，也可以拨打电话或发送电子邮件咨询。

如果您在使用本书的过程中遇到了什么问题，或者有相关图书出版计划，也请您发邮件告诉我们，以便我们更好地为您服务。


**我们的联系方式：**

地　　址：北京市海淀区双清路学研大厦 A 座 701

邮　　编：100084

电　　话：010-83470236　010-83470237

资源下载：http://www.tup.com.cn

客服邮箱：2301891038@qq.com

QQ：2301891038（请写明您的单位和姓名）


资源下载、样书申请

书圈

扫一扫，获取最新目录

课 程 直 播

**用微信扫一扫右边的二维码，即可关注清华大学出版社公众号“书圈”。**